Dagmar Reichert, Patricia Fry, Claudia Heid, Ursina Steinemann
Wissenschaft als Erfahrungswissen

DUV Sozialwissenschaft

Dagmar Reichert, Patricia Fry,
Claudia Heid, Ursina Steinemann

Wissenschaft als Erfahrungswissen

Springer Fachmedien Wiesbaden GmbH

Die Deutsche Bibliothek – CIP-Einheitsaufnahme

Reichert, Dagmar:
Wissenschaft als Erfahrungswissen / Dagmar Reichert, Patricia Fry, Claudia Heid, Ursina Steinemann
(DUV : Sozialwissenschaft)
ISBN 978-3-8244-4391-8 ISBN 978-3-663-09145-5 (eBook)
DOI 10.1007/978-3-663-09145-5

Ursprünglich erschienen bei Deutscher Universitäts-Verlag GmbH, Wiesbaden, 2000

Lektorat: Ute Wrasmann

www.duv.de

Höchste inhaltliche und technische Qualität unserer Produkte ist unser Ziel. Bei der Produktion und Verbreitung unserer Bücher wollen wir die Umwelt schonen. Dieses Buch ist deshalb auf säurefreiem und chlorfrei gebleichtem Papier gedruckt. Die Einschweißfolie besteht aus Polyäthylen und damit aus organischen Grundstoffen, die weder bei der Herstellung noch bei der Verbrennung Schadstoffe freisetzen.

ISBN 978-3-8244-4391-8

VORWORT

Das folgende Buch ist ein Versuch, eine erweiterte Vorstellung von Wissen zu entwickeln, aus der umweltverantwortliches Handeln hervorgehen kann. Es ist aus unserem Unbehagen mit dem gängigen Wissenskonzept einer Wissenschaft entstanden, die die Welt in unzusammenhängende Teilgebiete zergliedert und dabei Lebensprozesse aus den Augen verliert. Unsere Arbeit war von der Sehnsucht geleitet, auch andere und alltägliche Erfahrungen als Wissen anzuerkennen, Wissenschaft als Praxis zu begreifen und als ganze Menschen forschen zu dürfen.

Bei der Arbeit an diesem Buch wurden wir von vielen unterstützt: Eva Bischofberger, Monika Brun, Matthias Budecker, Urs Geiser, Nesa Gschwend, Regula Hafner, Mariann Hamel, Julia Harboe, Gerhard Hasinger, Marcel Hunziker, Helen Müri, Bernhard Nievergelt, Doris Ochsner, Lisa Rigendinger, Barbara Schmied, Stefan Schmidhofer, Emanuel Schmitt, Jöri Schwärzel Klingenstein, Lisa Stärkle, Lena Steinemann, Dieter Steiner, Brigitte Stucki, Iren Täuber-Scheurer, David Tovar, Marianne Ulmi, Agnès Wyler, Wolfgang Zierhofer und allen unseren InterviewpartnerInnen. Wir danken Euch ganz herzlich!

Patricia Fry
Claudia Heid
Dagmar Reichert
Ursina Steinemann

INHALTSVERZEICHNIS

ABBILDUNGSNACHWEIS

Die Abbildungen auf den Seiten 66 - 69, 250 - 257, 342 - 350, 352 - 353 und 362, 363 stammen von Nesa Gschwend.
Die Abbildungen auf den Seiten 7, 73 bis 98 und 145 stammen von Dagmar Reichert.
Die Abbildungen auf den Seiten 42, 43, 324, 330 und 338 stammen von David Tovar.
Die Abbildung auf Seite 48 stammt von Ursina Steinemann.
Die Abbildung auf Seite 23 stammt von D. Velazquez, nach einer Vervielfältigung des Museo del Prado, Madrid.
Die Abbildung auf Seite 262 stammt von der Schweizerischen Vereinigung für Landespflege.

EINLEITUNG

In diesem Buch zu Erfahrungswissen wollen wir weniger fertige Ergebnisse fest-stellen, als einen Erfahrungsprozeß nachvollziehbar machen: den Weg einer Forschungsgruppe, ihrer Suche, inklusive einiger ihrer Umwege und Irrtümer. – Nicht aller: Sind die hier versammelten Texte auch im Zuge des Forschungprozesses entstanden, so doch immer im Rückblick, und damit ist bei allem Bemühen um die Darstellung des Weges die Perspektive doch schon gewechselt. Bleibt als einzige Möglichkeit, sich der vergangenen Sicht so gut wie möglich zu erinnern, sie in die Darstellung mit aufzunehmen und einer zukünftigen Verschiebung der Perspektive den Weg offen zu halten.

Die literarische Form der Geschichte eignet sich dafür gut. In ihrer Offenheit können einander die Erfahrungen von Erzählenden und LeserInnen in einem gemeinsamen Fortgang begegnen. Einem Fortgang, einem Spaziergang eigentlich, der sich dem Kern der Sache, den zentralen Fragen, erst allmählich annähert. Denn:

"Never does one open the discussion by coming right to the heart of the matter. For the heart of the matter is always somewhere else than where it is supposed to be. To allow it to emerge, people approach it indirectly by postponing until it matures, by letting it come when it is ready to come. There is no catching, no pushing, no directing, no breaking through, no need for a linear progression which gives the comforting illusion that one knows where one goes." (Trinh Minh-Ha, 1989, S. 1)

Offenheit und nicht-lineare Struktur: Diese Eigenschaften machen das Geschichtenerzählen hier zur geeigneten Form für uns. Eigenschaften übrigens, die die Erzählung mit dem Bild teilt.

Und so beginnt dieses Geschichtenbuch hier mit einer Geschichte, der Geschichte von Penthesilea. Und es setzt fort mit der Beschreibung eines Bildes, Velazquez' "Spinnerinnen", des leitenden Bildes für dieses Buch.

PENTHESILEA AM SCHROTTPLATZ

Dagmar Reichert

> *"Mit der Wissenschaft ist es vorbei", sagte Gertrude Stein 1943, "denn ob ihr es glaubt oder nicht, das zwanzigste Jahrhundert ist nicht an der Wissenschaft interessiert wirklich nicht." "Das mag sein", erwidert ihr Eva Meyer, "Und heißt aber noch lange nicht, daß nicht das einundzwanzigste Jahrhundert wieder daran interessiert sein könnte. Doch muß dafür die Wissenschaft erst wieder interessant werden. Sie muß wieder interessant werden, damit das einundzwanzigste Jahrhundert sich wieder für sie interessieren kann."*[1]

Ich will euch die Geschichte von Penthesilea erzählen. Meine Geschichte von ihr.

*

Penthesilea war die Königin der Amazonen. Als ich sie kennenlernte, war sie schon ziemlich berühmt. Sogar in der Schule lernte man von ihr, hörte, sie sei vor vielen Jahren, als die Griechen Troja belagerten, mit ihrer Schar herbeigeritten und hätte sie angegriffen.[2] Dabei sei sie im Kampf, auf dem Pferd und – wegen ihrer Einbrüstigkeit – auch beim Bogenschießen, so ungeheuer geschickt gewesen, daß die alten griechischen Helden gar nicht gut aussahen. Schließlich aber hätte Achilles Penthesilea doch töten können. Sagte man. Als ich sie traf, wußte ich: Da haben die alten Helden wieder einmal ihre Version zur Weltgeschichte erklärt!

Sie stand vor mir. Ich war überrascht, wie jung sie aussah. Sie trug

1 G. Stein, 1992, S. 71, E. Meyer, 1995, S. 32

2 z.B. G. Schwab, 1975, S. 531

schwarze Gummistiefel und einen roten Overall und war gerade damit beschäftigt, bei einem Schweißgerät einen neuen Brennstab einzuklemmen. Maske und Handschuhe lagen neben ihr.

"Hallo," sagte sie und streckte mir die Hand entgegen, als ob sie mich erwartet hätte. "Kommst du mir helfen?"

"Dagmar," grüßte ich, ein bißchen verwirrt. "Ich weiß nicht. Ich kam eigentlich nur, um ein Stück Eisen für meinen Globus zu suchen. Ich muß eine neue Basis für ihn bauen, er wird irgendwie immer schiefer. Meinst du, ich kann hier sowas finden."

"Aber sicher! Ich bin auch gerade an was Ähnlichem. Willst du mir nicht ein bißchen helfen?"

"Bist du Penthesilea?" fragte ich, immer noch etwas durcheinander.

"Ja, klar."

"Aber wie kommst du hierher... Was machst du denn auf einem Schrottplatz?"

"Komm," lachte sie, "ich stecke hier mal schnell ab, und wir gehen was trinken."

*

Amazonen trinken Kaffee. Offenbar. Sie saß mir gegenüber hinter ihrer Tasse, den Kopf in ihre Hand gestützt. "Weißt du," sagte sie, "ich habe jetzt so viele Jahre gekämpft, hab' all diese schön gerüsteten Männer abmontiert... Es ist mir langweilig geworden. Und nicht nur das. Ich habe gemerkt – vielleicht werde ich nun langsam alt, aber – ich habe gemerkt, ich will mir das gar nicht mehr antun! Ich hab' gar keine Lust mehr, meinen Körper immer wieder in die Rüstung zu zwängen, meine Sensibilität einzuziehen, Kriegerin zu spielen. Um in der männlichen Kriegskultur zu bestehen, mußt du alles Persönliche ablegen, mußt dich zur universellen, objektiven Kraft machen. – Ich war ziemlich gut in dem. Aber jetzt habe ich mir überlegt, daß ich was anderes machen will, und ich glaube, das mit dem Schrottplatz ist gut – auch wichtig. Ich brauche nur noch ein paar Frauen, die mir helfen. Einige meiner alten Kolleginnen sagten, sie würden kommen, aber wenn du auch mitarbeiten willst, Arbeit gäbe es genug!"

"Aber was macht ihr denn? Oder warte. Ich glaube, du mußt mir das von Anfang erzählen: Wieso bist du überhaupt Amazone geworden?" – Sie schien nicht begeistert von meiner Frage. "Tut mir leid," sagte ich, "das hast du sicher schon hundert mal erzählt. Aber ich kenne dich ja bisher nur aus der Mythologie!"[3]

"OK. Es ist einfach eine traurige Geschichte. Amazone ist man nämlich nicht aus Wahl, man ist es von Geburt. Unser Volk lebte am Rand des Kaukasus, ein Volk wie viele andere, als Feinde einfielen, alle Männer töteten und die Frauen in Besitz nahmen. Du kannst dir vorstellen, was sie mit ihnen machten. Doch die Frauen bereiteten sich vor: In der Nacht, als der Anführer der Feinde seine Heirat mit der Königin feierte, schlugen sie los. Am nächsten Morgen war keiner der Männer mehr am Leben. Die Frauen kamen zusammen und beschlossen, sich von nun an keinem Mann mehr unterzuordnen. Sie gaben sich ihre eigenen Gesetze und gründeten einen Frauenstaat. Dort wurde ich geboren."

"Deine Mutter war die Königin?"

"Ja! Du kennst also die Geschichte!"

"Schon, aber wenn du sie erzählst, ist es anders."

"Nun, wie alle jungen Mädchen dort lernte ich die Kriegskunst – wir mußten uns schützen können. Und damit unser Volk erhalten bliebe, zog man, wenn es Zeit war, zusammen los, eroberte sich im Kampf ein paar Männer, nahm sie für ein paar Tage mit heim und ließ sie nachher wieder frei. So war das."

"Und mit Achilles war es auch so?"

"Ach," sagte sie, "lassen wir das lieber."

"Entschuldige! Ich frage nur, weil er dich doch angeblich..."

"Reden wir lieber von heute!"

"Vom Schrotthaufen?"

"Ja!"

"Na gut. Was arbeitest du denn jetzt da?"

"Du hast es wahrscheinlich nicht bemerkt, aber der Schrottplatz ist nicht einfach ein Schrottplatz. Er ist der Platz, auf dem die Hoffnungen der alten Wissenschaft liegen."

---

3 z.B. New Larousse Encyclopedia of Mythology, 1959, S. 122

"Auf dem Schrott?"

"Gewissermaßen. Das meiste ist schon rostig, die Ziele besonders, und die Versprechen. Es liegen aber auch Ergebnisse herum, ganz neue sogar. Vieles davon kann man nur noch einschmelzen; große Konstruktionen aus hunderten von Details, niemand vermochte sie je zusammenzusetzen, Modelle ohne Wirklichkeit, lauter so Zeug. Aber manches ist noch brauchbar, Dinge, die einfach vergessen wurden. Und es gibt manches, das man nur vom Rost befreien und auf andere Weise zusammenbauen muß. So, daß Menschen darin Platz haben, daß es Dinge werden, die man sich nicht nur in den Kopf setzen, sondern mit denen man auch leben kann."

"Und sowas willst du bauen?"

"Ja! Wenn wir ausgetrunken haben, zeige ich dir alles. Sind wirklich verrückte Sachen da drüben!"

Ich verstand nicht ganz, warum sie sich über solchen Schrott so begeistern konnte. "Dann wechselst du jetzt also in die Wissenschaft?" fragte ich.

"Wieso? Da war ich doch schon immer!" Penthesilea gab dem Kellner ein Zeichen und stand auf. Zahlen mußten Amazonen hier scheinbar nicht. Ich beschloß, einmal mitzugehen. Ich wußte zwar sicher: Mit ihr arbeiten kann ich nicht – ich hatte zu Haus noch einen Text zu schreiben – aber immerhin war sie Penthesilea, und vielleicht würde ich so auch einen neuen Sockel für meinen Globus finden.

*

Obwohl der Schrottplatz auf abschüssigem Gelände lag, war er doch nicht leicht zu überschauen. Erst bei näherem Hinsehen erkannte ich eine gewisse Ordnung. Rechts vor uns waren alle möglichen Antennen in Bündeln zusammengestellt. Hier links standen ein paar Schaltpulte, darüber einige Kisten und über allem noch ein ganzer Berg alter Monitore. Penthesilea ging darauf zu:

"In der alten Wissenschaft meinte man, die Welt kontrollieren zu müssen. Die Natur und die Menschen. Hier, schau!". Sie warf ein paar Monitore auf die Seite und öffnete eine der Kisten. Darin waren grüne Hebel in allen Größen. "Das, zum Beispiel, sollten die Instrumente des Umweltschutzes sein. Ein paar Wissenschaftler legten fest, was für die Natur gut sei und für den Menschen vernünftig. Dann konstruierten sie diese Hebel. Sie haben normierte Ansätze, Einheitsmaß. Das war wohl der Grund, warum sie kaum gegriffen haben.[4] Den verschiedenen Leuten, die damit zu mehr Umweltverantwortlichkeit gebracht werden sollten, haben sie nicht gepaßt. Deshalb brauchte man noch diese Monitore da. Wegen der Vollzugsprobleme. Kostete viel Geld das Ganze und ging doch daneben. Zu unserem Glück wahrscheinlich."

Während ich mir noch die Hebel ansah, ging Penthesilea schon weiter.

"Schau mal hier!" rief sie mich. Ich folgte ihr hinter ein paar verrostete Dampfwalzen und durch, unter einer Rolle Wellblech. Vor uns öffnete sich ein riesiger Platz voller Metallkästen. Kästen für Hängeregistraturen, zweistöckig aufgeschichtet, beinahe ein halbes Fußballfeld voll.

"Ich habe nicht gewußt, daß dieser Schrottplatz so groß ist," sagte

4 vergl. D. Reichert und W. Zierhofer, 1993

ich zu Penthesilea.

"Ja," meinte sie, "da hat sich was angesammelt! Hier, zum Beispiel, in diesen fünf Reihen, hast du die Forschungsergebnisse der Bodenwissenschaften."

"Und die Sozialwissenschaften?" interessierte ich mich.

"Sind weit weg. Dort hinten, glaube ich."

Ich öffnete eine der Laden, und wirklich, in dem Schrank hingen beschriftete Mäppchen voll Papier.

"Hier hast du alles: all die Forschungsergebnisse, durchaus faszinierende zum Teil. Die Kästen da hinten beinhalten die Artikel zur Bodenphysik, der dort drüben die Bodenchemie, und dieser da die Bodenbiologie. Alles wurde wöchentlich auf den neuesten Stand gebracht. In dieser Lade sind die Forschungsergebnisse zu den Regenwürmern, je eine Mappe zu den verschiedenen Arten. Dort gibt es noch die Milben, soweit man sie kennt. Aber sie sind auch wichtig. Und dann..."

"Aber wenn das alles zur Bodenwissenschaft gehörte: Wer sollte denn das noch überblicken?"

"Ja, das war eben das Problem. Man konnte zwar den Inhalt all dieser Kästen in einem einzigen Computer speichern, mehr noch, man konnte ihn nach Stichworten suchen, ja fand ihn sogar, aber nur die wenigsten konnten all die Aussagen noch miteinander verbinden. Und wenn du wissen wolltest, was du in deinem Garten zur Erhaltung der Bodenfruchtbarkeit tun kannst, so kam es darauf an, ob du zufällig an einen Spezialisten für Erosion gelangtest oder an jemanden, der über Humusbildung forschte. Und es kam auch darauf an, welches Thema gerade Konjunktur hatte, Schwermetalle oder Bodenverdichtung oder weiß ich was. Am Ende warst du in deinem Garten doch auf dich gestellt."

*

Wir überquerten den Platz mit den Hängeregistraturen. An seiner Westseite türmten sich andere Kästen, solche, die wie die Rückseite alter Eiskästen aussahen.

"Was ist denn das?"

"Das war damals eine relativ neue Errungenschaft: die Systemmodelle – in gewisser Hinsicht eine Konsequenz von dem da vorne. Man wollte damit Lebensprozesse verstehen. Man ahnte das Ausmaß ihrer Zerstörung und begann, ganz intensiv nach den Ursachen zu forschen. Aber man merkte nicht, daß die Logik der Zerstörung auch in den Mitteln und Verfahrensweisen steckte, die man dabei benutzte. Das heißt, ansatzweise merkte man es schon. Deshalb baute man diese Kisten. Man wußte, analytisches Vorgehen tötet."

"Ja," sagte ich, "es ist, als wolle man Autopsie betreiben, um das Leben zu verstehen."[5]

"Genau," meinte Penthesilea. "Aber man wußte nicht recht, wie anders. So versuchte man das, was man zuerst durch Auseinanderschneiden und Töten ermittelt hatte – man nannte es Systemelemente – , nachher durch Rohre wieder zu verbinden."[6] Sie drehte einen dieser Kästen, damit ich hineinschauen konnte.

"Ziemlich kompliziert, das Ganze," sagte ich.

"Ja, weil das, was als Element zählte, kontextunabhängig definiert sein mußte und weil man auch in ein und demselben Kasten jede mögliche Veränderung erfassen wollte. Deshalb mußte die Struktur sehr viele Elemente und Rohrverbindungen vorsehen, auch solche, die in Wirklichkeit gar nicht immer alle zugleich wichtig sind.[7] – Die Wirklichkeit ist viel einfacher. Aber sie ist auch weniger leicht einzugrenzen. Da werden manchmal völlig neue Beziehungen wichtig, solche, die vorher peripher schienen oder unvorstellbar..."

Ich beobachtete Penthesilea, während sie sprach. Es machte ihr sichtlich Spaß, mir alles zu erklären. Vielleicht war das mit der Wissenschaft gar nicht so schlecht für sie. Ich merkte, daß sie mir gefiel. Nur das nicht, dachte ich. Ich habe so schon genug zu tun!

*

Hinter dem Berg der Kühlschrank-Systemmodelle stand ein Schuppen. Die Tür war offen, Penthesilea ging voraus. Nur langsam gewöhnte ich mich an die Dunkelheit. Sie gab mir die Hand. "Hier

---

5 siehe z.B. B. Stafford, 1993, S. 47 ff.

6 siehe z.B. R. Bennett und R. Chorley, 1978

7 zur Kritik systemtheoretischer Ansätze siehe z.B. D. Steiner u.a., 1989

lagern die Forschungsgegenstände," sagte sie.

Ich sah zuerst nur frei schwebende, gelbe Punkte, dann auch Würfel und Kugeln in allen Farben. Sie hingen im Raum und waren offenbar an der Decke angebunden. An den Wänden standen Regale mit Glaskästen, in denen in speziellen Vorrichtungen verschiedene Dinge eingespannt waren. Ich konnte sie nicht identifizieren. Am Boden neben uns stapelten sich Stöße Papier. Penthesilea wollte ein Blatt nehmen. Ein langer Streifen Computerpapier faltete sich auf. Er war von oben bis unten mit Zahlen vollgedruckt. "Weißt du, was das ist? Das war der Sternenhimmel am 8.Oktober 1995! Erinnerst du dich?"

Wir mußten beide lachen.

"Aber," sagte sie, "das alles stimmte sehr genau. Man konnte für die Forschungsgegenstände recht präzise Prognosen machen, und manchmal konnte man ihr Verhalten sogar noch erklären. Ein Problem war lediglich, daß das, was man bei der Definition der Forschungsgegenstände als relevant erachtet hatte, für die Gegenstände der Welt nicht notwendig relevant war."

"Du meinst," fragte ich, "weil bei der Definition der Forschungsgegenstände auch noch die Forderungen wissenschaftlicher Erfaßbarkeit, Begründbarkeit und Allgemeinheit erfüllt werden mußten?" Ich wollte mich informiert zeigen.

"Ja," sagte sie, "aber auch wegen praktischer Gegebenheiten im Wissenschaftsbetrieb. Welcher Astronom hatte schon Lust, nach einem anstrengenden Tag noch die ganze Nacht den Sternenhimmel zu betrachten. Das Leuchten der Sterne wurde digital aufgezeichnet und so in Daten verwandelt. Dann konnte man es tagsüber analysieren, konnte es später noch anderen zeigen und war auch gar nicht in Gefahr, subjektiv, gefühlvoll oder romantisch zu werden."[8] Penthesilea fand das scheinbar ganz gut.

"Aber dann erforschten sie doch nicht die Natur!" sagte ich.

"Nein. Mindestens so sehr erforschten sie sich selbst, ihr Denken, ihre Vorstellung von Wissen und ihre Gesellschaft. Und wenn sie das sagten – oft sagten sie es zwar nicht – dann, aber war das auch

---

8 vergl. K. Knorr Cetina, 1988

ganz OK..."

"Ja?"

"Ja, die Ergebnisse waren OK. Sie hätten sie nur nicht in der Natur anwenden dürfen. – Das zeigte sich schnell: Längerfristig erfolgreich war diese Wissenschaft nur dort, wo sie auf etwas angewandt wurde, das sie selbst hergestellt hatte."

"Hm!" meinte ich, "Wahrscheinlich wollte sie deswegen immer mehr selbst herstellen und die Natur durch ihre Konstruktionen ersetzen. Ich denke gerade an Reis oder Tomaten..."

"Hast du Hunger?" fragte Penthesilea besorgt.

"Nein! Ich meine genetisch veränderten Reis oder Hors-Sol Tomaten..."

"Ach so, klar!"

Wir gingen wieder nach draußen. Penthesilea hielt weiter meine Hand. Ich war froh, sie bei mir zu haben.

Das Areal war riesig, und ich hatte erst einen kleinen Teil davon kennengelernt. Links von mir zweigte ein Weg ab. Dort stand jemand. "Wer ist denn das da drüben? Kennst du den?"

"Ach der, das ist Hamlet."

"Was macht denn der da?"

"Ja, der schlägt sich auch mit dem Geist seines Vaters herum,"[9] lachte sie.

"Der?!"

"Naja. Er probt für seinen nächsten Auftritt. Horch mal!"

Er sprach tatsächlich: "Ruh, ruh, verstörter Geist! – Nun, liebe Herrn, laßt uns gehn, und, bitt ich, stets die Finger auf den Mund. Die Zeit ist aus den Fugen: Schmach und Gram, daß ich zur Welt, sie einzurichten, kam! Nun kommt, laßt uns zusammen gehn."[10]

"Hm! Sympathisch, der Typ!"

"Ja, finde ich auch."

"Jetzt geht er. – Oh!" Beinahe wäre ich über etwas gestolpert. Penthesilea fing mich auf. "Was ist denn das?"

---

9 Siehe P. Valery's Beschreibung der geistigen Väter unserer Kultur: "Hamlet ist sehr unschlüssig was tun mit all diesen Schädeln" (zitiert in Derrida, 1995, S. 19).

10 nach Shakespeare, Hamlet, 1. Aufzug, 5. Szene

"Seltsam!" sagte sie, "Da schaut etwas aus der Erde, mitten am Weg." Sie bückte sich, um es näher anzusehen.

"Paß auf," sagte ich, "hier ist alles voll Scherben!"

"Ja, da sind eine Menge Spiegel zerbrochen. Die waren für das Selbstbild dieser Wissenschaftler sehr wichtig. Es beruhte auf doppelter Reflexion.[11] – Andere mußten ihnen den Spiegel halten, und zum Dank dafür sagten sie ihnen, wer sie waren. Das lief lange so, aber eines Tages hatten diese "Anderen" keine Lust mehr, so fest zu stehen. Sie wollten, was sie bewegte, selber herausfinden. – Jetzt sind hier all die Scherben. Von den Spiegeln und von den Selbstbildern wohl auch."

Penthesilea untersuchte, was da aus dem Boden hervorschaute. "Weißt du, was das ist! Das ist die Resonanz. Deshalb sieht man sie so schlecht. Wahrscheinlich ist sie einmal verschüttet worden, aber jetzt kommt sie wieder zum Vorschein. Die müssen wir unbedingt einbeziehen in unsere Arbeit!"

*

Wir gingen weiter. "Du hast einen schönen Pullover," sagte Penthesilea.

"Danke! Meine Mutter hat ihn gestrickt."

"Paßt dir gut!" Sie strich mir über den Arm. "Seide?"

"Baumwolle, aber fühlt sich an wie Seide, nicht." Unwillkürlich beschleunigte ich meinen Schritt.

"Meine Mutter webt nur – aber auch schöne Sachen, ich zeige sie dir einmal. Nur, für die Arbeit hier sind diese Kleider unpraktisch."

"Sag mal, was du vorhin meintest, daß die Wissenschaft ihre Forschungsgegenstände konstruierte, aber ihre Erkenntnisse dann direkt in der Realität anwenden wollte, galt das auch für die Humanwissenschaft?"

"Ja, es folgte ziemlich dem gleichen Muster,[12] mit dem zusätz-

---

11 siehe dazu z.B. R. Gaschè, 1986, S. 13 ff., L. Irigaray, 1980, S. 169ff. oder M. Borch-Jacobsen, 1991, S. 43 ff.

12 So schreibt z.B. A. Schütz in seinen Notizbüchern: "Die Lebenswelt, in der ich und du, jeder und alle (...) ihr Leben als ungebrochenes Selbst in ihrer vollen Menschlichkeit leben, (...) entgleitet dem Zugriff durch den (...) Wissenschaftler. Er muß, um

lichen Effekt jedoch, daß sie das Verhalten dieser Forschungs-"gegenstände", eben der Menschen, veränderte. Die von der Humanwissenschaft konstruierten Modelle wurden zu Normen für ihr Tun."

"Und wie kamen die Wissenschaftler zu diesen Modellen?"

"Hier, komm mal mit!" Penthesilea sprang auf eine Kiste mit rostigen Zahnrädern, die gegen eine hohe, graue Metallwand gelehnt war. Eine schmale Eisenleiter führte von hier nach oben. Sie kletterte hinauf, ihre Schritte hallten über die ganze Wand. Wohl oder übel mußte ich hintendrein. Wir erreichten eine Art Schiffsdeck. Vor uns erhob sich ein Oberdeck, eine Gallerie mit Fenstern, von der so etwas wie Staubsaugerschläuche mit verschiedenen Vorsätzen zu uns herunter hingen.

"Das hier ist eine Erhebung!"

"Eine was?"

"Eine Erhebung. So hieß die Kommunikation zwischen den Forschenden und den sogenannten "Betroffenen". Das geschah hier. Beide waren streng getrennt. Die "Betroffenen" standen da, wo wir sind, und die Wissenschaftler standen dort oben und beobachteten sie."[13]

"Warum waren sie denn getrennt?"

"Schwierige Frage. Ich müßte dir von Früher erzählen, von der griechischen Polis und den verschiedenen Kräften in ihr.[14] Aber, ich glaube, ich könnte es auch so sagen: Die Wissenschaftler meinten, für Wissen sei Distanz nötig. Sie dachten vom Sehen her. Sie meinten, bei zu großer Nähe würde man nichts mehr wahrnehmen. Und wenn Distanz, dann war es ihnen am liebsten von oben. Oben war

---

die intersubjektive Lebenswelt in den Blick zu bekommen, ein künstliches Instrument schaffen, ein Abbild derselben, in dem die menschliche Lebenswelt wiederkehrt, aber beraubt ihrer Lebendigkeit, und in dem der Mensch wiederkehrt, aber beraubt seiner ungebrochenen, vollen Menschlichkeit." (In: A. Schütz und Th. Luckmann, 1984, S. 402)

13 "Man könnte freilich denken, daß Einem das Leben der Menschen im Film vorgeführt würde, oder daß er das Leben nur beobachten dürfte, ohne mitzutun. Er würde ihr Leben dann etwa verstehen, wie wir das Leben der Fische verstehen, oder gar der Pflanzen. Von Lust und Leid etc. der Fische können wir nicht reden." (L. Wittgenstein, 1989, II, par. 29.)

14 siehe dazu u.a. A. Macintyre, 1988, S. 47ff

besser, in ihren Augen, auch strategisch besser. Ja, so... Jedenfalls: Dort oben auf der Gallerie standen die Wissenschaftler und beobachteten die "Betroffenen". Dabei hatten manche ihre eigenen Fragestellungen, solche, die aus dem Stand der wissenschaftlichen Diskussion herrührten. Andere, die sogenannte "Praxisnähe" für sich beanspruchen wollten, schauten vorher auch noch herunter, um die "wahren Probleme" dieser "Betroffenen" zu bestimmen. Dann operationalisierten sie diese Fragestellungen..."

"Operationalisierten?"

"Ja, das heißt einfach, sie bauten diese Schläuche. Die wurden den "Betroffenen" – oder einer sogenannten Stichprobe von ihnen – dann angelegt, und die Information wurde hinaufgesaugt." Die Schläuche bewegten sich im Wind.

"Iiii! Gehen wir lieber!"

"Ja! Aber keine Angst," lachte Penthesilea, "das wird alles verschrottet, diese Art distanzierter Praxisnähe inklusive." Sie schwang sich auf die Leiter und verschwand. Unten am Weg wartete sie auf mich.

*

Es wurde kühler. Langsam kamen wir in die tieferen Regionen des Schrottplatzes. Unser Weg führte vorbei an einem Berg aus Gestängen verschiedener Art. "Das gehört alles zum Regelbegriff," erklärte Penthesilea.

"Und das? Könnte man das nicht noch brauchen?" Ich zeigte auf etwas, das wie eine überdimensionierte Papierschneidemaschine aussah. Daneben stand eine Art – ebenfalls überdimensionierter – Abfallbehälter, offenbar für das, was auf der einen Seite abfiel. Die Klinge war aus blankem Stahl und sah messerscharf aus.

"Zur Bildung von Dualismen. – Kann man schon noch brauchen. – Muß sie aber auf eine verschiebbare Basis stellen, gibt ja viele mögliche Standpunkte." sagte Penthesilea nur, und wandte sich schon ab. Ich wagte es nicht, sie genauer zu fragen. Sie schien in Gedanken versunken.

"Was hast du eigentlich alles von mir gehört," fragte sie plötzlich und sah mich an.

Sie hat ganz dunkle Augen, ging mir durch den Kopf. Ich antwortete: "Naja, das von Herakles und Theseus über Amazonen im Allgemeinen,[15] und das aus dem Stück von Kleist,[16] aber sonst eigentlich ..., ohja, es gibt noch einen guten Text über dich."[17]

"Einen guten?"

"Ja. Er handelt davon, daß du in einem dualistischen Denken, in entweder-oder Kategorien allein, nicht zu begreifen bist."

"Ha, das hoffe ich aber auch!"

"Ja, und durch die symbolische Sprache,[18] durch das Gesetz – sogar durch das Gesetz der Amazonen – bist du angeblich nicht faßbar. Dein Begehren..."

"Oje, darüber wird auch geschrieben?!"

"Ja, schon. Dein Begehren, heißt es, reiche weiter als nur bis zu seinem Objekt, sei reines Begehren."

"Wenn ich das nur damals schon gewußt hätte", lachte Penthesilea.

"In dem Artikel steht auch etwas, das du vorhin schon gesagt hast: Daß ihr unterworfen wurdet und nun meint, herrschen zu müssen, um nicht wieder beherrscht zu werden. Und daß du Siegerin sein mußt, um lieben zu können – oder meinst, daß du das mußt..."

"Das ist verrückt, nicht?!" Penthesilea seufzte. "Ich wollte, ich könnte einmal anders umgehen mit diesen Griechen."

"Aber es steht auch, daß du wild bist und stark und ziemlich stolz..."

"Da weißt du ja ganz schön viel über mich," spottete sie.

Plötzlich nahm sie mich in die Arme. Es war – wie soll ich sagen?

---

15 siehe G. Schwab, 1975, S. 170 und S. 218

16 H.v.Kleist (1983), Penthesilea. Bekannter als durch seine (äußerst seltenen) Aufführungen ist dieses Stück durch Goethes Reaktion auf diese Beschreibung einer Gesetz und Logik sprengenden, Männer fressenden Amazone: "Mit (ihrer) Penthesilea kann ich mich noch nicht so recht befreunden," schrieb Goethe an Kleist.

17 M. Schuller, 1994

18 vergl. J. Kristeva, 1978, S. 58. In Kleists Theaterstück bekämpft Penthesilea Achilles aus Liebe und tötet und frißt ihn im Wahnsinn. Schuller (1994) beschreibt Penthesileas Tat in Kristeva'scher Terminologie als Einbruch des Semiotischen in das Symbolische. Die Trennung zwischen Symbolischen und Semiotischen (Kristevas "thetischer Schnitt"), auf der das "normale" Leben beruht, wird von ihr aufgehoben. Sie wird wahnsinnig, nimmt das Wort ("zum fressen gern") wörtlich, und setzt es in die Tat um.

– atemberaubend: Sie hatte zwei Brüste! Unwillkürlich lehnte ich mich stärker an. Das war kein Silikon! Ich merkte es gleich. Sie merkte es auch. "Hast du denn dieses Märchen geglaubt?" lachte sie.

*

Wie geht's jetzt weiter, dachte ich. Vor uns verzweigte sich der Weg.

"Weiß ich auch nicht," meinte Penthesilea. "Aber hier müssen wir jedenfalls nach links. Der Weg dort hinunter ist blockiert. Da kommen wir wahrscheinlich erst durch, wenn wir zu arbeiten beginnen. Hier hat man damals die grundlegenden Baumaterialien gelagert, die Sprach-, Begriffs- und Zeichenkonzepte. Vor ein paar Jahren sind sie ins Rutschen gekommen und versperren jetzt den Weg. Ich habe es schon versucht, ein Gerüst zu bauen und sie wegzuheben, aber mit Kraft allein geht das nicht. Vor allem muß man dazu auch wieder neue Baumaterialien aufschichten, und so wird der Weg nie frei. Vielleicht sollten wir versuchen, diese Blöcke mit Wasser zu lösen – aber da müßt ihr mir helfen, da kenne ich mich nicht so gut aus damit."

Was heißt "ihr", dachte ich. Scheinbar war sie schon ganz sicher, daß ich mitarbeiten würde. Wir bogen in den linken Weg ein.

"Und den ganzen Schrottplatz willst du umgestalten?" fragte ich.

"Nicht den ganzen. Wahrscheinlich müssen wir nur an einigen zentralen Punkten ansetzen, und dann nimmt alles von selbst neue Formen an…"

"Aber wie willst du das anfangen?"

"Wie immer," lachte Penthesilea. "Man beginnt mit dem Spinnen, und dann gibt es Fäden, und dann ein Gewebe, und dann… Du hast doch gesagt, deine Mutter strickt!"

"Nein! Im Ernst, meine ich!"

"Ich meine es ernst. Das ist die Grundstruktur. Und dabei müssen wir uns von unserer Sehnsucht leiten lassen."

"Mhm," sagte ich schnell, obwohl es mir nicht klar war, worauf Penthesilea hinaus wollte. Sollte ich ihr vertrauen, oder machte sie sich einen Scherz mit mir? Schließlich wagte ich es doch: "Was denn für eine Sehnsucht?" fragte ich.

Penthesilea lachte und zwinkerte mir zu. "Ich glaube, daß uns unsere Sehnsucht nach einer anderen Art von Wissenschaft leiten kann, nach einer anderen Art von Wissen ... Ich weiß nicht, wie ich es nennen soll, dieses Wissen. Einfach "es" vielleicht, oder "lebendiges Wissen", oder "Erfahrungswissen". Aber der Name ist egal, es geht mehr um die Sehnsucht. Und was für ein Wissen das dann genau ist und wie wir es am besten nennen, das wird aus ihr heraus dann im Zuge der Arbeit Gestalt annehmen. – Aber das stimmt schon: Es ist viel Arbeit. Und es braucht auch viele Frauen dazu, und zwar für mehr als nur ein paar Monate. Das Zeug hier hat sich ja auch nicht erst über Nacht angesammelt."

"Nein," bestätigte ich, "es ist wahrscheinlich sogar fast so alt wie du!"

Sie schaute mich schief an. Offenbar hatte sie es nicht so gern, wenn ich über ihr Alter sprach. "Wann kommen denn deine Kolleginnen," wechselte ich das Thema.

"Sie sollten schon da sein, aber ich glaube, sie haben irgendwie noch Zweifel. Die eine hat mir vor ein paar Tagen eine Karte aus Südamerika geschrieben und gefragt, ob denn die Alma Mater noch andere starke Frauen neben sich dulde."

"Meinst du, in Südamerika haben sie nichts davon gehört, daß sie gestorben ist?"

"Das habe ich mich auch gefragt. Keine Sorge, hier werden jede Menge starke Frauen gebraucht!' habe ich ihr jedenfalls zurückgefaxt."

"Und die anderen?"

Penthesilea seufzte. "Angeblich müssen sie noch Zeug am Computer hin und her schicken, um sich zu stärken. Und sie sagten, sie wollten sicherheitshalber noch an ein Fest, bevor sie kämen."

"Wieso sicherheitshalber?"

"Ich glaube, es ist wegen dieses Gebietes: Sie vertrauen noch nicht ganz darauf, daß sie hier Körper und Geist nicht mehr werden trennen müssen, daß Denken hier nicht mehr als rein geistige Angelegenheit dargestellt werden muß. Sie wollten noch an ein Fest, sie waren sich noch nicht sicher, daß sie sich auch hier wohlfühlen könnten, daß sie auch hier Individuen mit eigenen Bedürfnissen und eigener Geschichte sein könnten und sich nicht auf ein anonymes, universales Subjekt reduzieren müssen."[19]

"Ich kann das schon verstehen, Penthesilea. Wenn ich sehe, was hier alles herumsteht. Allein schon die Menge... Weißt du: Ich wohne ja hier in der Nähe, aber im normalen Alltag komme ich nie in dieses Gebiet. Außer heute – aber alltäglich ist das für mich nicht... Und dann: Von dir und Hamlet einmal abgesehen, es sind ja auch gar keine Menschen hier! Es ist alles wie tot..."

"Ja, ich verstehe diese Angst schon. Die meisten guten Frauen laufen ja auch lieber davon, als sich mit dem Schrott hier herumzuschlagen."

"Eben! Und deshalb verstehe ich nicht, warum du dir diese Arbeit antun willst! Warum suchst du dir nicht ein freundlicheres Gebiet? Du sagtest doch, du willst aufhören zu kämpfen!" Ich merkte, daß ich mich ärgerte. Warum eigentlich, fragte ich mich.

Hatte Penthesilea es gemerkt? Sie blieb stehen und setzte sich auf eine Motorhaube, die neben dem Weg lag. "Ich kann es dir schon erklären," sagte sie ruhig. "Mir sind manche Gedanken der Wissenschaft wirklich wertvoll. Die Idee von Bildung, zum Beispiel, so viel Welt als möglich zu begreifen und sie so eng als möglich an sich zu binden, oder überhaupt: die Idee, nicht primär verändern zu wollen, sondern eher erkennen und womöglich verstehen. Es gibt so viele Gebiete, in denen alles nur auf kurzfristige Nützlichkeit und ökonomische Verwertbarkeit ausgerichtet ist. Auf dem Gebiet einer Wissenschaft könnte es anders sein, ja, muß es anders sein, damit wirkliches Forschen möglich ist. Deshalb ist mir dieser Raum was wert. Klar liegt hier viel Schrott. Klar ist es Arbeit. Aber die Vorstellung, wir sollten lieber anderswo beginnen, in einem freien oder – wie sagt man – naturbelassenen Gebiet, die ist Unsinn. Das ist nur wieder der alte Ruf nach einer Reinheit, die es für Menschen gar nicht gibt. Schon meine Griechen sind ihr nachgelaufen, und wie viel haben sie zerstört in ihrem Namen. Nein, ein reines, naturbelassenes Gebiet, in dem wir unserer Sehnsucht folgen können und in

19 nach den Kriterien, durch die A. Schütz den Wirklichkeitsbereich der wissenschaftlichen Welt von dem der Lebenswelt unterscheidet (siehe Schütz und Luckmann, 1984, S. 395).

Ruhe aufbauen, das gibt es nicht. Neues muß erbaut werden aus den Trümmern des Alten – ob wir wollen oder nicht. – Deshalb muß ich hier arbeiten, auf diesem Schrottplatz... Ich weiß nicht, ob du das verstehst..."

Penthesilea sah mich an. Ich hatte das Gefühl, sie schon lange zu kennen. Wir suchen beide das Gleiche, dachte ich.

"Ja, ich kann dich verstehen," sagte ich leise.

"Weißt du, ich habe einfach Freude daran, neue Möglichkeiten zu erforschen. Ich liebe es, bei Problemen die schnellen Lösungen erst einmal zurückzustellen und grundsätzlicher zu fragen. Nach den ungeprüften Voraussetzungen zum Beispiel, oder ob man die Sache nicht überhaupt auf neue Weise betrachten könnte. Vielleicht verschwindet dann sogar das Problem. Und dann..." Penthesilea geriet ins Schwärmen.

"Aber ist das dann praxisnah?" unterbrach ich sie.

"Darüber ist damit noch nichts gesagt. Kann sein, oder auch nicht. Mit der Unterscheidung zwischen Orientierung an der Praxis und Orientierung an der wissenschaftlichen Diskussion hat die Freude am Innehalten und Nachdenken zunächst einmal gar nichts zu tun. Auch die Freude am Hinterfragen und Suchen nach neuen Betrachtungsweisen nicht. Das braucht man für beide. Ob meine Arbeit praxisnah ist, hängt letztlich davon ab, aus welchem Erfahrungshintergrund heraus ich forsche. Meine Kolleginnen, zum Beispiel, haben einen ganz anderen Erfahrungshintergrund als ich, und es ist wichtig, daß wir uns ergänzen. Deshalb freue ich mich auch schon so auf unsere Zusammenarbeit, ja! Sie sind mit Dingen vertraut, von denen ich keine Ahnung habe, und dann: Ich kann dir sagen: Hexen können die, daß es nur so knallt!"

Ich hatte Lust, Penthesileas Kolleginnen kennenzulernen. Sollte ich vielleicht doch mitarbeiten? Aber mit ihr, sie täglich sehen? Ich mußte mir das alles nochmals in Ruhe überlegen. "Ich glaub', ich muß jetzt langsam gehen," sagte ich.

"Aber", fragte sie, "machst du jetzt mit?"

"Ja," sagte ich bestimmt – und war von mir selber überrascht. Ich merkte, daß sie sich freute. Sie sah mich nicht an. "Ich muß noch ein paar Sachen in Ordnung bringen und hole mir noch anderes Gewand," sagte ich, "aber dann komm' ich."

"Schau mal dort," sagte Penthesilea. Die Sonne blendete ein bißchen, doch dann sah ich im Osten eine Staubwolke aufsteigen. Sie kam langsam näher. Das mußten sie sein: Ihre Kolleginnen kamen angeritten. "Hej, sie kommen!" sagte ich zu Penthesilea, aber da stand sie schon nicht mehr neben mir. Typisch, dachte ich. Hält keine Abschiede aus!

Ich ging nach Hause, um das Dringendste zu erledigen. Plötzlich hörte ich einen Knall. Eine Explosion. Jetzt haben sie zu arbeiten angefangen, dachte ich und beeilte mich mit dem Geschirrspülen...

VOM SPINNEN: ZU DIESEM BUCH

Dagmar Reichert

> *"Es ist vielmehr für unsere Untersuchung wesentlich, daß wir nichts Neues mit ihr lernen wollen. Wir wollen das verstehen, was schon offen vor unseren Augen liegt. ... Das, was man weiß, wenn uns niemand fragt, aber nicht mehr weiß, wenn wir es erklären sollen, ist etwas, worauf man sich besinnen muß. (Und offenbar etwas, worauf man sich aus irgendeinem Grunde schwer besinnt.)"*
> *(L. Wittgenstein, 1952, Par. 89)*

Als ich während der Arbeit an diesem Buch den Madrider Prado besuchte, sprach mich unter all seinen Bildern eines ganz besonders an: Diego Velazquez' *Die Spinnerinnen, oder die Fabel der Arachne*. In diesen Spinnerinnen sah ich uns Frauen, die wir an unserem Forschungsprojekt über Erfahrungswissen arbeiteten, die wir das Vlies unserer verschiedenen Beobachtungen auskämmten, es zu Geschichten spannen, unsere Fäden auf Spulen wickelten und sie an der einen oder anderen Stelle auch zu gemeinsamen Bildern verwoben.

Das Bild des Fadens hatte uns vier in unserer Zusammenarbeit oft begleitet. Wie schon verschiedentlich (ich denke an Wittgensteins Beispiel für Familienähnlichkeit) lieferte es auch hier eine Möglichkeit, Verschiedenheit und Gemeinsamheit zusammenzudenken.[1] Wir sahen uns am Drehen von vier Fäden, die sich an bestimmten Punkten verweben konnten, aber auch eine je eigene Linie verfolgten. Auch was das Verwickeln und Verstricken in unserem Thema

---

1 Die Frage der Zulässigkeit von Verschiedenheit scheint mir eine der wesentlichen Schwierigkeiten bei Projekten von Frauen in der männerdominierten Institution Wissenschaft zu sein.

betraf, lieferte der gesponnene Faden ein gutes Bild. Wenn es dabei schwierig wurde, stärkte ich mich an einem Satz von Gertrud Stein:

Wenn es wirklich schwierig wird, will man den Knoten eher entwirren als zerschneiden, so fühlt wenigstens jeder der mit irgendeinem Faden arbeitet, so fühlt jeder der mit irgendeinem Werkzeug arbeitet so fühlt jeder der irgendeinen Satz schreibt oder liest nachdem er geschrieben worden ist. (...) Warum wenn Sie das Vergnügen des sich Konzentrierens auf die endgültige Einfachheit außergewöhnlicher Komplikationen haben wollen, würden Sie irgendeine künstliche Hilfe haben wollen um jene Einfachheit zustande zu bringen."[2]

So wählten wir das Bild des Fadens und die Metapher des Spinnens auch zum leitenden Bild für dieses Buch und die Gliederung seiner vier Teile. Im folgenden, dem ersten und mit *"die Spinnerinnen"* Überschriebenen, stellen wir unseren Zugang und die aus unseren jeweiligen Lebens- und Arbeitsbereichen stammende, persönliche Motivation für das Thema Erfahrungswissen vor. Daß wir uns im Elfenbeinturm der Hochschule oder bei bestimmten Denkweisen und Verfahren der Naturwissenschaften oder der Entwicklungszusammenarbeit in unserer Haut nicht wohlfühlten, bildete gewissermaßen die Wolle, die es für uns als Spinnerinnen zu kämmen galt.

Den zweiten Teil haben wir *"Geschichten spinnen"* genannt. Hier werden die Fäden unseres Forschungsprozesses entwickelt: Die speziellen Methoden, mit denen wir Erfahrungswissen sammelten und die gegenseitige Unterstützung dabei, aber auch der Versuch, im gemeinsamen Gespräch den kulturellen Wurzeln einer einseitig reinen, rein geistigen und welt-fremden Auffassung von Wissen auf die Spur zu kommen. Ein wichtiger Strang in diesem Abschnitt zeichnet die Wege zur Klärung unseres gesuchten Wissenskonzeptes nach. In diesem Teil des Buches zeigt sich, wie wir an der einen oder anderen Stelle – so etwa im Kapitel Erfahrungswissen – unsere vier Fäden zu einem gemeinsamen Bild verweben konnten.

Beim gemeinsamen Geschichten spinnen entwickelten wir die Fäden unserer jeweiligen Ausgangsfragen aus dem ersten Teil wei-

---

2 G. Stein, 1985, S. 168

ter. Diese Fäden mußten nun aufgenommen und systematisch aufgerollt werden. Die dabei entstandenen *"vier Spulen"* stellen wir im dritten Teil vor. Hier kommt unser "Konzept Erfahrungswissen" im Bereich der Kooperation zwischen Wissenschaft und Praxis, im Bodenschutz und im Dialog zwischen Wissenschaft und Kunst zur Anwendung.

Das gesamte Buch wird von einem weiteren Faden durchzogen, von Bildern, die die Künstlerin Nesa Gschwend in Auseinandersetzung mit unserem Thema für diesen Band gestaltet hat. Darin werden Prozesse der Erde als sichtbare Spuren von Zeit erachtet, als Abfolgen, die sich in Bilderräumen verdichten.

Am Schluß des Buches wollen wir "statt eines Endes" unsere Hoffnung auf eine Weiterführung unserer Fäden in den verschiedenen Anknüpfungen und Geweben unserer LeserInnen darstellen.

Doch zurück zu Velaszquez' Bild: Bei näherer Betrachtung (ich kaufte 10 Postkarten davon!!) zeigte unsere Arbeit noch viele andere Parallelen zur Situation der Spinnerinnen dort:

Abb.1: Diego Velazquez: Las Hilanderas, o la fabula de Aragne (1657-1660)

Zunächst fiel mir die Zweiteilung des Raumes im Bild auf: ein lichtdurchfluteter Ausstellungsraum im Hintergrund und vorne ein Raum mit gerissenem Tonboden und umherliegenden Wollresten, der Raum, in dem weniger hell und rein die eigentliche Arbeit geschieht. Auch mit unserem Buch wollten wir den Raum unserer Arbeit sichtbar machen (auch wir ziehen den roten Vorhang zur Seite, hinter dem sie in der wissenschaftlichen Ergebnisdarstellung oft verborgen bleibt). Auch wir wollten das Verhältnis zwischen der öffentlichten Außendarstellung von wissenschaftlichem Wissen und seinem inneren Funktionieren zum Thema machen, den tiefer gelegenen Raum der Erfahrung betrachten, der im Licht der Vernunft unbemerkt bleibt. Dabei fällt mir auf, daß es eine Frau ist, die Velazquez aus dem offiziellen Raum herüber in die Spinnstube blicken, und die beiden Bereiche verbinden läßt. Ist es auch die Aufgabe einer weiblichen Kultur, dies in die männliche Kultur der traditionellen Wissenschaft einzubringen?

In der Anordnung der beiden Räume legt Velazquez Bild eine Fortsetzung des Arbeitsraums bis hin zum Standpunkt der Betrachter nahe. Wer das Bild ansieht, ist eingeladen, nicht zum Konsum eines fertigen Produktes, sondern zur Teilnahme am Arbeitsprozeß. Dies soll auch für unser Buch gelten. Wir wollen nicht fertige Antworten liefern, sondern Anregungen zum eigenen Weiterspinnen mit dem eigenen Material.

In den Frauenfiguren im vorderen Raum sehe ich uns Forscherinnen, jede zu verschiedenen Zeiten in verschiedenen Rollen, und doch in einem Gefüge von Differenz und Komplementarität, ganz wie es hier im Bild erscheint. Da ist die Mittlere, die das empirische Rohmaterial bereitstellt, die Linke, die immer wieder das Rad antreibt, die beschwingte Frau, die eine Lage fertig gesponnener Geschichten auf ein Knäuel wickelt oder die ganz rechts, die mit ihrem vollen Korb an der Schwelle steht, an der Grenze zwischen Kommen und Gehen. Da ist der vertraute Blick, die Abstimmung zwischen zweien und eine Katze unter den Beinen.

Die beiden markantesten Gegenstände, die Velazquez in den Raum der Spinnerinnen stellt, sind vorne das Spinnrad und hinten die Leiter. In ihrer Gegensätzlichkeit – das eine zyklisch bewegt, das andere linear aufsteigend – symbolisieren sie für mich[3] verschiedene Gegensatzpole in unserer Forschungsarbeit, so z.B. den zwischen der Hacke der Praxis und dem Bleistift der Wissenschaft (siehe die Kapitel von Claudia Heid), zwischen Gefühl und Verstand, zwischen analytischer und kontextueller Wahrnehmung (im Kapitel von Patricia Fry), zwischen methodischer Vorausplanung und Handeln aus dem Moment, oder zwischen Vollständigkeit und Vollkommenheit (wie sie Ursina Steinemann in ihrem Kapitel zum Prozeß der Wissenschaft beschreibt). In allen Fällen versuchen wir, uns nicht im einen oder im anderen, sondern in der Spannung zwischen beiden aufzuhalten – dort, wo auch bei Velazquez die Spinnerinnen sitzen. Und gleich ihnen versuchen wir – wie übrigens Adriana Cavarero auch von einer anderen Handarbeiterin, von Penelope, schreibt[4] – *in uns* zu verweben, was andere getrennt haben.

Nach der gängigen Interpretation bezieht sich Velazquez mit diesem Bild auf die Geschichte von Arachne in Ovid's *Metamorphosen*.[5] Thema der *Metamorphosen* ist der Prozeß der Verwandlung, der Veränderung von einer Gestalt in eine andere. Auch dies trifft, was – wohl von Beginn an ermöglicht durch unsere Betroffenheit – mit uns durch die gemeinsame Forschungsarbeit geschah. Und es beschreibt auch ein wesentliches Merkmal der Wissenskonzeption, zu der wir gekommen sind: Erfahrungswissen zu erwerben bedeutet, sich als Person zu verändern und die eigene Gestalt zu wandeln.

Ich möchte die Geschichte von Arachne, mit der Ovid den Mythos nacherzählt[6], hier ihrerseits kurz nacherzählen:

Arachne war eine Lydierin von einfacher Herkunft, ihr Vater war Wollfärber, ihre Mutter früh gestorben. Wegen ihres kunstvollen Spinnens und Webens war Arachne weithin bekannt. Sogar die

---

3 zu ihrer Symbolik für das 17. Jahrhundert siehe z.B. Cavallius , 1972

4 Cavarero, 1992, S. 49

5 Der zweite Titel, "Die Fabel von Arachne", wurde dem Bild erst 1948 gegeben (zuvor: "Die Teppichfabrik von Santa Isabel in Madrid"), als ein Kunsthistoriker seine Interpretation in bezug auf diese Geschichte anregte. Sie wird durch ein Inventar von 1664 gestützt, in dem das Werk unter diesem Titel angeführt war und auch dadurch, daß Ovids Metamorphosen sich unter den Büchern in Velazquez Bibliothek fanden (siehe Serullaz, 1981, S. 120).

6 Ovid , 1992, S. 133ff.) oder 1990, S. 139ff.

Nymphen kamen und zwar nicht nur, um ihre Werke zu betrachten, sondern auch um ihr beim Arbeiten zuzusehen. "Athene, unsere Göttin der Wissenschaften und des Handwerks, war dir eine gute Lehrmeisterin", meinten sie. "Pah", sagte Arachne selbstbewußt, "von ihr habe ich das sicher nicht!"
Das kam Athene natürlich zu Ohren. Schon wieder so eine, die respektlos ist gegen die Gottheit, dachte sie, verwandelte sich in ein altes Weib und besuchte Arachne. "Ich bin alt und habe schon vieles gesehen", sagte sie, "ich rate dir, entschuldige dich für deinen Frevel! Sei zufrieden, wenn du unter Deinesgleichen die Geschickteste bist, aber miß dich nicht mit den Göttern." Doch Arachne wollte nichts davon wissen: "Ja, ja, Oma, das kannst du deinen Schwiegertöchtern erzählen... Ich weiß schon selber was ich zu tun habe. Soll Athene doch kommen und zeigen, daß sie besser ist! Sie kann mit mir tun, was sie will, wenn ich verliere." Da verwandelte sich Athene in ihre wirkliche Gestalt. "Sie ist gekommen", sprach sie. Arachne wurde ein bißchen rot, doch sie ließ sich nicht einschüchtern: "Na dann los", meinte sie nur, und beide gingen ans Werk.
Und sie spannen die Wolle und bespannten den Webstuhl und in herrlichen Farben entstand im Gewebe plötzlich die Gestalt alter Geschichten. Bei Athene stand Zeus im Zentrum, der Vater, aus dessen Kopf sie, schon gerüstet mit Panzer und Waffen, geboren worden war: Wie er da saß im Kreise seiner Götter! Und auch sich selbst stellte Athene dar, als sie damals mit ihrer Lanze in die Erde stieß und dadurch einen Ölbaum wachsen ließ. Das ganze Bild umgab sie mit Lorbeer.
Das Gewebe von Arachne stand dem um nichts nach. Ihre Geschichte beschrieb den Raub der Europa durch Zeus, zeigte wie dieser Leda täuschte und vergewaltigte und verkleidet als ihr Mann auch die Alkmene. Auch die Schandtaten der anderen Götter, von Neptun, von Apollo oder Saturn, stellte Arachne dar und umgab ihr Bild mit einer Ranke aus Efeu.
Die Nymphen schauten den beiden, die nun fertig wurden, über die Schultern. Sie hätten nicht sagen können, welcher der beiden Stoffe besser war, so kunstvoll waren sie beide. Das ärgerte Athene, und als sie dann auch noch Arachnes Bilder sah, wurde sie vollends wütend, riß ihr Werk in Stücke und schlug Arachne mit der Spindel ins Gesicht. Arachne wußte, daß sie verloren hatte. Sie steckte ihren Kopf in eine Schlinge, bereit, sich zu töten. "Nein", sagte Athene, plötzlich mitleidig, "häng' zwar, aber bleib' am Leben, damit du und dein Geschlecht weiter weben in alle Zukunft!" Und zur Strafe für ihren Frevel verwandelte sie sie in eine Spinne.

Ob es uns so gehen wird mit diesem Buch? Haben wir sie nicht auch herausgefordert, die keusche Göttin der Wissenschaft? Wollen wir die alten Helden der Wissenschaft, denen Athene immer hilfreich beistand, nicht auch zurück ins Menschliche holen? Die Gottheit des klaren Blicks an den Wert der anderen Sinne erinnern? In Velazquez Bild ist sie es, die links am Spinnrad sitzt, und ihr gegenüber die Herausforderin Arachne, ihre Augen unsichtbar, doch ihr Körper hell und voll Vitalität. Man sagt, Velazques habe im zweiten, im hinteren Raum das Ende der Geschichte dargestellt: Arachne, wie sie vor ihrem fertigen Bild steht – Velazques malt hier den *Raub der Europa* von Titian[7] und erweist damit seinem Meister die Referenz – und Athene, wie sie, nun in voller Rüstung, so sagt man, "den Arm gegen sie erhebt". Aber erhebt sie ihn wirklich gegen sie? Oder breitet sie vielleicht die Arme aus, um mit ihr Freundschaft zu schließen? Spinne ich, oder ist es das, was geschieht? Wir werden ja sehen.

7 Mckim-Smith , 1988, S. 34 und J. Berger, 1991, S. 62

DIE SPINNERINNEN

Von der Problemsicht, die dem Buch zugrunde liegt und von unseren Motiven und Fragestellungen bei ihrer Bearbeitung.

Im Folgenden beschreiben wir vier ForscherInnen in vier Abschnitten die jeweiligen Ausgangsprobleme und Fragestellungen unserer Arbeit – die Anfänge unserer Fäden. Sie leiteten unsere Zusammenarbeit bei der Suche nach einer neuen Wissenskonzeption (zweiter Teil des Buches) und werden im dritten Teil des Buches in unseren jeweiligen Fallstudien weitergesponnen. Bei diesem Spinnen gehen wir alle von unserem ursprünglichen Arbeitsgebiet aus (Patricia Fry von der Bodenbeobachtung, Claudia Heid von der Entwicklungszusammenarbeit und Ursina Steinemann und Dagmar Reichert von ihren Erfahrungen mit der Wissenschaft). Wir schildern, was wir darin als Probleme erfahren haben und in welche Richtung unsere Fäden bei der Suche nach Lösungen laufen. Themen wie das Verhältnis zwischen Wissenschaft und Praxis, das Selbst-Verständnis von Forschenden, der Umgang mit sogenannt "komplexen" Phänomenen oder die Möglichkeit einer Zusammenschau vielfältiger Detailstudien in einer Gesamtdiagnose kommen dabei zur Sprache.

ERFAHRUNGSWISSEN ÜBER DEN BODEN

Ein persönlicher Hintergrund

Patricia Fry

Rückblickend sind vor allem zwei Gründe zu nennen, weshalb mich "Erfahrungswissen" interessiert: Mein Unbehagen in den Naturwissenschaften einerseits und meine beruflichen Erfahrungen im Bodenschutz andererseits.
Während meinem Biologiestudium an der Universität Zürich begann ich, mich mit dem Denkstil in den Naturwissenschaften auseinanderzusetzen. Im Rahmen des "FrauenForums Naturwissenschaften"[1] kritisierte ich zusammen mit anderen Biologinnen und Geografinnen die universale Gültigkeit, die die Naturwissenschaften so oft für sich in Anspruch nimmt, die Definition von Objektivität und Subjektivität und die Konzentration der Forschung auf experimentell erheb- und reproduzierbare Ursache-Wirkungsketten. Wir haben gelesen, gestritten und diskutiert. Dadurch lernte ich verschiedene Denkweisen kennen, und vor allem lernte ich, mein *Unbehagen in den Naturwissenschaften* in Worte zu fassen sowie in Beziehung zu setzen mit gesellschaftlichen und sozialen Zusammenhängen. Eine wesentliche Erkenntnis dabei war, wie Wirklichkeit in den Naturwissenschaften konstruiert wird und als das einzig gültige oder einzig wahre dargestellt wird. Oder die dualistische Einteilung vieler Eigenschaften, wobei ausgehend von der sogenannt "männlichen Seite", das Andere – das "Weibliche" – definiert wird. Was nicht sogenannt rational ist, wird als irrational bezeichnet und ausgegrenzt. Diese dualistischen Trennungen und die Zuteilung der linken Seite der unten aufgelisteten Dichotomien zu sogenannt "männlichen" Eigenschaften, bzw.

1 Das FrauenForum Naturwissenschaften wurde 1989 von einigen – damals meist noch studierenden – Biologinnen und Geografinnen gegründet. Wir organisierten eine Tagung an der Universtität Zürich zum Thema "Im Widerstreit mit der Objektivität – Frauen in den Naturwissenschaften". Verein Feministische Wissenschaften Schweiz und FrauenForum Naturwissenschaften, 1991

die rechte Seite zu sogenannt "weiblichen" Eigenschaften, stört mich:

> rational versus irrational
> aktiv versus passiv
> Vernunft versus Gefühl
> Kultur versus Natur
> objektiv versus subjektiv
> abstrakt versus konkret
> prinzipienorientiert versus kontextuell
> absolut versus relativ

Ich empfinde diese auch an den Hochschulen vermittelten Dualitäten[2] als sehr hemmend für mein Denken, Fühlen und Arbeiten. In den Naturwissenschaften gelten rationale, vernünftige, objektive, prinzipienorientierte und absolute Aussagen oder Eigenschaften mehr als die entsprechenden Gegenstücke irrational, gefühlsmäßig, subjektiv, kontextbezogen und relativ, obwohl diese Eigenschaften im Forschungsprozeß beispielsweise eine wichtige Rolle spielen. Ich erlebe diese dualistischen Zuordnungen durch die Sozialisation usw. und das daraus entstehende Spannungsfeld an mir selber. Auf der einen Seite bin ich eine Frau, auf der anderen Seite sollte ich "Naturwissenschafter"[3] sein. Es gibt nach wie vor nur wenige Vorbilder, die den "Streuungsbereich" der Eigenschaften von Forschenden ein bißchen erhöhen könnten. Ich kritisiere, daß Eigenschaften einem Geschlecht zugeordnet werden und fühle mich am ehesten mit den feministischen Ansätzen wohl, die die Zuordnung von Eigenschaften kritisieren und sich mit der Dekonstruktion von Geschlecht beschäftigen.[4] Diese Dekonstruktion und die daraus entstehende Freiheit im Handeln und Denken ist jedoch noch Zukunftsmusik. Wir denken und fühlen noch anders, die Sozialisation wirkt nachhaltig.

---

2 aus List, 1993

3 Die männliche Form wird häufig noch für Männer und Frauen angewendet und wird hier provokativ verwendet, um die Polarität noch ein bißchen auf die Spitze zu treiben.

4 z.B. Judith Butler, 1991

Das an der Hochschule vermittelte Bild, wie die Naturwissenschaften funktionieren, lähmte mich im Denken und Schreiben, überhaupt im Kreativ- und Neugierig-sein! Gut forschen hieß, auf eine klare Fragestellung eine gute Methode anwenden und exakte Ergebnisse erzielen. Falls ich keine eindeutigen Ergebnisse erhielt, hatte ich etwas falsch gemacht. Diese Vorstellung wird vermittelt, aber alle praktizierenden NaturwissenschaftlerInnen wissen, daß Forschen ein Prozeß ist, bei dem Fragen präzisiert und Methoden angepaßt werden, und daß persönliche Erfahrungen eine wichtige Rolle spielen. Jede(r) kennt die Verzweiflung, wenn die Versuche im Labor oder im Feld nicht klappen, Fragen über Fragen erscheinen, das Ende des Tunnels nicht in Sicht ist und die Resultate scheinbar wertlos sind. Und wie sich dann, nach mühsamer Denkarbeit und Suche, oft plötzlich ein Weg ergibt. Solche praktischen Erfahrungen – quasi das "Handwerk" der Naturwissenschaften – wurden uns in dem reinen Bild von Naturwissenschaften nicht vermittelt, obwohl sie essentiell für eine kreative Arbeit mit neuen Ideen sind. Ohne Erfahrung kann keine naturwissenschaftliche Arbeit gemacht werden, weshalb wird sie dann nicht offiziell thematisiert? Die Auseinandersetzung und der Austausch über Erfahrungen fehlte mir an der Hochschule.

Unbehagen bereitete mir auch der Druck, mich zuerst legitimieren zu müssen, bevor ich über ein Thema reden durfte. Es schien mir, als brächte erst die Spezialisierung den Status, mit dem ich mir erlauben konnte, eine Meinung zu äußern. Aber eine Spezialisierung stieß mich ab. Ich wollte nicht in einer einzelnen Fachdisziplin versinken, die keinen Bezug mehr zu Prozessen in der Natur erkennen ließ. Mich interessierten Vorgänge und Wechselwirkungen bei der Regeneration der Bodenstruktur. Da spielen chemische, physikalische und biologische Prozesse eine Rolle und führen gemeinsam zu einer bestimmten Struktur. Die Realität bis heute ist, daß in Einzeldisziplinen geforscht wird und deshalb eine spezielle Betrachtung bereits vorprogrammiert ist, die die Natur nicht als Ganzes zum Thema macht. Wechselwirkungen werden dadurch nicht abgebildet, vielmehr sehr spezielle Fragen bearbeitet, die kaum mehr miteinander in Verbindung zu bringen sind.

Ich begann, Literatur, die ich las, Diskussionen, die ich im Hörsaal verfolgte, und meine eigenen Erfahrungen, die ich außerhalb der Hochschulen machte, miteinander in Beziehung zu setzen. So fielen mir z.B. unterschiedliche Vorstellungen über die Bildung von Bodenaggregaten auf.[5] Die hierarchische Organisation der Aggregatbildung war eine Vorstellung, die mich an einen Bausatz erinnerte: Kleine Teile werden zu mittleren zusammengeschlossen, welche wiederum zu größeren Gebilden aggregieren. Dazu paßte der Gedanke, daß Mikroorganismen bei der Bildung von Bodenaggregaten nur in ihrer Größenordnung eine Rolle spielen können.[6] Daß Bakterien einen Film bilden und auf diese Weise größere Teile miteinander verkitten können[7], steht diesem hierarchischen Bild gegenüber. Ebenso wie die Idee, daß Abbau von Strukturen und Aufbau von Aggregaten parallel laufen können.[8] Eine Vorstellung ist geprägt vom Konstruieren, Experimentieren, Teile zu einem Ganzen zusammensetzen zu wollen, die andere eher vom Beobachten und Verstehen wollen oder von der Vorstellung, was in einem Boden ablaufen kann.

Mein persönliches Unbehagen mit den Naturwissenschaften begann, Gestalt anzunehmen und konkret zu werden. Ich fand Literatur, welche ein anderes Bild vermittelte. Ich suchte eine Forschungsmöglichkeit, die sich nicht an den dualistischen Kategorien orientierte und sogenannte universale Prinzipien herausarbeiten wollte.

Der zweite Beweggrund für ein Forschungsprojekt zum Thema "Erfahrungswissen", stammt aus meinen eigenen beruflichen Erfahrungen der letzten fünf Jahre: Die Schwierigkeiten, den komplexen, heterogenen und schwer zugänglichen Boden zu messen. Dadurch, daß ich bei der Bodenschutzfachstelle des Kantons Aargau arbeitete und parallel dazu an verschiedenen Projekten an der ETH beteiligt war, wurde ich persönlich mit unterschiedlichen Fragestellungen, Sichtweisen und Anforderungen konfrontiert, die in der Naturwis-

---

5 vgl. Fry, 1994b

6 Tisdall und Oades, 1982

7 Robert und Chenu, 1992

8 Anderson, 1991

senschaft und im Vollzug vorkommen. Heute befasse ich mich an der Bodenschutzfachstelle des Kantons Aargau neben Projekten im Bereich der Öffentlichkeitsarbeit hauptsächlich mit Fragen der Anwendung bodenbiologischer Methoden im Zusammenhang mit der Dauerbeobachtung von Böden. Um die Bodenfruchtbarkeit langfristig zu beobachten, hat die Arbeitsgruppe Bodenbiologie der Bodenschutzfachstellen der Schweiz[9] in Zusammenarbeit mit verschiedenen Forschungsanstalten einige Basisparameter[10] ausgewählt und ist nun daran, die Methoden zu standardisieren und Vergleichswerte zu erheben.

Während zwei Jahren hatte ich am Institut für terrestrische Ökologie der ETH Zürich Gelegenheit, biologische Meßergebnisse eines Pilotlaufs für kantonale Bodenbeobachtung[11] auszuwerten. Durch diese Schnittstellenposition – ein Bein im Vollzug, ein Bein in der Hochschule – erkannte ich, daß viele der Schwierigkeiten, mit naturwissenschaftlich-analytischem Ansatz Bodenfruchtbarkeit zu messen, mit der Denkweise in den Naturwissenschaften zusammenhängen.

Im Rahmen des vorliegenden interdisziplinären Projektes "Erfahrungswissen und umweltverantwortliches Handeln" erarbeite ich, in einem anderen Rahmen als in den Naturwissenschaften, einen erweiterten Ansatz, um Böden zu beobachten. Ich stelle in einer Teilstudie Thesen auf, wie Bauern und Bäuerinnen Boden wahrnehmen und ob ihr Blick einen Weg weist, wie die naturwissenschaftliche

9 Heute sind in der Arbeitsgruppe Vollzug Bodenbiologie (VBB) verschiedene Kantone – sie sind für den Vollzug im Bodenschutz zuständig –, das Bundesamt für Umwelt, Wald und Landschaft (BUWAL), die Eidgenössischen Forschungsanstalten für Agrarökologie und Landbau (FAL) mit dem dazugehörenden Institut für Umweltschutz und Landwirtschaft (IUL), die Eidgenössischen Forschungsanstalten für Obst-, Wein- und Gartenbau (FAW) und für Wald, Schnee und Landschaft (WSL) sowie das Forschungsinstitut für biologischen Landbau (FiBL) zusammengeschlossen.

10 Basisparameter sind sehr grobe Parameter, die nicht detaillierte Auskunft über spezifische Ursachen-Wirklungsketten geben können. Sie sollen die biologische Aktivität eines Bodens bzw. seinen Zustand charakterisieren können. Dazu gehören die mikrobielle Biomasse, die mikrobielle Atmung, der Zelluloseabbau sowie die Biomasse und Anzahl der verschiedenen Regenwürmer.

11 AGW, 1994

Sicht bei der Beobachtung der Bodenfruchtbarkeit erweitert werden könnte. Die Studie stellt ein Beispiel dar, wie sozialwissenschaftliche und naturwissenschaftliche Ansätze und Methoden verbunden werden können. Ich habe mich als Naturwissenschafterin mit sozialwissenschaftlichen Methoden in ein mir fremdes Umfeld gewagt, um den rein analytischen Ansatz zu erweitern. Mit dieser Fallstudie versuche ich, mein Unbehagen mit den Naturwissenschaften an einem konkreten Projekt zu thematisieren, nicht bei der Kritik an den Naturwissenschaft zu verharren, sondern selber eine Möglichkeit zu suchen, wie eine ganzheitliche Naturwissenschaft aussehen könnte. Denn die komplexen Zusammenhänge zwischen Ökosystemen und anthropogenen Einflüssen können mit analytischen Ansätzen alleine nicht verstanden werden. Erfahrungswissen verschiedener Leute zu thematisieren und offiziell anzuwenden, scheint mir eine Möglichkeit zu sein, um verschiedene Disziplinen miteinander zu verbinden, dualistische Zuordnungen, wie Gefühle und Verstand, qualitativ und quantitativ, Materie und Geist usw., aufzuweichen, Machtgefälle zu mindern und verschiedene Blickwinkel zu berücksichtigen, damit die Natur eher als Ganzes betrachtet werden kann.

BLEISTIFT SUCHT HACKE

Teil 1: Motive für ein Projekt

Claudia Heid

"Wie geht's dir? Was hast du heute im Büro gemacht?"

"Ja, es war so ein ganz normaler AGRECOL-Tag. Nach der Teamsitzung, in der wir mit der Jahresplanung begonnen haben, habe ich endlich mal wieder unseren sogenannten Frage- und Antwortdienst gemacht und ein paar Briefe aus Lateinamerika beantwortet. Am Nachmittag kamen noch zwei Besucher aus Kolumbien, die uns ein Hilfswerk vorbeigeschickt hat. Sie erzählten uns von ihrer Arbeit mit den Bauerngruppen und den schwierigen politischen Verhältnissen und der Gewaltsituation, die es fast unmöglich machen, auf dem Land zu arbeiten. Es war ein kurzes aber intensives Gespräch. Sie waren ganz zufrieden, vor allem als sie hörten, daß es für technische Mitarbeiter im Süden Kolumbiens Ausbildungsmöglichkeiten im ökologischen Landbau gibt – davon hatten sie noch nie gehört – und sie strahlten richtig, als wir ihnen Bücher und Broschüren, auf spanisch, zeigten und zum Teil kopierten. Die kleinen bebilderten Broschürchen könnten sie ja so gut für ihre Bauern-Kurse brauchen, da müßten sie nicht selber von vorne anfangen."

Die landwirtschaftliche Beratung in der Entwicklungszusammenarbeit (EZA) ist das Gebiet, in dem die AGRECOL – Informations- und Vernetzungsstelle für ökologischen Landbau in Afrika und Lateinamerika – am Ökozentrum Langenbruck mit ihrer speziellen Aufgabe der Informationsvermittlung zwischen Praktikern aktiv ist. Praktische Information über ökologischen Landbau in Lateinamerika und Afrika wird gesammelt, dokumentiert und wieder verbreitet. Die Informationsverbreitung geschieht über verschiedene Kanäle: Briefliche Anfragen werden individuell beantwortet – mit entsprechenden Literaturhinweisen, Adressen von Projekten, Organisationen und Personen im jeweiligen Land, die als Ansprechpartner für den direkten Austausch dienen können. Es kommen Besucher aus dem Süden und Norden, die nach Informationen suchen und dabei von den Mitarbeitern und Mitarbeiterinnen der AGRECOL beraten werden. Es werden Publikationen herausgegeben, in erster Linie Organisations- und Literaturführer. Ein Rundbrief zur Förderung des ökologischen Landbaus in Afrika wird in der AGRECOL zusammengestellt. Bei einer lateinamerikanischen Zeitschrift für den Erfahrungsaustausch über die Förderung des ökologischen Landbaus wird ebenfalls redaktionell mitgearbeitet.

Die direkten Benutzer der Informationsstelle sind lokale landwirtschaftliche Techniker, Berater, Entwicklungshelfer im Süden und ausreisende Entwicklungshelfer, Experten, Studenten und Hilfswerkmitarbeiter im Norden.

Die AGRECOL Informationsstelle versteht sich nicht als Fach- und Dokumentationsstelle für ökologischen Landbau in den Tropen im Sinne einer Stelle, die den Zugang zu möglichst viel und aktueller technischer Information bietet. Die Arbeit ist mehr auf Kommunikation ausgerichtet, basierend auf der Überzeugung, daß die Informationsvermittlung nachhaltiger wird, wenn sie im Dialog passiert und die Beteiligten sich auf einen gemeinsamen Prozeß einlassen, der zu einem gemeinsamen Lernen werden kann. Die Mitarbeiter stellen sich als Gesprächspartner zur Verfügung, mit der Absicht, einen gegenseitigen Austausch zu ermöglichen. Für viele technisch orientierte Kollegen in der Entwicklungszusammenarbeit ist dieser Ansatz schwer zu begreifen.

"In der letzten Stunde vor Feierabend habe ich dann noch die neu eingetroffenen Publikationen der letzten zwei Wochen durchgesehen: Wir bekommen zur Zeit viel Material über partizipative Forschung und Beratung. Ich habe nie die Zeit, es gründlich zu lesen. Dabei würde ich wirklich genauer wissen wollen, wie der Stand der Diskussion ist. Mein erster Eindruck sagt mir, daß es vor allem wissenschaftliche, also abstrahierte Abhandlungen sind, die über lebendige Prozesse geschrieben werden. Sie sind nüchtern, trocken, theoretisch."

"Warum nimmst du dir nicht die Zeit, um die Bücher zu lesen?"

"Das ist ja das Kreuz an der tollen Arbeit bei der AGRECOL – wir sind ja eine Vernetzungsstelle, also ein Dienstleistungsbetrieb und kein Forschungsinstitut. Wir bringen Menschen miteinander in Kontakt, über Korrespondenz und Besuche. Wir reisen, wenn auch selten, nach Lateinamerika und Afrika, um die Situation der verschiedenen Gruppen und Organisationen vor Ort besser kennenzulernen. In kürzester Zeit werde ich dann dort in eine völlig andere Welt geworfen und bekomme einen kondensierten und intensiven Einblick z.B. in den Alltag der lateinamerikanischen Berater oder auch der Bauern. Aber wir haben keine Zeit für gründliches Bücherstudium, oder auch dafür, uns auf eine andere Art und Weise in ein Thema zu vertiefen. Ich kann nie an einer Sache bleiben, und so bleibt's denn recht oberflächlich, was ich so weiß. Und ich stecke im Dilemma zwischen dieser lebendigen Seite meiner Arbeit und dem Wunsch nach mehr intellektueller Auseinandersetzung."

"Heißt das denn, daß du der Zeit an der Uni nachtrauerst?"

"Nein, ganz und gar nicht. Ich bin wirklich froh, nicht an einer wissenschaftlichen Forschungsstelle zu sein. Dort wird ja genau das andere Extrem gemacht: Wissen und wissenschaftliche Erkenntnis werden zum Selbstzweck. Es wird so geforscht, daß der Bezug zum Leben, zur Praxis und auch zu den Betroffenen verloren geht.[1] Die Ergebnisse werden bestenfalls unter Forscher-Kollegen diskutiert und bleiben sonst in den Universitätsbibliotheken hängen. Ich frage mich dann immer, wozu dieses Wissen, diese Genauigkeit, die Analyse, und alles unter dem Mythos von Objektivität usw.[2] Nein, ich will da auf keinen Fall zurück. Vielleicht wenn es eine Art des Forschens gäbe, die mehr mit dem Leben verbunden ist, die sich ganzheitlich und integrierend gestalten läßt, die z.B. Emotionalität innerhalb des Forschungsprozesses einbezieht, statt nur möglichst sterile Daten zu produzieren: Nur in so einem Rahmen könnte ich mir vorstellen und würde es mir Lust bereiten, bei einem Forschungsprojekt mitzumachen. Aber ist das dann noch wissenschaftlich?"

1 vgl. dazu auch Scoones und Thompson, 1994

2 vgl. dazu auch Long und Long, 1992

"Ich glaube, wenn du innerhalb der Wissenschaft solche Experimente wagst, mußt du auf viel Kritik gefaßt sein, vielleicht wirst du sogar 'exkommuniziert'."

"Diese Kritik habe ich doch selbst verinnerlicht und würde vor allem mit meinen inneren Richtern zu tun bekommen.

Aber es würde mich wirklich reizen, eine Verbindung zu schlagen zwischen der Arbeit bei AGRECOL und einer Foschungsarbeit: zwischen der von praktischen Notwendigkeiten und Nachfragen geprägten Informationsverbreitung bei AGRECOL und einer Forschungsarbeit, die neue Brücken und Kommunikationswege sucht zwischen Praktikern und Wissenschaftlern, oder zwischen Bauern und Beratern.

Ich würde dann nicht nur die Bücher zu Partizipation und lokalem Wissen in der ländlichen Entwicklung durcharbeiten wollen, die ich schon so lange lesen wollte, und würde auch keine klassische sozialwissenschaftliche Untersuchung durchführen, sondern ich würde versuchen, auch meine eigene Erfahrung, mein eigenes lebendiges Wissen und den subjektiven Prozeß in die Forschungsarbeit einzubringen. Ohoh, jetzt wirds dann auch gleich sehr komplex und anspruchsvoll. Aber in diese Richtung müßte das Projekt laufen."

"Versuch doch erst mal, deine Fragen zu fassen, die du in solch einem Forschungsprojekt angehen wolltest."

"Gute Idee, doch gar nicht so einfach zu formulieren.

Erstmal möchte ich klären, von welchen verschiedenen Wissen wir reden. Das Wissen der Bauern neben dem der Forscher oder der Berater – wo haben sie Gemeinsamkeiten und wo Unterschiede?

Wird das Wissen der Bauern in den Entwicklungsprojekten wahrgenommen? Wie kann es stärker berücksichtigt werden? Kann eine stärkere Berücksichtigung des bäuerlichen Wissens bei der Ökologisierung kleinbäuerlicher Landwirtschaft in Lateinamerika helfen? Gibt es Beispiele, wo die bäuerliche Bevölkerung ihre Ideen und die Vorstellungen von ihrer Zukunft zum Ausdruck bringen kann und wo diese dann auch mit Hilfe der Projekte umgesetzt werden?

Wie werden die Machtverhältnisse mitberücksichtigt, zum Beispiel bei lokalen Machtgruppen oder auch zwischen den von außen kommenden Forschern und Beratern und der bäuerlichen

Bevölkerung?

Wie läßt sich die Kommunikation zwischen Bauern und Beratern verbessern? Wie kann es unter Berücksichtigung des verschiedenen Wissens zu einer anderen Rollenverteilung zwischen den Beratern und Forschern und den Bauern kommen? Und wie kann eine Beziehung aufgebaut werden, in der der Austausch von beiden Seiten gewollt ist?

Wie können Projektionen und eurozentristische Vorstellungen wenn nicht vermieden, so wenigstens transparent gemacht werden? Wie kann ein Lernprozeß für beide Seiten, für den Bauern oder die Bäuerin und den von außen kommenden Forscher oder die Beraterin, begonnen werden?"

"Du redest vom unterschiedlichen Wissen bei Bauern und Forschern. Was genau meinst du damit? Kannst du mir diese beiden Wissen erklären, bevor wir in die Beziehung zwischen Bauer und Berater einsteigen, die in deiner Arbeit exemplarisch für diese Begegnung der beiden Wissen ist, oder nicht?"

"Doch, doch. Das kann ich gerne versuchen. Ich habe das einmal so aufgeschrieben:"

Das Wissen der lokalen Bevölkerung ist in den Projekten der Entwicklungszusammenarbeit lange zu wenig berücksichtigt worden. Es wurde und z.T. wird es noch als Antagonist zum Entwicklungsfortschritt gesehen und deshalb ausgeklammert. Welche Schwierigkeiten dabei auftreten können, hat sich am Mißerfolg vieler Projekte gezeigt.

Wenn Forscher und andere von außen Kommende sich dem Wissen der lokalen Bevölkerung zugewendet haben, ist aber auch das Gegenteil passiert: Es kommt zu einer Verherrlichung des Wissens, und am liebsten würde man diese ethnische oder kulturelle Gruppe von den Einflüssen der modernen Welt abschirmen, um eine Entwicklung zu fördern, die nur den lokalen Zukunftsvorstellungen entspricht.

Im folgenden möchte ich kurz beschreiben, was ich unter lokalem Wissen verstehe. Das lokale Wissen als Begriff ist dienlich, um es gegen das universell gültige wissenschaftliche Wissen zu stellen.

Das lokale Wissen ist eingebettet in ein soziales und kulturelles Gefüge und entsteht zum einen aus der Erfahrung, der Handlung, durch oft wiederholtes Beobachten und Versuchen, zum anderen stammt es aus der Überlieferung.

Es ist sozialen Veränderungen unterworfen und an die gegenwärtige Situation angepaßt. Es ist nicht traditionell im Sinne von veraltet, sondern wird tradiert und weiter entwickelt, es wächst mit, es ist somit auch modern. Dieses Wissen ist immer im Fluß oder im Prozeß, und es steht in einem Lebenszusammenhang.

Es ist meist nicht schriftlich fixiert, sondern wird mündlich oder non-verbal weitergegeben und weiterentwickelt.

Es besteht nicht nur aus Kenntnissen im Kopf, sondern oft auch aus Fertigkeiten und Fähigkeiten.

Es orientiert sich auch an gemeinschaftlichen Vorstellungen von der Herkunft der Gruppe, sowie an Zukunfts- und Entwicklungsvorstellungen.

Abb. 1: Lokales Wissen

Es gibt ein kollektives lokales Wissen und ein individuell entstehendes lokales Wissen. Beim Erlernen dieses Wissens kann man einerseits auf Erfahrungen von anderen zurückgreiffen, andererseits muß man in bestimmten Bereichen eigene Erfahrungen machen.

Jeder einzelne auf der Welt verfügt über dieses Wissen, oft ohne es zu wissen. Jeder Mensch hat seinen persönlichen Wissenspool. Daneben gibt es das Wissen mit Anspruch auf universelle Gültigkeit, das auf "rationalem Denken" basierende, angeblich objektive, räumlich und zeitlich übertragbare wissenschaftliche Wissen. Es wird in der Entwicklungszusammenarbeit durch die Forscher, Berater, Techniker und Experten repräsentiert.

Abb. 2: Wissenschaftliches Wissen

Das wissenschaftliche Wissen steht für die herrschenden gesell-

schaftlichen Strukturen und umgekehrt. Es hat weltweit hohes Prestige und Ansehen, d.h. es vertritt und gibt Macht. Agronomen, beispielsweise, können fast überall auf der Welt ein höheres Ansehen genießen als Bauern.

Das wissenschaftliche dominiert über das lokale Wissen, so wie die christlichen über die Natur- oder Volksreligionen.

Das heißt aber nicht, daß die Vertreter der Gesellschaftsgruppen mit reichem lokalen Wissen, z.B. bäuerliche Bevölkerung, dominiert sind von und machtlos sind gegenüber dem wissenschaftlichen Wissen. Es gibt eine subversive Koexistenz, eine nur scheinbare Anpassung an das Herrschaftswissen. Durch ihren Lebensalltag haben diese Gruppen eine nicht versiegende Quelle für ihr lokales Wissen, welches fortlebt,, solange ihre Kultur lebt,– wenn auch meist ohne Anerkennung und ohne das Bemühen um Austausch und Dialog von Seiten der Vertreter des herrschenden Wissen.

Beide Wissensformen, das wissenschaftliche und das lokale Wissen, haben viele Gemeinsamkeiten. Beide sind von Werten geprägt und haben theoretische und praktische Inhalte. Auch in ihrer Struktur und impliziten Funktionsweise (tacit knowing) unterscheiden sie sich nicht. Erfahrung spielt eine Rolle in beiden – nur unterschiedlich sichtbar vielleicht.

Lokales Wissen und wissenschaftliches Wissen haben beide eine äußere und eine innere Seite. Die persönliche und intime Seite bleibt meist verborgen und im dunkeln. Beim lokalen Wissen ist sie nicht so stark abgetrennt und ausgegrenzt wie beim "universell" gültigen Wissen. In der konventionell wissenschaftlichen Arbeit bleibt sie ausgeblendet und abgespalten, so als würde sie nicht existieren. Im Buch "Wasserschlange und Sonnenvogel – Die andere Seite der Entwicklungshilfe"[3] wurde dies sehr eindrücklich beschrieben. Die innere Seite setzt sich mit der inneren Wirklichkeit auseinander und ist die Quelle unserer emotionalen und seelischen Kräfte. Sie ist subjektiv und irrational (andere Logik) und fließt unbewußt, wie über unterirdische Ströme in unser rationales Denken und Diskutieren mit ein. Sie prägt unsere Vorstellungen z. B. von Entwicklung,

---

3 Högger, 1993

Umwelt oder Fortschritt. Diese unbewußten Bilder können die Verständigung zwischen Forschern und Beforschten erschweren oder gar verunmöglichen, ohne daß es bemerkt wird. In der interkulturellen Arbeit ist es deshalb unbedingt notwendig, ein stärkeres Augenmerk darauf zu richten.

Emotionale Regungen und körperliche Reaktionen können uns Hinweise darauf geben. Aber auch Träume erzählen uns davon. Mythen und Märchen spiegeln uns ein kollektiv erfahrenes und kondensiertes Wissen dieser seelischen Welten. Dieses Wissen steht oft im Widerstreit mit äußeren Realitäten, was zu starken inneren Konflikten führen kann.

"Nein, halt stopp, so komme ich nicht weiter. Gerade beim letzten Absatz über die subjektive und lebendige, wenn auch verborgene Seite des Wissens merke ich, daß ich mit dieser Schreibform dem Inhalt nicht gerecht werde. Ich möchte anders schreiben, um eine Brücke zu schlagen zwischen diesen getrennten Welten. Also nochmal ein Versuch:"

Ich sitze in einem Tagungsraum mit großen Fenstern auf den türkisblauen Brienzer See hinaus in der Eröffnungsrunde eines Weiterbildungskurses der DEH. Das Thema lautet "Planen jenseits der Trampelpfade". Wir sind eine Gruppe von Schweizern und Deutschen, die in der Entwicklungshilfe arbeiten, sei es hier oder vor Ort. Der Kursleiter, Ruedi Högger, hat uns im Anmeldungsschreiben gebeten, ein Foto oder Bild unseres Elternhauses oder Hauses unserer Kindheit mitzubringen. Auf den Pinwänden hängen nun diese Bilder, umrahmt von bunten Kärtchen, auf denen verschiedene Stichworte stehen. Wir stellen uns nun gegenseitig vor, indem wir auf vier Fragen um unser Bild herum eingehen. Die erste Ebene beschreiben wir mit Informationen zum Standort des Hauses und seinen physischen Eigenschaften. Auf der zweiten Ebene erzählen wir kurz über die sozialen Beziehungen, Freund- und Feindschaften, Gerüche, Geräusche, Erlebnisse. Die dritte Ebene versuchen wir zu beschreiben mit Assoziationen, Symbolen und Bildern, die den Gesamteindruck des Hauses in unserer Erinnerung wiedergeben. Als viertes nennen wir unseren Namen, wie wir in jener Zeit gerufen wurden und wie wir heute genannt werden möchten.

Es herrscht eine gespannte Aufmerksamkeit, während eine nach dem andern erzählt und die anderen mucksmäuschen still zuhören. Je nachdem, wie erzählt wird, können wir in die Kindheitswelt um diese Häuser eintauchen oder auch aus erinnernder und interpretierender Distanz auf sie schauen. Aber alle sind auf irgendeine Art berührt oder angeregt. Wohl keine und keiner hat schon so eine Vorstellungsrunde erlebt, bei der wir behutsam aus unserer heutigen Rolle schlüpfen und eine innere Wirklichkeit von uns selbst einer fremden Runde anvertrauen. Es wird nicht peinlich oder rührselig, wir können alle selber die Grenze bestimmen, bis wohin in unserer intimen Erinnerung wir die anderen führen möchten. Aber es wird in der Mitte zwischen den Fremden ein kleines Lebens-Feuer entfacht, das für die weiteren zwei Tage des Kurses weiterbrennt und die besondere Stimmung des Kurses prägt.

"Ja, jetzt habe auch ich besser verstanden, was du mit einem Wissensaustausch meinst, in dem auch die inneren Seiten unseres Wissens zum Ausdruck kommen. In der Form von Erzählung oder Dialog wird auch der vorher abstrakt abgehandelte Inhalt viel lebendiger, persönlicher und anschaulicher."

"Deshalb würde ich auch gerne in der Form eines Gesprächs weitermachen. Hilfst du mir?"

"Ja, natürlich gerne. Nur einen Moment!"[4]

4 Fortsetzung im Teil "Vier Spulen", Kapitel "Bleistift sucht Hacke, Teil 2"

ERFAHRUNGSWISSEN UND HOCHSCHULE

Ein persönlicher Zugang

Ursina Steinemann

Ich möchte an meiner persönlichen Geschichte aufzeigen, wie sich die Vorstellung vom Konzept Erfahrung, die ich heute habe, aus meinem persönlichen körperlichen und seelischen Heilungsprozeß herausgebildet hat. Damit bin ich in dieser Forschungsarbeit gleichzeitig das Objekt, in dem sich Erfahrungwissen bildet als auch das Subjekt, das diesen Vorgang beobachtet, reflektiert und interpretiert. Diese Nähe von Forscherin und Forschungsgegenstand ist in den praktischen Naturwissenschaften wie Biologie unüblich. Hier befaßt man sich normalerweise mit einem Forschungsgegenstand, der so weit außerhalb unserer Person liegt, daß er scheinbar klar von uns getrennt erscheint. Natürlich beschäftigen sich die Forscher mit einem Gegenstand, der ihnen irgendwie sympathisch ist, aber das Wesen, der Inhalt dieser Sympathie wird in der Regel nicht thematisiert. Und dabei kommt gerade aus der Physik die Erkenntnis, daß ein Experiment vom Experimentator beeinflußt wird und umgekehrt, daß also diese Trennung von Subjekt und Objekt beim näher Hinschauen plötzlich zu verschwimmen beginnt. Das heißt, wir untersuchen, ohne es zu merken, uns eigentlich dauernd mit. Bei einem Thema wie Erfahrungswissen drängt sich diese gegenseitige Durchdringung von Beobachter und Beobachteter ins Bewußtsein. Einigen sich daraus ergebenden Konsequenzen bin ich während der Arbeit begegnet: 1. Ich werde als Person sichtbar. Damit wird aufgedeckt, daß jede Forschung persönlich ist. 2. Wenn ich während der Arbeit den Standpunkt von Objekt zu Subjekt wechsle, wenn ich von meinem Untersuchungsgegenstand verändert werde und ihn verändere, beginnt sich alles zu bewegen. Mit welchen Ausdrucksmitteln läßt sich etwas sich Bewegendes, sich dauernd Veränderndes, darstellen?

Meine Beiträge in diesem Bericht sind ein Versuch, ein Experiment, diese Erfahrungen mit Erfahrungswissen mitteilbar zu machen. Aber wie läßt sich das Fließen eines Flusses mit einer Fotografie spürbar machen? Gelingt es, so zu fotografieren, daß sozusagen in Ihnen, dem Leser, der Leserin, das Fließen wieder entsteht?

Als in einer patriarchalen Gesellschaft sozialisierter Mensch hatte ich, wie viele Menschen, eine idealisierte Vorstellung von der reinen Welt der Wissenschaft. Damit ich dort gut sein konnte und mich zugehörig fühlen durfte, meinte ich, bestimmten Bedingungen entsprechen zu müssen:

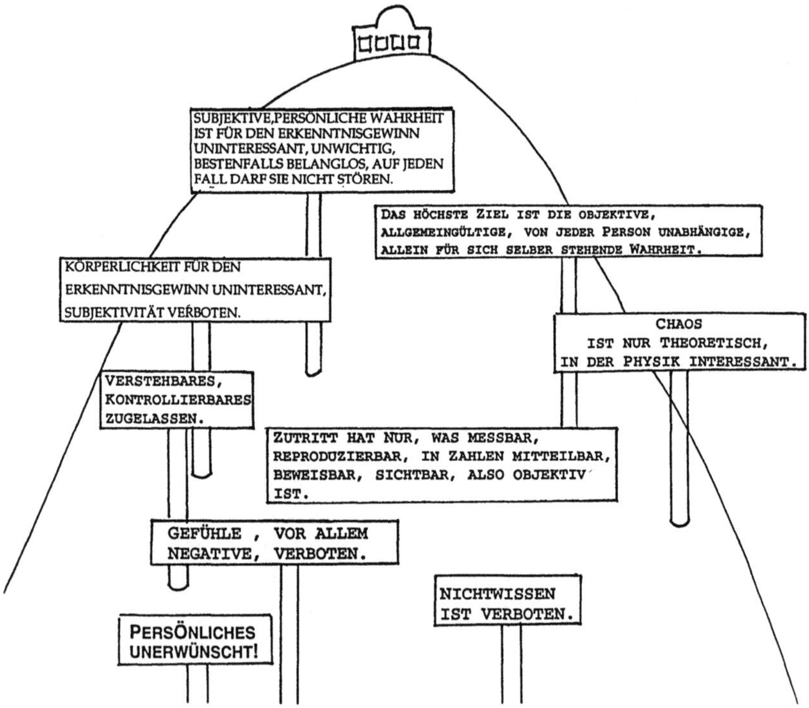

Abb. 1: Zulassungstafeln

Leider waren mir damals diese Zulassungstafeln nicht bewußt, und so erkannte ich nicht, daß ich, wenn ich sie einhalten wollte, mich als Person sozusagen auflösen mußte.

Ich durchlief also jeden Morgen, wenn ich zur UNI hinaufstieg, den Parcours dieser inneren Gebots- und Verbotstafeln und alles, was nicht offiziell passieren konnte, verpackte und versteckte ich gut in meinen Kiefer-, Nacken- oder Gesäßmuskeln. Kein Wunder empfand ich die insgesamt 13 Jahre, die ich zuerst als Studentin, dann als Assistentin und Doktorandin an der Hochschule verbrachte, zunehmend als sehr anstrengend. Dauernd war ich auf der Hut, daß mir nichts aus dem Mund oder unter dem Rock herausfiel, das meine Unbefugtheit, mich an diesem Ort aufzuhalten – davon war ich zutiefst überzeugt – verraten hätte. Schließlich vermochte ich nicht mehr standzuhalten. "Pannen", verzögerten den reibungslosen Ablauf meiner Karriere: Schreibblockaden bei der Diplom- und Doktorarbeit, eine ungeplante Schwangerschaft und schließlich Krankheit, eine therapieresistente Neurodermitis. Ich war entlarvt. Enttäuscht aber auch erleichtert. Endlich hatte das Versteckspiel ein Ende. Ich brach die Dissertation ab und zog mich, schuldbewußt, wie es sich gehört, vom ersehnten, bewunderten, aber leider unerreichbaren Ort der Vollkommenheit zurück.

Nach einer Phase der Depression machte ich mich auf den Weg, die Bedingungen zu erkennen, die körperliche und seelische Gesundheit ermöglichen. Ich verlegte sozusagen meinen Forschungsplatz aus dem Labor in meinen Alltag, in meinen Körper und meine Psyche hinein. Ein langwieriger Prozeß begann, in dem sich mein bisheriges Selbstverständnis einer erfolgreichen Akademikerin der aktuellen Realität einer invaliden, arbeitslosen Mutter annähern mußte. In meinem bisherigen Weltverständnis waren dafür eigentlich nur Nicht-Kategorien vorgesehen: Nicht gut genug, nicht gesund, nicht wertvoll, nicht nützlich. Auf die Dauer nicht sehr erfreulich, ein Nicht-Ort. Ich war gezwungen, nach einer neuen Weltanschauung zu suchen, in der ich mit all meinen "Defiziten" zuhause sein konnte. Vor allem den Wert von Gefühlen, persönliche Betroffenheit, Passivität, Verletzlichkeit, Abhängigkeit, Schwäche, Ohnmacht, Intuition, Altern und Krankheit, Schmutz und Chaos, Instinkt mußte ich in mein Leben zurückgewinnen. Sie forderten Aufmerksamkeit und Anerkennung. Und sie forderten auch das

Opfer der Vorrangstellung von patriarchalen Werten wie Durchsetzungsvermögen, Kompetenz, Kontrolle, Macht, Erfolg, Gesundheit, Schönheit, Jugend.

Sylvia B. Perera,[1] eine spanische Psychoanalytikerin, beschreibt eindrücklich, wie lebenswichtig dieser Rückeroberungsprozeß, diese aktive, bewußte Bejahung und Belebung dieser Nicht-Welt für uns in dieser patriarchalen Gesellschaft sozialisierte Menschen ist. Auch C.P. Estes[2] entwirft in der *Wolfsfrau* anhand von Märchen eine Orientierungskarte für diese Welt des Dunklen.

Die Bücher halfen mir, meine Situation zu verstehen. Aber wie das so ist: Vom Lesen allein änderte sie sich nicht. Dieses Werteprogramm begegnete mir auf Schritt und Tritt. Es schien in jeder Zelle meines Körpers eingeprägt. Und es kam mir vor, wie wenn mein ganzer Körper daran mitarbeitete, dieses Programm loszuwerden, indem er tagtäglich weitere Hautschichten abstieß. Sieben Jahre dauere es, bis jede unserer Körperzellen einmal erneuert sei. Ein langer, leidvoller Weg.

Und was wäre das neue Programm? Was sollte ich meinen neu entstehenden Hautzellen für ein Programm "eindenken"?

Keine Ahnung, – oder nur eine leise Sehnsucht, eine Art verschütteter Erinnerung?

Der Geschichte vom schönsten Lied begegnete ich in einem Artikel über Labyrinthe von Monica Monico.[3]

Das schönste Lied

Es war einmal ein König. Der König hatte einen Traum. Er sah einen Baum, und auf dem Baum saß ein Vogel und sang ein Lied. Am anderen Tag ließ der König den Vogelfänger kommen. Er sagte zu ihm: "Ich sah einen Baum und auf dem Baum saß ein Vogel und sang ein Lied. Geh und fange mir den Vogel!"

"Jawohl, Herr König!" sagte der Vogelfänger, "was für ein Vogel ist es?"

Doch der König wußte es nicht. "Geh, suche ihn!" befahl er, "ich gebe dir sieben Tage Zeit!"

1 Perera, 1985

2 Estes, 1992

3 Monico, 1991

Sechs Tage machte sich der Vogelfänger mit Flöte, Netz und Käfig auf den Weg und spielte das Lied der Amsel, der Lerche, des Pirols, der Drossel, des Zaunkönigs, der Nachtigall. Jeden Tag fing er einen Vogel, brachte ihn abends dem König und nie war es der richtige. Am siebten Tag verließ ihn der Mut und seine Angst wuchs. Er ging nicht mehr auf die Jagd, sondern setzte sich hin, wo er war und spielte "par Coeur" sein eigenes Lied. Der König hörte es, erkannte es und wollte den Vogel haben. Wie staunte er, daß es des Vogelfängers eigenes Lied war.

M. Bolliger, J. Capek

Die Geschichte rührte mich an. Ich erkannte, daß sie für mich eine Bedeutung hatte.

Als ich von einer Freundin angefragt wurde, ob ich in einem Forschungsprojekt im Bereich Umweltschutz /Entwicklungszusammenarbeit / menschliches Verhalten mitmachen möchte, hatte ich Lust auszuprobieren, ob es nun eine Möglichkeit gäbe, wissenschaftlich zu arbeiten und mir gleichzeitig als Person treu zu bleiben. Ich hatte keinen guten Ruf und keine Karriere mehr zu verlieren. Ich konnte nur gewinnen.

Aber als ich dann das erste Mal wieder Richtung Hochschule zu meiner Arbeit fuhr, stieß in mir ein Widerstreben mit einer solchen Gewalt hoch, daß ich meinte, sofort umkehren und alles absagen zu müssen. Ich setzte mich in ein Café und versuchte, diesen inneren Kampfplatz und seine Akteure genauer anzuschauen.

"Nein, nein, nein, ich will nicht"!

Schmerzverzerrtes, von Panik gezeichnetes Gesicht, Bauchweh, ein elektrisches Schüsselbein, die Lähmung fährt in beide Arme. Das dringende Bedürfnis, sofort umzukehren.

Nein, ich will nicht in den Irchel, in diese Maschinerie hinein. Sie packt mich, wie eine von Gigers Ungeheuern, preßt meinen Kopf zwischen Eisenplatten, mein Nacken wird steif, an meinem Bauch wird ein Schlauch angeschlossen, der alles leersaugt. Eine Kelle, die, was übrig bleibt, unablässig umrührt. Die Beine in Schienen eingeklemmt, steif, gestreckt. Um die Schultern ein tonnenschweres Bleicape, die Arme abgetrennt. Durch den Rücken sticht ein Dorn ins Herz: Immer schön aufrecht, lächeln! Durchs Schlüsselbein jagen Elektroschocks und die Magengrube wird von stinkendem Getier leergefressen.

"Weshalb, verdammt, schleppst Du mich wieder an den ungeliebten Ort?"

Ich spüre schon die Müdigkeit, die mich befällt, wenn ich den Hügel zur ETH hinaufgehe, wie meine Lebendigkeit von mir abfällt. Meine Seele stiehlt sich davon. Sie haut ab, in den Wald, zu einem Kind, in eine Küche, in ein Spital, zu einem stinknormalen, banalen Menschen.

Das lasse ich nicht zu!
Diesmal komme ich mit dir, Seele,
ich muß mich nur noch abmelden.
"Wozu?"
Ein plichtbewußt anständiger Rückzug!
Ich will anständig und nett sein. Bloß keine Umstände, kein Aufsehen, keine Aufregung. Mich wohlanständig zurückziehen, lächeln: Entschuldigen Sie, das ungezogene Kind... ."

Mein liebes Kind, was hast Du dauernd gelitten!
Komm, setz Dich auf meinen Schoß, warm und weich, ich erzähle Dir eine Geschichte, singe mit Dir zusammen ein Lied.
Nein, von dieser Welt sind wir nicht. Wir bauen eine neue. Du und ich, wo wir blühen und uns den ganzen grauen Schmerz von der Seele weinen, damit unsere Augen sehen mögen, klar und reingewaschen. Ich halte Dich, bis Du wieder springen magst über die Wiesen und das Gras und der Bodengeruch dich belebt und das stillgestandene Rad sich wieder zu drehen beginnt. Und Du nimmst mich an der Hand, und wir ziehen zusammen los auf die Reise, die Welt zu erleben, zu ersingen, zu erfreuen.

Ich begebe mich an den Ort des Mangels und hole mir dort die Sehnsucht als Führerin zu den Plätzen des Glücks.
Wisch Deine Tränen ab, Seele, ich bin Dein.

Als ich fertig geschrieben hatte, spürte ich eine große Erleichterung. In mir hatte sich eine Erstarrung gelöst. Mein diffuses Unbehagen hatte eine Gestalt, eine Stimme bekommen, die ihre Bedürfnisse formulieren konnte. Nun konnten wir kommunizieren. Ich konnte mich aktiv darum kümmern. Aus der Enge war ein Raum geworden. Ich konnte wieder atmen.

Dieses Versprechen, von jetzt an meiner spielerischen, unlogischen, ungehörigen, ungehorsamen aber auch verletzbaren zarten Seite, diesem Kind in mir, eine Stimme zuzugestehen, ihm ein Mitbestimmungsrecht einzuräumen, ja ihm notfalls sogar Arbeitsfriede und den "guten Ruf" zu opfern, habe ich während des Projektes noch ein paarmal nachfassen müssen. Aber es ist unerbittlich: Es ist der Schlüssel zu meiner Gesundheit, meiner Kreativität und meiner Lebendigkeit.

Von jetzt an mußte ich es also mit an die Hochschule nehmen.

Eltern wissen, wie das ist mit Kindern. Die werden quengelig, wenn sie zu lange stillsitzen müssen, sie legen sich quer, wenn unausgesprochene Spannungen in der Luft liegen, sie langweilen sich, wenn man zulange von Vergangenheit oder Zukunft spricht, sie werden aggressiv oder zugeknöpft, wenn sie zu lange einseitig beansprucht werden. In ungelegenen Situationen sprechen sie aus, was doch besser hätte verschwiegen werden sollen. Ihre leuchtenden Augen werden stumpf, wenn sie etwas tun sollten, dessen Sinn sie nicht verstehen. Hunger und Durst müssen schnell befriedigt werden. Wenn sie müde sind, schlafen sie. Zwischendurch sitzen sie einem auf dem Schoß und wollen nur Körperwärme und ungeteilte Aufmerksamkeit. Im selbstvergessenen Spiel wachsen sie. Im Hier und Jetzt sind sie glücklich. Aus dieser entspannten lockeren Leichtigkeit heraus kreieren sie ihre eigene Welt.

Jetzt kannte ich zumindest meine Sehnsucht: So forschen und arbeiten können, daß es diesem Kind auch wohl ist.

Und ich wollte gesund werden.

Zwischen der Krankheit meiner Haut und meinem Verständnis von Wissenschaftlichkeit schien ein Zusammenhang zu bestehen. Den wollte ich suchen. Aber wie läßt sich eine solche an persönlichen Bedürfnissen orientierte Arbeitweise und ein solcher aus meiner persönlichen Geschichte aufgetauchter Forschungsgegenstand mit den Anforderungen von Objektivität und Allgemeingültigkeit vereinbaren, die an eine wissenschaftliche Forschungsarbeit gestellt werden?

Eine Quadratur des Kreises schien da von mir gefragt. Mit diesem Anliegen in ein vom Staat bezahltes, wissenschaftliches Projekt einzusteigen, bedeutete für mich sozusagen vom Kopf des Teufels drei goldene Haare zu holen. Ich kam mir vor, wie ein Kuckucksei im Schwalbennest. Es bedeutete, ungehorsam sein müssen gegen sämtliche Vorstellungen, die ich hatte von Wissenschaftlichkeit. Dieses Ungehorsam-sein können/müssen erwies sich als viel schwieriger als erwartet. Es blieb mir nichts anderes übrig, als genau hinzuschauen, woher dieser innere Konflikt rührte, in der Hoffnung, daß bei dessen Beobachtung ein paar Erkenntnisse über das Wesen von Erfahrungswissen abfallen würden.

WISSEN, FORSCHUNG, WISSENSCHAFT

Meine Problemdefinitionen und Fragestellungen

Dagmar Reichert

> *"...rare are those who can handle (a text) by letting it come, instead of hunting for it or hunting it down, filling it with their own marks and markings so as to consign it to the meaningful and lay claim to it. 'They see no life / When they look / they see only objects.' The ready-made idea that they have of reality prevents their perceiving of the story as a living thing, an organic process, a way of life."*
> *(Trinh Minh-Ha, 1989, S.143)*

Mit der Forschungsarbeit, die in diesem Buch dargestellt wird, beteilige ich mich an der Suche nach einem neuen Verständnis von Wissen, von Forschung und von Wissenschaft, einem, das diese dem Leben näher bringt. Orientiert an Ewigem und Göttlichem und bestrebt, absolute Sicherheit zu finden, waren Wissen, Forschung und Wissenschaft in ihren griechischen Anfängen an einer Distanzierung von Leben und Veränderung und an einer Überwindung der Sterblichkeit orientiert. Diese Ausrichtung prägt die Strukturen der Wissenschaft und einer durch sie entscheidend beeinflußten Gesellschaft auch heute noch. Zu erkennen sind ihre Folgen nicht nur an ihren aktuellen Orientierungsschwierigkeiten: Bei aller Entwicklung von Technologie und Kontrollmacht wissen wir im Bereich menschlichen Lebens und sozialen Zusammenlebens heute kaum mehr als damals (ein Rückstand, der die Technologieentwicklung auch immer gefährlicher macht). Zu erkennen sind die Folgen dieser Ausrichtung auch im konkreten Alltag wissenschaftlich Forschender, in dem unter den Vorzeichen der Universalität und Objektivierbarkeit viele menschliche Fähigkeiten als irrelevant ausgeklammert werden.

Die konkreten Probleme, die mich in diesem Zusammenhang bei der vorliegenden Arbeit beschäftigen, und die Fragestellungen, die ich daraus formuliere, möchte ich in der Folge kurz darstellen. Zuvor jedoch sei noch gesagt, daß es bei dem gesuchten neuen Verständnis von Wissen, Forschung und Wissenschaft nicht darum geht, ihre traditionellen Orientierungen zu verwerfen, sondern vielmehr darum, sie um das bisher von ihnen Ausgegrenzte zu bereichern und die Spannung, die dies bewirkt, in sie mit aufzunehmen.

Drei Problemfelder, die ich sowohl allgemein beschreiben, als auch mit persönlich empfundenen Schwierigkeiten verbinden kann, bilden für mich den konkreten Anstoß für diese Arbeit und ihre Fragestellungen:

1. Die Schwierigkeit der Wissenschaft im Umgang mit sogenannt "komplexen" Problemen.
2. Die mangelnde Kommunikation und Kooperation zwischen Wissenschaft und Praxis.
3. Die reduzierenden Arbeits– und Kommunikationsformen in der Wissenschaft.

Zum ersten: Die Schwierigkeiten der Wissenschaft im Umgang mit sogenannt "komplexen" Problemen wurden mir bei meinem letzten Forschungsprojekt bewußt, bei einer Arbeit, die unter dem Titel "Umwelt zur Sprache bringen" u.a. die Waldsterbensdiskussion in der Schweiz untersuchte. Mir schien, daß mit der Sorge um den Wald (um die Umwelt überhaupt) zwar die wissenschaftliche Forschung zu diesem Thema ungeheuer zugenommen hatte, daß diese jedoch zunehmend in Spezialbereiche zersplitterte, die kaum jemand noch zu einem Gesamtbild verbinden konnte. Statt dessen wurde zur Beantwortung der auf gesellschaftlicher Ebene gestellten Fragen immer wieder neu auf weiteren Forschungsbedarf verwiesen. Damals schrieb ich:

Die Waldschadensforschung hat in den letzten Jahren viele neue Erkenntnisse gebracht: Man weiß jetzt, wie 2–jährige Buchen auf Ozonbelastung reagieren, wie 20–jährige Tannen darauf reagieren,

man weiß, wie bestimmte Bäume bestimmte Konzentrationen von Stickoxyden vertragen, man weiß, wie die verfügbare Wassermenge und ihre saisonale Verteilung das Wachstum verschiedener Bäume beeinflußt, evt. weiß man auch, wie sich dies unter Einfluß von Ozon– oder Stickoxydkonzentrationen verändert, und man weiß, daß dies noch mit der Nährstoffart und –konzentration variiert, aber diese Zusammenhänge müssen erst untersucht werden...
Die Konsequenz dieses, sich immer weiter in analytische Spezialfragen aufsplitternden Wissens ist die Forderung nach immer weiterer Forschung. Direkte Handlungsanweisungen für die Umweltpolitik daraus abzuleiten (etwa die Frage, ob eine Verringerung der Stickstoffemissionen schon eine Verbesserung des Waldzustandes bewirken würde) wird immer schwieriger.

Hieraus ergaben sich für mich für die vorliegende Arbeit folgende Ausgangsfragen: Hat diese Zersplitterung und die Schwierigkeit, die isolierten Teilergebnisse wieder zu einer Gesamtdiagnose zusammenzuführen, mit der grundsätzlichen wissenschaftlichen Herangehensweise an Dinge zu tun? Ist wissenschaftliches Denken von seiner Form her zu analytisch, zu linear, um den komplexen Wirkungszusammenhängen zirkulärer Lebensprozesse gerecht zu werden? Und sind deshalb seine Ergebnisse –, ist wissenschaftliches "Wissen", wo es sich um lebendige Prozesse handelt, wirklich das geeigneteste, zurecht das privilegierteste "Wissen"?

Im Zuge des damaligen Forschungsprojektes lernte ich verschiedene erfahrene Forstleute kennen, deren Blick auf den Wald sich von jenem der ForstwissenschaftlerInnen erheblich unterschied. Ihre Fragen waren zwar nicht am "Schweizer Wald" orientiert, sondern an spezifischen Waldflächen oder gar Baumgruppen in ihrem Revier, doch waren sie dort sehr wohl – und in beeindruckendem Maße – fähig, vielfältige Einzelfaktoren in einer Gesamteinschätzung zu verbinden. Was war das für ein Wissen, mit dem sie arbeiteten? Eines, das befähigte, sogenannt "komplexe" Probleme zu bewältigen? Das wollte ich untersuchen.

Und nicht nur das. Bei der Begegnung mit diesen erfahrenen Leuten bemerkte ich, wie sehr ihr Wissen ihre Persönlichkeit prägte und wie sehr sie dieses Wissen in ihrem ganzen Handeln verkörperten. So wollte ich auch sein. Doch schienen mir die Art, wie ich "wußte", und das, was ich in meinen Hochschuljahren gelernt hatte, viel oberflächlicher. Ich schrieb dazu in mein Projektnotizbuch:

OK, es gibt Dinge, die weiß ich. Nicht daß ich alles über sie wüßte, aber was ich über sie weiß, das weiß ich wirklich. Ich bin sie schon so sehr kreuz und quer durchgegangen, daß ich tief aus mir heraus über sie reden kann, über sie reden könnte, wenn man mich um vier Uhr früh weckt und fragt. Was Paradoxien sind, zum Beispiel, oder ... egal.

Manchmal aber – heute bei der Podiumsdiskussion zum Beispiel – beobachte ich mich beim Plappern: Mein Mund geht auf und zu. Ganz leer und gewichtig. Ich spule gut gemerkte, angelesene Informationskonserven ab: "Record" and "Play". Zu günstigen Zeitpunkten mache ich das, wenn das Gespräch gerade chaotisch ist und Halt braucht. Und ganz von mir aus beginne ich manchmal damit oder auch, wenn ich für die anderen diese Rolle habe: "Was sagt die Wissenschaft dazu?" fragen sie! Und ich fühle mich dann bemüßigt, was zu sagen, irgendeine Konserve abzurufen! So, als wüßte ich etwas davon! So, als könnten diese Informationen Halt geben! So, als würde ich selbst glauben, was ich sage. Und das Erstaunlichste ist, daß sie mir das glauben, daß sie den geblufften Halt annehmen, mich scheinbar sogar mögen dafür... Oder mögen sie mich schon vorher und tun mir nur den Gefallen mitzuspielen? Ich habe keine Lust mehr auf dieses absurde Plappern! Reicht schon, wenn es andere tun!

Ich suchte ein tieferes Wissen. Ich wollte die Art zu wissen, die ich bei diesen Forstleuten (und auch bei erfahrenen Menschen in anderen Gebieten) spürte, nicht nur erforschen, sondern in Bezug auf meine Arbeit auch selbst erwerben. Was ist das für ein Wissen? Wie unterscheidet es sich vom "Geplapper–Wissen"? Wie genau erwirbt man es?

Zum zweiten Problemfeld: Auch das problematische Verhältnis zwischen Wissenschaft und Praxis erfuhr ich bei meinem letzten Forschungsprojekt. Es zeigte sich hier insbesondere im Zusammenhang mit Klagen von Seiten der Wissenschaft und den an ihr orientierten Behörden, "die Leute" würden ihre Forschungsergebnisse und die daraus abgeleitete Maßnahmen nicht ernst nehmen. Man sprach von "Umsetzungsproblemen" und forderte stärkere

Kontrollen.

Die "Leute", auf der anderen Seite, fühlten sich jedoch ebenfalls nicht ernst genommen:

"Wir sind schaurig widerspenstig gegenüber diesen kantonalen und eidgenössischen Erlässen über Schutzgebiete und Abgeltungen. Das ist wahrscheinlich im Bauern einfach drinnen, er hat das Gefühl, er wisse besser, wie man mit dem Zeug umgeht, weil er 'drazue schaffet', aber uns wollen ja alle dreinreden. (...) Da wollte neulich der Kanton auch bei der Waldbewirtschaftung dreinfunken. Da haben sich unsere Gemeinderäte aber gewehrt, daß man von oben herab einfach sagt – da kommt man mit so einem wissenschaftlichen Gutachten und sagt, das und das Gebiet sehen wir vor als Waldschutzgebiet, die Bewirtschaftung hat in Zukunft so und so zu erfolgen. Das ist etwas ganz Verrücktes, weil man sollte es eher den Ansäßigen überlassen, weil auch wir wissen, was sich gehört. Und weil auch nichts Vernünftiges dabei herausschaut, wenn man da mit Kriterien kommt, die für den ganzen Kanton die gleichen sind...".

Im Zusammenhang mit dieser Spannung zwischen Wissenschaft, Behörden und Praxis beschränkten wir uns im damaligen Forschungsprojekt darauf, die absoluten Kriterien vieler Umweltforscher zu relativieren und ihre Berechtigung zur Erstellung allgemein verbindlicher gesellschaftlicher Normen zu hinterfragen. Wir schlugen vor, mit Hilfe bestimmter Verfahren gemeinsam mit allen Betroffenen spezifisch angemessene Kriterien und Lösungsmöglichkeiten zu erarbeiten. Was damals unbearbeitet blieb, war die Frage, wie weit sich die herrschende Wissenskonzeption der Wissenschaft überhaupt dafür eignete, situationsspezifische Gegebenheiten zu berücksichtigen und – das kommt dazu – auch die Erfahrungen "der Leute", der "PraktikerInnen" als "Wissen" gelten zu lassen. Könnte ein anderes Wissenskonzept hier die Kommunikation erleichtern?

Die Barrieren, die solcher Kommunikation entgegenstehen, erlebte ich auch selbst. Oft spürte ich bei Menschen, die die Schulausbildung früh beendet hatten, kaum hatte ich mich als Wissenschaftlerin vorgestellt, Unsicherheiten und Vorurteile. Und ich merkte auch bei mir Unsicherheit: Richtete ich mir mein Selbstverständnis in der privilegierten gesellschaftlichen Position der Akademiker gemütlich ein? Konnte ich meinen GesprächspartnerInnen zeigen, daß, wenn sie auch von mir nichts brauchten, so ich doch etwas von ihnen? Konnte ich mit dieser Schiefe leben? ... Immer hatten wir erst gemeinsam Barrieren wegzuräumen, um trotz gesellschaftlicher Hierarchien eine Begegnung auf menschlicher Ebene zu finden. Weshalb diese Barrieren? Ich wollte zu meinen Fähigkeiten stehen, aber weshalb sollte meine Art von Wissen mehr wert, in der Schule besser benotet, später besser bezahlt sein? – All dies empfand ich, ganz abgesehen davon, daß mir ihr Wissen, daß mir das, was ich nicht hatte, immer attraktiver vorkam als meines. Wollte ich Wissenschaftlerin sein oder Praktikerin? Einige Notizen aus meinem Projektbuch drücken dieses Schwanken aus:

3.9.93: Iren (sie ist Bäurin, Landwirtschaftsberaterin, Mutter) sagte gestern, sie würde sich – im Gegensatz zu mir – nie an den Schreibtisch setzen und irgendwelche Ideen suchen. Bei ihr ergäben sich die Ideen aus ihrem Tun. Das ist bei mir hängengeblieben. Komisch, ist doch eigentlich Blödsinn, was sie sagt!

13.11.93: Ich merke, daß ich trotz aller Skepsis gegenüber dem Wissenschaftsbetrieb zu meiner Intellektualität stehen will. Von dort her kritisiere ich auch die PraktikerInnen. S. Weigel hat das gestern schön gesagt: "Es geht um eine Radikalität des Denkens, die Distanz zum Alltagsleben der meisten Frauen erfordert." Aber irgendwie erfordert sie doch auch Nähe! Davon hat sie nichts gesagt. Ich glaube, die Nähe ist Nähe zu mir selber, und das heißt auch, zu (m)einem alltäglichen Frausein. Erst daraus kann sich doch radikales Denken, sein Kritikpotential usw. schöpfen. Aber wie verbindet man Distanz und Nähe?

20. 12.94: Claudia betrachtet unsere bisherige Projektarbeit als nicht anwendungsorientiert und kopfschwer. Ich fühle mich angegriffen. In unserer Gruppe stehe ich für das. Für die Wissenschaft, die die anderen ablehnen. Das will ich nicht. Ich lehne die alte Wissenschaft ja auch ab! Gibt es ein nicht–kopfschweres Denken? (Denken findet ja doch gar nicht im Kopf statt!) Gibt es sowas wie körperliche Intellektualität?

19.11.95, Notizen zum Brief an Iren: "Du schreibst, du wolltest im Forschungsprojekt nicht mitmachen, u.a. weil, "du keine Frau der gedanklichen Akrobatik bist". Sind wir, die wir nun das Projekt machen, solche? Kannst du unsere/meine Arbeit anerkennen? Akrobatik ist für mich nämlich ziemlich nutzlose Verrenkung zum Staunen des Publikums."...

War die Frage wirklich, ob ich Wissenschaftlerin sein wollte oder

Praktikerin, ob mein Wissen das der Wissenschaft sein sollte oder das des Alltagslebens? Konnte es, mußte es nicht beides sein? Welches Wissenskonzept, welches Selbst–Verständnis von Wissen konnte beide Seiten in sich aufnehmen und ihrer Begegnung und Auseinandersetzung als Basis dienen? Welches Verständnis von "Wissen" konnte WissenschaftlerInnen und PraktikerInnen helfen (ob bei Umweltfragen oder anderswo), einander gegenseitig ernst zu nehmen? Diese Fragen brachte ich ins neue Forschungsprojekt mit.

Zum dritten Problemfeld, den reduzierten und reduzierenden Arbeits- und Kommunikationsformen in der Wissenschaft: Nach der traditionellen Erkenntnistheorie und ihrem Verständnis von Wissen haben Gott und die Wissenschaftler viel gemeinsam. Die ideale Wissenschaftlerin ist ein objektives, geschlechts- und körperloses Subjekt, ein reiner Geist, der in seiner Universalität weder durch eigene Werte noch durch Emotionen verschmutzt sein darf. Bei der Diskussion unter WissenschaftlerInnen, bei der gegenseitigen Kritik und Überprüfung ihrer Erkenntnisse, dürfen allein sachliche Kriterien zum Zuge kommen, von Macht, Lust, Begehren, Haß oder anderen menschlichen Regungen ist abzusehen. Gegen dieses Reine und Göttliche wollte ich gar nichts sagen, würde man es nur als eine von mehreren (einander zum Teil widersprechenden) Orientierungen betrachten und nicht so tun, als praktiziere man es. So aber kehrt man[1] viele menschlichen Seiten unter den Tisch oder delegiert sie an eine "Gattin", die sie am Feierabend aber zurückgeben und die harmonische Einheit wieder herstellen soll.

Das idealisierte Bild von "Priestern der Erkenntnis" führt dazu, daß WissenschaftlerInnen sich von der Welt, die sie erforschen wollen, mehr und mehr entfernen. Besonders in Forschungsgebieten, die von Aufbruchstimmung und großer Konkurrenz gekennzeichnet sind, wird dieser Bezug zur Welt außerhalb und zur Alltagswelt anderer Menschen durch enorme Arbeitpensen noch zusätzlich

1 Dieses "man" ist nicht als Pauschalurteil gegen alle Wissenschaftler gemeint, sondern als Beschreibung eines Klimas, einer üblichen Vorgehensweise in der Institution. Ich kenne Menschen, die dafür Beispiele sind und zum Glück auch Ausnahmen.

erschwert. Diese Weltabgewandtheit der Wissenschaft wäre OK und – so könnte man sagen – entspräche einfach einem gewissen religiösen Bedürfnis, sollte Wissenschaft nicht dazu dienen, die Welt und uns selbst besser zu verstehen und unser Zusammenleben auf der Welt gewaltloser zu gestalten. Wie wollen WissenschaftlerInnen, denen ein vielfältiges und volles Leben selbst kaum noch möglich ist, anderen zu solchem verhelfen?

Diese Bemerkungen spiegeln meine persönliche Erfahrung: Hineinsozialisiert in die Wissenschaftswelt, darin zu funktionieren gelernt, wurde mir die menschliche Armut mancher scheinbar so gelehrter und belesener Leute zunehmend bewußt. Wollte ich so werden wie sie? War wirkliches Wissen nicht etwas anderes? Auch bestimmte Formen von Kritik, Wortmeldungen bei Tagungen oder in Zeitschriften, bei denen ich das Gefühl hatte, es gehe eigentlich um das Markieren von Territorien und die Etablierung von Rangordnungen, erschienen mir zunehmend absurd. Wollte ich so arbeiten? Ich empfand ein wachsendes Unbehagen in einer von Männern geprägten Institution und hatte das Gefühl, hier meist nur als Tochter väterlicher Förderer oder als Neutrum ernst genommen zu werden. Daß ich dabei auch *nicht* mitspielen und auch hier Frau sein konnte, mußte ich selbst erst entdecken. Und um zu lernen, was arbeiten entsprechend einer weiblichen Kultur heißen könnte, suchte ich ein Forschungsprojekt, bei dem ich mit anderen Frauen gemeinsam arbeiten konnte: ein Projekt wie dieses. Hier vertrat ich zu Beginn noch manchmal die männliche Kultur und übernahm in unserem Team die Rolle der traditionellen Wissenschaftlerin. So war ich zum Beispiel gut im Vorausplanen und auch darin – unabhängig davon, wie ich mich fühlte – einmal Geplantes verläßlich durchzuziehen. Meine Kolleginnen achteten mehr auf ihre Befindlichkeiten und warfen die Pläne zum Teil einfach um! Einmal schrieb ich dazu in mein Projektbuch:

Wie viel Platz darf ich in wissenschaftlicher Zusammenarbeit der persönlichen Stimmigkeit für mich einräumen? Wie verbindlich sind dagegen die Vereinbarungen mit anderen? Das frage ich mich z.B. im Rückblick auf eine gemeinsame Präsentation unserer Zwischenergebnisse. Da hatten wir den ganzen Ablauf geplant und bespro-

chen. Ausführlich. Eine halbe Stunde vor Beginn wollen die anderen das ganze Programm umstoßen. Sie fühlten sich nicht wohl damit, hatten Angst vielleicht. Es stimme für sie im Moment nicht mehr, meinten sie. Ich ließ mich darauf ein. Weniger, weil ich überzeugt war, eher, weil mir wichtig war, daß das Programm von allen getragen würde. Und es ging auch gut. Nachher dachte ich: "Wäre ich je auf den Gedanken gekommen, eine gemeinsame Vereinbarung umzustoßen, "nur" weil ich mich damit im Moment nicht wohl fühle? Hätte ich nicht eher von mir verlangt, meine Gefühle wegzustecken und alles "durchzuziehen" wie abgemacht? Zu "funktionieren" trotz Angst? Aus Angst trotz Angst vielleicht? Angst wovor?"

Allmählich lösen sich nun die festgefahrenen Rollen. In der Auseinandersetzung in unserem Team lernen wir, daß sich Planung und momentane Stimmigkeit, Verläßlichkeit anderen und sich selbst gegenüber nicht notwendigerweise ausschließen müssen. Gemeinsam mit Claudia, Patricia und Ursina (ver)suche ich eine wissenschaftliche Forschung, die sich die Stärken männlicher und weiblicher Kultur zunutze macht, (ver)suche ich eine Wissenschaft, in der wir uns als ganze Menschen wohlfühlen können und einander auf vielen Ebenen begegnen. Und ich suche ein Verständnis von "Wissen", das all diese Ebenen verbindet und seine Entsprechung zur Welt aus ihnen gewinnt.

Die Beurteilung "komplexer" Situationen, die Kooperation zwischen Wissenschaft und Praxis und die herrschenden Arbeitsformen in der Wissenschaft stehen für mich als drei Problemfelder hinter dieser Arbeit und führen mich zur Frage nach einem anderen Verständnis von Wissen. Dieser Frage widme ich in der Folge mein Hauptinteresse. Daneben werde ich im letzten Teil des Buches anhand einer Fallstudie die Bedeutung dieses Wissensverständnisses für das Verhältnis zwischen Wissenschaft, Behörden und Praxis näher beschreiben. *Ecco.*

GEÖFFNETE KÖRPER

Nesa Geschwend

1996
Serie 1 - 4, Mischtechnik auf Papier je 30 x 42cm

GESCHICHTEN SPINNEN

Vom Versuch, neue (Zusammen-) Arbeitsformen in der Wissenschaft zu finden, und von der Suche nach einem erweiterten Wissenskonzept

In diesem 2. Abschnitt des Buches beschreiben wir unsere Zusammenarbeit und das, was daraus als Gemeinsames hervorgegangen ist: Von uns erprobte Methoden, disziplinübergreifend zu forschen und Erfahrungen zu sammeln; unsere Diskussion um die Wurzeln der dualistischen Trennung zwischen Geist und Materie, ihre Folgen und ihre Bedeutung für eine weibliche Forschungskultur; eine Befreiung von einengenden Vorstellungen von Wissenschaft und Forschung durch einen Briefwechsel; sowie – als wichtigstes Thema

dieses Abschnittes – die Suche nach einem erweiterten Wissenskonzept. Diese spielt sich auf drei Ebenen ab: in der Literatur, in der Begegnung mit Menschen mit reichem Wissen und in uns selbst.
Viel Spaß!

METHODEN EINER ERFAHRENEN WISSENSCHAFT

Patricia Fry, Claudia Heid, Dagmar Reichert, Ursina Steinemann

Einleitung

In unserem Forschungsprojekt ging es uns – wie gesagt – um Erfahrungen mit Erfahrungswissen, nicht bloß um Wissen darüber. Und wir waren – auch: wie gesagt – vier sehr verschiedene Frauen aus sehr verschiedenen Tätigkeitsbereichen, die hier ihre Erfahrungen teilen und neue miteinander gewinnen wollten. Damit konnten wir in unserem Vorgehen und innerhalb unserer Forschungsgruppe das, was wir suchten, auch an uns selber beobachten. Was wir hier in der Folge darstellen, sind Methoden, die sich für uns dabei bewährt haben: *Methoden, um in einer Gruppe von Leuten mit unterschiedlichem Hintergrund Erfahrungen auszutauschen, neue Erfahrungen zu sammeln und auf ihrer Basis eine gemeinsame Aufgabe zu lösen.*

Mit dieser Methodendarstellung erheben wir keine großen Ansprüche: weder auf Vollständigkeit (hier steht nicht *alles* Wichtige!), noch auf allgemeine Angemessenheit (immer und für jede(n)). Wir liefern damit keine Nachkoch-Rezepte und geben keine Erfolgsgarantien. Dagegen wollen wir Anregungen für eigenes Arbeiten geben, Dinge aufzeigen, die man dabei bedenken könnte, und Ansätze liefern, die man selbst weiterzuentwickeln hätte, sofern man den Weg der Erkenntnis (*methodos*) nicht a-priori festlegen will und damit über sich und seine Aufgabe stellen, sondern für sich und seine Aufgabe Schritt für Schritt angemessene methodische Lösungen sucht.[1] Dazu beschreiben wir, worum wir selbst uns bei unserer Arbeit bemüht haben, wie wir vorgegangen sind – bei allen Erfolgen und schmerzlichen, glorreichen Fehlschlägen. – Auch, daß wir dabei über die gängigen Verfahren sozialwissenschaftlicher Methodikbücher hinausgegangen sind, und unsere Methoden aus verschiedensten Anregungen und Erfahrungen laufend entwickelten.

Dementsprechend stellen wir sie hier in Form eines "Albums" vor. Auf seinen verschiedenen Seiten beschreiben wir unsere Versuche,
- gemeinsam über ein Thema, das uns betrifft, Neues herauszufinden und dabei alle unsere Fähigkeiten einzusetzen, Freude zu haben und kreativ zu sein,
- die alltägliche Erfahrungswelt von anderen kennenzulernen,
- Rahmenbedingungen zu schaffen, die es ermöglichen, die neuen Erfahrungen gut in uns aufzunehmen (verkörpertes Wissen),
- bei allen Kompetenzunterschieden und daraus folgenden Berührungsängsten und Unsicherheiten gut in einer Gruppe zusammenzuarbeiten und sogar
- die Verschiedenheit der Gruppenmitglieder als Potential zu nützen, sowie
- bei ungewohnten Tätigkeiten (z.B. Schreiben) und in ungewohnten Kontexten (z.B. "Praxis") die Angst zu überwinden.

---

1 Leitend mag dabei ein Bild aus Tarkovskis Film "Stalker" sein: Weil das, was dort die Suchenden anzieht, was sie ahnen und hoffen, noch nicht klar zu orten ist, können sie nicht eindeutig und geradlinig darauf losgehen. Stattdessen werfen sie von einem bestimmten Punkt aus immer einen Stein voraus, gehen bis dorthin, wo er landete, und beginnen von dort aus den nächsten Wurf. So ist ihr Weg "umständlich" und verwickelt, doch ist er deshalb keineswegs weniger zielgerichtet.

Sich von einem Bild leiten lassen

Ich glaube, dies ist eine der wichtigsten Methoden für inter-disziplinäres und inter-kulturelles Zusammenarbeiten[2] sowie für die Zusammenarbeit von Menschen mit unterschiedlichem Wissen. Von einem gemeinsamen Bild auszugehen und sich darüber zu verständigen, was man jeweils sieht, bildet einen ersten Schritt in der Entwicklung einer gemeinsamen Sprache.[3] Dazu kommt, daß durch Bilder weniger die Einzelheiten in den Vordergrund gerückt werden, als vielmehr die hauptsächlichen Merkmale. Mit ihnen ist es zudem leichter möglich, auch über Gefühle zu kommunizieren.

Dabei können die Bilder sichtbare Bilder sein, oder sprachliche Bilder, Metaphern. Ersteres ist einfacher, letzteres dafür lebendiger und formbarer für gemeinsame Weiterentwicklung. Hier ein Beispiel für ein sprachliches Bild und die Arbeit damit:[4]

D: Du schreibst: "... Könnte man sagen, je bewußter und intensiver ein Mensch Außen und Innen miteinander verarbeitet, desto größer

2 siehe zum interkulturellen Aspekt R. Högger, 1994

3 Einen Schritt übrigens, der nicht auf den Weg eines Wissensaustausches durch klare Offenlegung von Begriffsdefinitionen, Ausgangsbedingungen und berücksichtigten Variablen setzt, sondern auf jenen eines Wissensaustausches durch gemeinsames Vorgehen und gemeinsam an etwas arbeiten (ohne daß alles gesagt wird, aber auch zeigen zählt: Sprachspiel, sich vertraut machen mit Relevanzen, Unveränderlichkeitsbedingungen...). Die Arbeit mit einem Bild ist gewissermaßen die Minimalform dieser Art des Wissensaustausches.

4 gekürztes und bearbeitetes Beispiel aus dem Gespräch in unserer Forschungsgruppe in der Sitzung vom 14.8.95

ist sein Erfahrungswissen? Kann man sich das Erfahrungswissen als einen Baum vorstellen, der auf der Grenze zwischen Innen und Außen, auf der Haut, steht, und der seine Äste nach außen streckt und seine Wurzeln in unserer Innenwelt, in unserem Körper und unserer Psyche verankert hat?..." (...) Ich glaube das, daß die Erfahrung Innen und Außen verbindet. Ich finde das Modell total stimmig.
P: (...) Es zeigt, daß Erfahrungswissen das eigene Erleben bedingt, also bedingt, daß der Baum ganz ist und ihm nicht die Wurzeln fehlen, weil man immer nur nach außen schaut. Es gibt Wissensformen, die das machen. Es gibt aber auch andere, in denen das Außen nicht thematisiert wird. Und wir versuchen, das miteinander zu verbinden und es ohne Machtgefälle nebeneinander zu stellen. (...)
U: Ich bin mit der Trennung von Innen und Außen, innen die Wurzeln und außen die Äste, auch noch nicht ganz glücklich. Das ist so zweidimensional, und in Wirklichkeit geht es mehr ineinander.
D: Ich glaube, es geht aber nicht darum, die Spannung zwischen den zwei Polen loszuwerden, sondern darum, sie als Spannung sein zu lassen.
U: Ja, wahrzunehmen und auszuhalten.
P: Das, wo beides ist, das ist für mich schon der Baum, weil...
U: Ich bin eigentlich von der Polarisierung Innen-Außen weggekommen und auf den Moment gekommen: Was passiert da eigentlich an dieser Grenze, an dieser Haut?
P: Ja, eigentlich ist das Hin und Her das Wichtige, nicht nur das Außen oder das Innen. Ich habe das Bild vom Hin und Her des Saftes im Baum. Der geht ja auch hinauf und hinunter.
U: Ja, aber dann gibt es eine dritte Qualität, und die ist das Wichtige.(...) Was geschieht, wenn wir an dieser Grenze ein- und aushalten? Das ist dann das Spannende. Was passiert in diesem Jetzt-Raum?
P: Also ich stelle mir vor, das ist ja eine Haut... usw.

Dieses Beispiel für Kommunikation durch die Verwendung sprachlicher Bilder zeigt auch die Bedeutung der Bilder für die Weiterentwicklung von Gedanken.

Mit der Verwendung des Bildes wird eine Gefahr erkauft: Sichtbare Bilder zeigen manche Dinge und manche Blickwinkel nicht, Metaphern können ungewollt stark binden. Wittgenstein drückt es aus: "Ein Bild hielt uns gefangen. Und heraus konnten wir nicht, denn es lag in unserer Sprache, und sie schien es uns nur unerbittlich zu wiederholen".[5] Die einzige Versicherung gegen die Gefahr, im Bild gefangen zu werden, besteht darin, sich der verwendeten, grundlegenden (und darunter nochmals liegenden...) Bilder/Metaphorik bewußt zu sein, und diese gegebenenfalls zu verwerfen. Erfahrene Forscher rieten mir, dabei auf den speziellen Moment zu achten, in dem ich sie verwerfen möchte, und genau dann noch eine Weile länger bei ihnen zu bleiben. Bild/Metapher zeigen Dir dann noch eine neue Facette, meinten sie.

(dr)

Geschichten erzählen, Geschichten suchen

Erfahrungswissen wird oft mittels Erzählungen ausgedrückt. So verwundert es nicht, wenn beiden ähnliche Eigenschaften zugeschrieben werden: Die Erzählung weiß Rat und ist "in den Stoff des Le-

5 Philosophische Untersuchungen, Par. 115. Wittgenstein schreibt dies im Zusammenhang mit einem Rückblick auf sein eigenes Denken, auf die Art, wie er früher (z.B. im Tractatus) Sprache verstanden hat.

bens eingewebt", schreibt Benjamin.[6] Dadurch erhält das Erzählte eine Dimension, die der Information fehlt. Es ist eine Qualität, die zwischen den Zeilen steckt und längere Zeit Gültigkeit hat. Information hingegen veraltet schnell und muß korrigiert werden. Auch das Erfahrungswissen ist mit der Lebenswelt intensiv verwoben, weil es über einen Erkenntnisprozeß entstand, bei dem verschiedenste Einflüsse einwirkten. Gefühle und Verstand, Hand und Herz, Gelesenes und selber Erfahrenes gehen ineinander über und bilden die verschiedenen Schichten des Erfahrungswissens, das dieses so vielfältig macht. Komplexe Zusammenhänge werden darin so beschrieben, daß ihre wesentlichen Züge wiedergegeben werden, ohne sämtliche Details zu beschreiben und Erklärungen für sämtliche Beziehungen liefern zu müssen.

Eine Erzählung funktioniert ähnlich. Die wesentlichen Zusammenhänge werden erwähnt, wobei auch die Umstände, ein Bezug zum Standort und zum Zeitpunkt genannt werden. So werden die Zuhörerinnen während einer Geschichte durch eine Art Parcours geführt, in dessen Verlauf das Thema erfahren wird. Aus diesen Gründen nehmen das Erzählen und das Suchen von Geschichten bei der Suche nach Erfahrungswissen eine wichtige Rolle ein.

Vieles, was in einer Forschungsgruppe läuft, ist, genau betrachtet, sich gegenseitig Geschichten zu erzählen. Das hilft, sich der wesentlichen Zusammenhänge bewußt zu werden. Man reiht dabei nicht Informationen aneinander, sondern greift die wichtigen Zusammenhänge heraus. Und letzlich wird ein Text nachvollziehbarer und verständlicher, wenn die Schreibenden erzählen. Auch dabei fallen unwesentliche Details eher weg, und die Essenz, die Gestalt, die man sieht, tritt im Text hervor.

(pf)

6 Benjamin, 1977, vgl. Die schwarze Katze in der Kohlenkiste Teil 2

Umgang mit Fehlschlägen

Eines der wertvollsten Privilegien des Forschens ist seine Freiheit, verschiedenes zu versuchen und dabei Irrtümer riskieren zu dürfen. Ich glaube deshalb, daß es in der Forschung nur zwei Arten von Fehlschlägen gibt: glorreiche und belanglose.

Dieser Glaube ist Methode, denn er hat damit zu tun, *wie* man mit Fehlschlägen umgehen kann – oder versuchen kann umzugehen (auch da besteht Gelegenheit zu glorreichen Fehlschlägen!), genauer: Wie man versuchen kann, von Fehlschlägen neben den schlechten auch – und besonders! – noch gute Folgen zu ernten.

Die Methode besteht darin,

1. zunächst einmal nach Herzenslust traurig zu sein, zu hadern und zu schimpfen (letzteres eventuell für sich in der Badewanne),
2. dann ein bißchen über sich selbst zu lachen (wohlwollend, meine ich),
3. dann zu suchen, welche Gründe, Gesetzmäßigkeiten oder sonst etwas hinter dem Fehlschlag stehen,
4. dann zu schauen, ob diese Gründe, Gesetzmäßigkeiten oder sonst etwas mit den Gründen, Gesetzmäßigkeiten oder sonstigem zu tun haben, die man in der eigenen Forschung gerade untersuchen will. Wenn ja, so war der Fehlschlag glorreich. Wenn nein, so war der Fehlschlag irrelevant.

(Falls sich erweisen sollte, daß ich in dieser Sache doch keine 1., 2., 3., ... Schritt-Methode angeben kann, bin ich bereit, diese Zeilen als

Fehlschlag zu betrachten und bezüglich der Frage nach dem Umgang mit Fehlschlägen bei Schritt 1 zu beginnen...)

(dr)

Körperübungen

oder Aufmerksamkeit für Körper und Bewegungsbedürfnis, heißt diese Methode.

Für manche Leute, für mich zum Beispiel, ist es nicht gut, mehrere Stunden lang zu sitzen. Beim Nachdenken, sei's nun allein, beim Schreiben am Schreibtisch oder in der Gruppe bei intensiven Diskussionen, passiert es manchmal, daß es mir passiert: Ich merke gar nicht, wie die Stunden verfliegen und sitze dann fest – mit meinen Gedanken. Ich verwickle mich beim Nachdenken immer mehr oder versteife mich im Gespräch auf Ansichten, die ich vielleicht nicht einmal habe, und mehr und mehr ärgere ich mich dann über mich.

Aus diesem Grund mag man sich in Arbeitsgruppen bei stockenden Diskussionen und diffusem Ärger gegenseitig ans Aufstehen erinnern, bei Arbeitstreffen genügend Spaziergehzeit einplanen, vielleicht sogar Massagezeit, mag man in der Früh manchmal mit Bewegungsübungen beginnen. Und es gibt noch einen anderen Grund dafür: Wenn es stimmt, daß das Erfahrungswissen in uns verkörpert ist – und sicher nicht nur im Hirn – mag es gut sein, von Zeit zu Zeit den ganzen Körper aufzuwecken und zu beatmen.

Diszipliniert zu Selbstdisziplinierung und Effizienz habe ich Körperübungen in der Arbeitszeit anfangs nur wegen der damit verbundenen Qualitätsgewinne für die Arbeit (die kann ich garantieren!) akzeptiert. Sie entwickelten dann jedoch ihre eigene Dynamik, indem sie gleichsam selbst für sich sorgten, einfach Spaß machten, und mich rasch vergessen ließen, daß ich sie ursprünglich nur als Mittel zum Zweck gedacht hatte. Ob sie nun dadurch irgendeinen Zweck noch besser erfüllen, fragte ich nun nicht mehr. Oder ... – ich schummle! (Frage ich hier nicht doch, was ich angeblich nicht frage!) Also: – Ob sie nun dadurch irgendeinen Zweck noch besser erfüllen, fragte ich nun nur noch *selten.*

(dr)

Rollenklärung und Rollenwechsel

Für die Arbeit einer Forschungsgruppe scheint es wichtig zu sein, sich der eigenen Rolle bewußt zu sein und sie im Gruppengespräch immer wieder zu klären:[7] sowohl das eigene Bild, das man von sich hat, wie auch die Rollen, die man in der Arbeitsgruppe einnimmt. Neben den offiziellen Funktionen gibt es ja immer noch eine Palette an anderen Zuschreibungen, die im normalen Arbeitsalltag unter

7 Bei einer interdisziplinären Arbeitsgruppe oder Gruppe mit Mitgliedern mit sehr unterschiedlichen Hintergründen oder Kompetenzen dürfte dies besonders wichtig sein.

dem Tisch bleiben, aber von dort, je mehr sie unterdrückt werden, umso kräftiger wirken. Je einseitiger und starrer sie sind, desto mehr können sie die Zusammenarbeit behindern.

Eine Möglichkeit, diese Zuschreibungen aufzulösen, bilden Karrikaturen dieser Rollen, festgehalten auf Kartenbildern. Diese Karten können jeweils neu verteilt, zugeschoben oder weggelegt werden, und es wird so spielerisch möglich, feste Rollenzuschreibungen aufzulösen und die Rollen unter den Gruppenmitgliedern auch zu wechseln.

Das sind die Illustrationen der Rollenzuteilungen in unserer Forschungsgruppe: z.B.: die da mit dem Loch im Kopf ist die, die nichts weiß; oder die Mannfrau mit dem verkümmerten Körper ist die Wissenschaftlerin par excellence; und die da mit den bedrohlichen Riesenhänden will alles in der Gruppe unter Kontrolle halten – so eine Mischung aus Ordensschwester und Super-Managerin. Dann gibt´s noch die, die sich immer abgrenzen muß und die Esoterikfrau und, und, und...

(ch)

Verträge

Neben den zugeschriebenen Rollen gibt es auch noch solche, die durch offizielle Funktionen, Aufgaben und Verantwortungsbereiche entstehen. Sie präzise zu vereinbaren, kann einer Arbeitsgruppe – auch wenn sich die Mitglieder noch so gut verstehen – einen stützenden Rahmen geben. Dies geschieht in sogenannten "Verträgen". Für die Zukunft legen sie fest, wie mit den explizit gemachten Erwartungen, Pflichten und Rechten umzugehen ist. Sie regeln z.B. Unklarheiten in der Leitungsfunktion (wer koordiniert und leitet die Gruppe mit welchen Kompetenzen) oder persönliche Verpflichtungen (mein Beitrag zur Forschungsarbeit wird folgendermaßen aussehen: ...).

Die Verträge werden zuerst in der Gruppe ausgehandelt und geklärt und dann auch schriftlich festgehalten. Ihre Wichtigkeit – oder auch ihr Fehlen! – zeigt sich in Konflikten. Oft ist es bei der Lösung eines Konflikts in einer Forschungsgruppe notwendig, die Verträge zu präzisieren.

(ch)

Aufmerksamkeit für Gruppendynamik

Eine Arbeits- oder Forschungsgruppe kann ihre Gruppenprozesse als Potential für ihre Arbeit nutzen: Ärger, Streit und andere Spannungen, aber auch Freude in den Gruppendiskussionen kann sie als Indikatoren nutzen, um an delikaten Punkten zu arbeiten, wo sie vom reinen Kopfdenken wegkommt und auch emotional angesprochen ist. Diese Konflikte oder emotional gebundenen Themen binden Energie, die durch die Aufarbeitung in der Gruppe freigemacht werden kann. Sie sind also nicht nur lästige Erscheinungen, sondern bieten Chancen, in der Gruppe durch diese Erfahrungen zusammen etwas Neues zu entwickeln. Mag sein, daß man dadurch vom ursprünglichen Arbeitsplan etwas abkommt, man kann dafür aber ganz andere Herausforderungen annehmen: nach dem Motto der Weg ist das Ziel, oder neudeutsch "Prozeßorientierung statt Zielorientierung", was soviel sagen will wie, Aufmerksamkeit auf die Veränderungen und nicht nur auf das Endergebnis richten. Um das im Zuge der Forschung Herausgefundene auch wirklich zu eigenem Erfahrungswissen zu machen, scheint eine solche Aufmerksamkeit wichtig.

(ch)

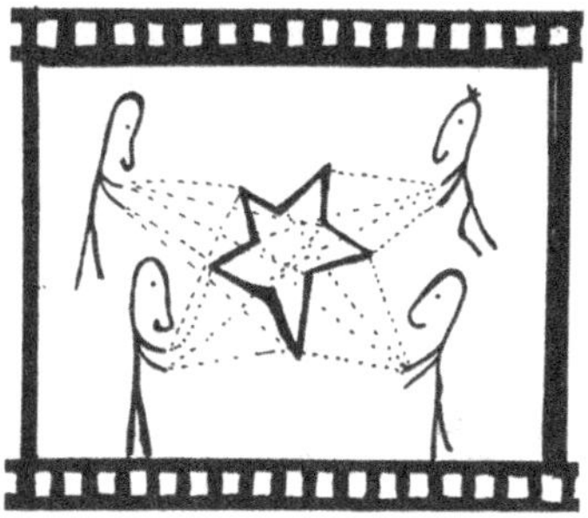

Gestalt

Das Geheimnis, über eine Vielzahl analytischer Teilaussagen hinaus ein situationsangemessenes Gesamtbild zu bilden, besteht darin, einen Gestaltbildungsprozeß – manche nennen ihn auch Prozeß der Emergenz – zuzulassen. "Zuzulassen", denn er erfordert neben dem Versammeln von Teilergebnissen aus Teilperspektiven ein aufeinander abgestimmtes "Loslassen" ihrer Interpretationen. Erst durch dieses Loslassen, das den "Teilperspektivenexperten" schwer fallen mag, kann sich eine neue Gesamtinterpretation ergeben. Sie ist von der Art und der Situation des Zusammenspiels der Teilaussagen abhängig und kann "Gestalt" oder "emergente Struktur" genannt werden. Als solche ist sie nicht nur im individuellen Erkenntnisprozeß von zentraler Bedeutung (vergl. unser Konzept "Erfahrungswissen"), sondern auch in der Zusammenarbeit in einer Forschungsgruppe oder beim Niederschreiben einzelner Überlegungen in einem Gesamttext.

(dr)

Die *Zusammenarbeit in einer Gruppe* ermöglicht Aussagen ganz anderer Qualität als die Arbeit einzelner Personen. Vorausgesetzt man läßt dem Prozeß eine Chance, können im Gespräch einzelne Beiträge neue Gedanken anregen. Im Verlauf des Gesprächs spinnt jede Person einen (Gedanken)-Faden, der durch das gemeinsame Gespräch noch ineinander verwoben wird. Dieses Produkt – "ein gewobenes Tuch" – hat andere Eigenschaften als die Fäden allein. Die

Gedanken sind nicht nur an einzelne Personen gebunden, sondern bilden zusammen eine Gestalt, die die Gruppe in Wechselwirkung entwickelte. Konstruieren lassen sich solche Prozesse nicht. Das Ergebnis kann auch nicht aus den einzelnen Voten zusammengesetzt werden. Vielmehr muß man sie "geschehen" lassen. Und dazu eignen sich verschiedene Hilfen wie z.B. einander Geschichten erzählen, sich Zeit lassen, angenehme Atmosphäre wählen und das sagen, was einem in den Sinn kommt (assoziatives Denken). Auch wenn kein logisch begründbarer Zusammenhang sichtbar ist, kann doch eine Bemerkung Anlaß für eine nächste Idee sein. So entsteht ein äußerst kreativer Denkprozeß mit einem Potential für neue Ideen.

Auch *beim Schreiben* empfiehlt es sich, nicht aus einzelnen Bausteinen – z.B. allen Notizen der letzten Jahre zu einem speziellen Thema ... – direkt einen Text schreiben zu wollen. Die Folge ist in den meisten Fällen eine unverständliche Konstruktion, der die Essenz fehlt. Durch das Festhalten der einzelnen Gedanken, die für den Prozeß vielleicht wichtig waren, aber nicht mehr für das Endprodukt, wird ein unverständliches Bild beschrieben. Auch hier lohnt es sich, all die Notizzettel nach dem Lesen wegzulegen und nach einem Spaziergang oder einer Putzaktion sich zu fragen, was das wichtigste ist und worüber man Lust hat zu schreiben. Dann rollt der Kugelschreiber wie von selbst, und die Essenz ist im Text eingewoben. (Dabei hilft es, wenn man einer anderen Person erzählen kann). Wiederum kann dieser Prozeß, der Weg von einzelnen Beiträgen zum Schlußbild – eine Gestalt – nicht konstruiert oder Schritt für Schritt beschrieben werden. Die Gedanken müssen eine Form annehmen, und das ist erst möglich, wenn man selbst einen Denkprozeß hin zu einem Schlußbild (das sich dann freilich weiter verändern kann) durchgemacht hat.

(pf)

Gruppe als Mikrokosmos

Oft ist, was in einer kleinen Gruppe läuft, in gewisser Hinsicht ein Spiegel der Verhältnisse im Größeren. Arbeitet man an einem gesellschaftlichen Thema nicht allein, sondern in einem Team, so scheint es mir deshalb lohnend, folgenden Fragen Aufmerksamkeit zu schenken:

- Gibt es Ähnlichkeiten zwischen der Struktur der Gesellschaft, in der das Forschungsthema ein Thema, ist und der Zusammensetzung der Forschungsgruppe? (Zum Beispiel: Wie weit sind in einer Forschungsgruppe, die über umweltverantwortliches Handeln forscht, die verschiedenen Einstellungen, umweltpolitischen Positionen, oder Interessenlagen der Gesellschaft ebenfalls vertreten – in verkleinertem Maßstab, aber doch?)
- Gibt es Zusammenhänge zwischen Tabus, Schwierigkeiten und Konflikten im miteinander Umgehen in der Arbeitsgruppe und Tabuisiertem, Schwierigem oder Konfliktreichem innerhalb des bearbeiteten gesellschaftlichen Bereichs? (Zum Beispiel in einer Untersuchung über Arbeitslosenprogramme: Wie weit spiegelt die Schwierigkeit eines Forschungsteams, neben kreativen Ideen auch Hoffnungslosigkeit und Versagensängste zuzulassen, eine Schwierigkeit im gesellschaftlichen Umgang mit Arbeitslosigkeit?)

Es handelt sich jeweils darum, inwieweit die Forschungsgruppe als Mikrokosmos betrachtet werden kann, der über den entsprechenden Makrokosmos der Forschungsfrage etwas aussagt. Ich glaube, wer über gesellschaftliche Themen forscht, kann, wenn er/sie die Gespräche und Diskussionen in der Arbeitsgruppe unter dem Gesichtspunkt dieser Frage betrachtet, an sich selbst schon viel über das Forschungsthema erfahren. Dann kann er/sie in der Auseinandersetzung innerhalb der Gruppe auch Sensibilitäten für entscheidende Fragen dieses Forschungsthemas entwickeln.

(dr)

Transkripte von Gruppendiskussionen

Gut gekaut ist halb verdaut, oder ...

Bei bestimmten Themen mag es sich für eine Forschungsgruppe empfehlen, nicht nur ihre Befragungen und Interviews, sondern auch ihre eigenen Sitzungen auf Tonband aufzunehmen. Oft ereignen sich hier im Reden und Zuhören überraschende, intensive Aussagen, oft lockt man sich gegenseitig Formulierungen heraus, die normalerweise verlorengehen.

Diese Aufnahmen können als Nachbearbeitung der Sitzung ganz oder ausschnittweise transkribiert werden. Während der Transkription geschieht ein intensives Verdauen und Weiterverarbeiten:

- Assoziationen, Zitate und Querverbindungen können sofort dazugefügt werden.
- Ungenauigkeiten, Mißverständnisse und unausgesprochene Konflikte können so schnell aufgespürt und angesprochen werden.

- Dadurch wächst ein dokumentierter Prozeß, in dem die großen Bögen sichtbar werden, Tendenzen, Entwicklungen und *nicht bewußte Absichten* des eigenen Forschens. Diese wiederum reflektieren zu können, kann den Forschenden viele Hintergründe verständlicher machen.
- Und schließlich löst das Anfertigen von Transkripten manche Wiedereinstiegsschwierigkeiten und manchen Schreibstau, indem es einen sehr schnell wieder in ein Thema einfühlen und stimmungsmäßig andocken läßt.

Zugegeben, die Transkription ist oft mühselig und zeitaufwendig, aber es lohnt sich nach dem Motto:
...fahren Sie langsam, wir haben's eilig.

(us)

Innen und Außen verbinden: Selbsterfahrung

Von der Wissenschaft herkommend, sind wir ungewohnt im Umgang mit dem Persönlichen. Noch immer geistert in uns eine diffuse Forderung nach "Objektivität", die jedoch nicht selten als willkommener Vorwand mißbraucht wird, als Person nicht sichtbar werden zu müssen. Doch wir können kein Erfahrungswissen erwerben, ohne dem Persönlichen, ohne Menschen, Persönlichkeiten mit Gefühlen, subjektiven Denkmustern und Wertsystemen, Wünschen, Empfindlichkeiten, Vorlieben, Widersprüchen zu begegnen. Und hier drängt sich neben der äußeren Feldarbeit die innere Selbsterforschung geradezu auf, ein ständiges hin und her zwischen Außen- und Innenbeobachtung.

Forschende können versuchen, ihre persönlichen Reaktionen, Irritationen, Selbstbefindlichkeiten bewußt als hilfreiche Wegweiser im Forschungsprozeß anzunehmen. Vielleicht werden sie dabei manchmal für eine Weile in der Innenschau stecken bleiben, aber sie werden lernen, das Persönliche anzusprechen, zu schätzen und zu achten, und dadurch auch ein Stück bisher als mangelhaft bewerteten und deshalb ausgegrenzten Lebens wieder in die eigene wissenschaftliche Arbeit zu integrieren. So können sie kompetenter werden im Umgang mit sich selbst, im Umgang untereinander, können sich durch ihr Forschen verändern, sichtbarer und faßbarer werden, erfahrener und selbstverantwortlicher.

(us)

Ich hatte gelernt, daß man beim Forschen den Verstand gebrauchen soll, Gefühle hingegen im Forschungsprozeß nichts zu suchen haben. Betrachten wir den Forschungsprozeß jedoch genauer oder hören wir den Formulierungen von ForscherInnen zu, dann sieht die Sache anders aus. Dann "haben sie den Eindruck, daß ..", "haben ein schlechtes Gefühl" bei einer Sache, "glauben, daß die Methode etwas bringt" usw.. Gefühle sind also durchaus da.[8]

Die Trennung von Verstand und Gefühl und ihre unterschiedliche Bewertung ist künstlich und blockiert den Forschungsprozeß. Gerade wenn Erfahrungswissen gebildet werden soll, ist es unumgänglich, diese Trennung in Frage zu stellen. Dabei soll man nicht in den Polaritäten Gefühl-Verstand, innen-außen, weiblich-männlich usw. gefangen bleiben, sondern eine eigene Position finden. Dazu ist Selbstreflexion notwendig und in der Arbeitsgruppe die Möglichkeit, dies zum Thema zu machen.

Innen und Außen zu verbinden, mag zu einigen Schwierigkeiten führen, aber auch zu Erkenntnissen.

(pf)

---

8 siehe dazu auch Fleck, 1983

Achten auf Resonanz

Wenn man sich beim Forschen auch selbst beobachtet, wenn man Innen und Außen verbindet, dann öffnet sich der Weg für eine Methode, deren Bedeutung ich erst ahne: der bewußten Arbeit mit Resonanz.

Resonanz ist die Schwingung, die etwas in etwas anderem (in diesem Falle in mir) auslöst.[9] Man kommt ihr auf die Spur, indem man einer Intensität nachgeht. "Intensität", das können Gefühle sein (Freude, Wut, Berührtheit...), Körperreaktionen oder gedankliche Faszination bzw. Verwirrung. Der ganze Körper, der ganze Mensch ist ein Sensorium dafür.

Der Intensität nachgehen, das empfiehlt sich z.B. bei der Auswertung von Gesprächs- und Interviewtranskripten (unterschiedliche Unterstreichungsfarben als Intensitätsstufen), bei der laufenden Planung neuer Forschungsschritte oder bei der Verteilung von Arbeiten und dem Auswählen von Literatur.

(Ich glaube, daß Erfahrungswissen ganz eng mit Resonanz zu tun hat. Wenn Wissen verkörpert ist, d.h. die Form des Körpers bestimmt, dann beeinflußt es seine Schwingung und die Art, auf andere Schwingungen zu reagieren. Nicht nur, daß eine erfahrene Person dadurch auf uns wirkt. Resonanz schafft aus zwei verschiedenen

9 Genauer gesagt: Wenn Systeme (z.B. der Blutkreislauf) als Schwingungskreise betrachtet werden, dann kann man sehen, daß sie mit anderen Schwingungskreisen (z.B. Atmung) in Wechselwirkung treten. Resonanz bringt rhytmisch schwingende Systeme in Übereinstimmung.

Elementen eine größere Einheit. Insofern könnte sie Wissende und Welt aufeinander abstimmen.)

(dr)

Vom Umgang mit Konflikten

Akzeptieren der momentanen Situation ist der erste wichtigste Schritt, wenn wir im Kommunikationsprozeß an den Punkt kommen, wo es nicht mehr weiter geht, wo die gegensätzlichen Standpunkte unvereinbar scheinen. Akzeptieren heißt, die Spannung aushalten ohne Widersprüche zu nivellieren, zu beschönigen, zu vertuschen und ohne einen "Schuldigen" festlegen zu müssen. Das ist schwer. Das Gefühl aushalten, nicht zu verstehen und sich nicht verständlich machen zu können. Dabei kommt der Verdacht auf, daß wir uns auch in unserer alltäglichen Kommunikation viel seltener wirklich verstehen, als wir glauben. Wir sonnen uns zufrieden auf unserer kleinen Insel, ohne zu merken, daß wir die Wirklichkeit des andern nicht berühren. Im Konfliktfall werden wir unseres Inseldaseins gewahr. Jetzt haben wir die Chance, einander zu begegnen. In diesem Verständigungprozeß gibt es verschiedene Phasen: Wenn wir davon ausgehen, daß es nur eine Wahrheit gibt, aber mit der Realität zweier Inseln konfrontiert sind, entbrennt zuerst ein Kampf:

Durch Argumente, Überzeugungsversuche, Schuldzuweisungen, Rechtfertigungen, Abgrenzungs- und Verteidigungsstrategien und Machtkämpfe können wir versuchen, den anderen auf unsere Wahrheitsinsel zu locken oder zu zwingen, bzw. uns locken oder zwingen zu lassen. Derjenige der "recht hat", besser, stärker, intelligenter, überzeugender ist, gewinnt diesen Kampf. Diese "Lösung" der Situation impliziert einen Gewinner und einen Verlierer. Sie ist gewalttätig und birgt den Keim für weitere Konflikte.

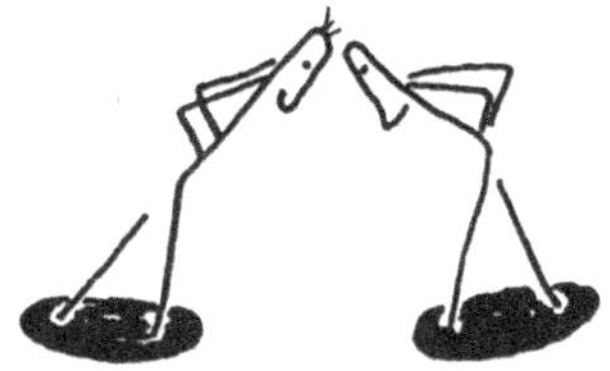

Wir können das umgehen, indem wir in einem zweiten Schritt davon ausgehen, daß es verschiedene Wahrheiten gibt. Das ist, nicht nur für einen Wissenschaftler, ein schwieriges Unterfangen und wir müssen uns genau beobachten, ob wir das tatsächlich glauben, oder nur so tun. Dann gibt es zwar keinen Verlierer, aber es findet auch keine Verständigung statt. Immerhin dürfen hier alle auf ihrer Insel stehenbleiben.

Wenn wir jetzt weiterhin miteinander zu tun haben, bemerken wir, daß dies ein vorübergehender Zustand ist, der dadurch entsteht, weil wir die verbindende, größere Wahrheit noch nicht gefunden haben, in der sich die scheinbare Widersprüchlichkeit unserer Standpunkte auflöst. Dann können wir mit der Energie, die wir vorher in den Kampf gesteckt hatten, im Gespräch zwischen gleichberechtigten Partnern den Wasserspiegel unserer Unbewußtheit soweit absinken lassen, bis wir die gemeinsame größere Wahrheit erkennen.
Im Idealfall halten wir uns möglichst kurz in den ersten zwei Phasen auf und lösen unser Problem durch tieferes Verständnis der Situation.

Wenn wir jedoch in einer Konfliktsituation über längere Zeit steckenbleiben, ist es gut, sich bewußt zu sein, in welcher der drei Phasen man sich gerade befindet. Damit halten wir zumindest einen Teil von uns aus dem Konflikt heraus und bewahren die Möglichkeit, daß sich der Konfliktprozeß zu einem späteren Zeitpunkt vollenden kann.

Gemäß dem jüdischen Sprichwort: Wenn du nur zwei Möglichkeiten hast, wähle immer die dritte,

oder mit der afrikanischen Weisheit: Es gibt drei Wahrheiten: Deine Wahrheit, meine Wahrheit und unsere Wahrheit.

(us)

Ermutigung und Kritik

Kritik hat die Aufgabe zu prüfen, ob eine Sache konsistent ist. Sie ist dem Hammer des Bildhauers vergleichbar, der den überflüssigen Stein wegklopft, damit die Skulptur sichtbar wird. Dies setzt voraus, daß wir im Kontakt sind mit der Idee der Skulptur, die entstehen soll. Um das Werk eines andern Menschen kritisieren zu können, müssen wir zuerst möglichst genau wissen, was er eigentlich ausdrücken will. Das heißt in erster Linie hinhören und fragen. Sich vorsichtig an den Kern der Sache heranfühlen mit dem Ziel, die wesentlichen Züge, die Schönheit des betrachteten Gegenstandes noch klarer sichtbar zu machen. Ein gemeinsames Forschen. Diese Kritik wirkt ermutigend, anregend, motivierend. Sie schenkt dem Kritisierten sein Werk gefestigt und gestärkt zurück.

Es kann aber auch sein, daß ich kritisiere, um einen Ärger loszuwerden, eine Bedrohung abzuwehren. Dann ist Kritik ein Ventil für einen unausgesprochenen tieferliegenden Konflikt. Jetzt lohnt es sich, zuerst dreimal tief durchzuatmen und noch mal zu analysieren, was mich warum genau ärgert. Denn der Kritik mitgesandte Ärger wirkt abwertend. Menschen mit einem guten Urvertrauen oder einer dicken Haut lassen sich davon nicht stören, bei den andern kommt es leicht zu Abwehr-, Rechtfertigungs- und Rückzugsreaktionen. Manchmal ist das nicht zu verhindern. Aber Kritik kann so ihr ursprüngliches Ziel der Erkenntnisvertiefung verfehlen. Indem sie Schwächen und Fehler als Ärgernis behandelt und nicht als Möglichkeit, etwas zu lernen, wirkt sie in erster Linie selektionierend in Bezug auf persönliches Durchsetzungsvermögen und erstickt mögliche Beiträge weniger dickhäutiger Menschen.

Forschen bedeutet, in unbekannte Gebiete vorzustoßen, sich außerhalb der ausgemessenen, vermessenen und benannten Dinge aufzuhalten. Ängste und Zweifel kommen dabei auf, vor allem, wenn wir spüren, daß das, was sich in diesem Neuland abzuzeichnen beginnt, im Widerspruch steht mit dem, was wir bis jetzt für wahr gehalten haben.

Für diese Mutproben brauchen wir eine Atmosphäre des grundsätzlich Akzeptiertseins, in der wir ausprobieren, Fehler machen und Erahntes weiterentwickeln können.

Kritik als Ermutigung ist eine sehr effiziente Methode. Je mehr ein Mensch von seiner Persönlichkeit akzeptieren und in die Arbeit integrieren kann, desto selbständiger und kreativer ist seine Arbeit. Je gesunder sein Selbstwertgefühl, desto größer ist die Freude, in Kommunikation mit andern dazuzulernen. Uns gegenseitig ermutigen zum Vertrauen in unsere einzigartigen Fähigkeiten – das schließt Kritik nicht aus, aber ihre tiefere Absicht ist dann nicht zerstörend, sondern aufbauend.

Bevor wir unsere Arbeit dem rauhen Wind wissenschaftlicher Kritik aussetzen, reflektierten wir sie auszugsweise in einem kleinen Kreis von interessierten Freunden und Bekannten aus verschiedensten Fachgebieten. Diese PatInnen begleiteten uns auch als persönliche AnsprechpartnerInnen mit Rat und tatkräftiger Hilfe. Ihnen sei an dieser Stelle herzlich gedankt.

(us)

Schreiben "hier und jetzt":

"Hier und jetzt" heißt, aus dem hier und jetzt schreiben. Bei einer Forschungsarbeit lohnt es sich, seine Gedanken zum Projektthema laufend mittels Briefwechsel und Forschungstagebuch zu dokumentieren und zu entwickeln. Schreiben ist ein Prozeß, bei dem Aktuelles einfließt und verschiedene Wissensebenen einbezogen werden: "All die tausend Begebenheiten des täglichen Lebens dringen in unser Bewußtsein und formen unsere Ideen über die Dinge. Also, wenn wir schreiben, schreiben wir; und die Dinge die wir wissen, fließen unseren Arm hinunter und werden auf dem Papier sichtbar. Noch kurz bevor wir sie schrieben, wußten wir eigentlich gar nicht, daß wir sie wissen; wenn sie in unserem Kopf als Wörter geformt sind, dann ist das ganz falsch, und sie werden wie tot herauskommen; aber wenn wir bis zum Augenblick des Schreibens nicht wußten, daß wir sie wissen, dann kommen sie mit schockartiger Überraschung zu uns."[10]

Es empfiehlt sich, Schwierigkeiten bei der Untersuchung und Überlegungen zum Thema in dem Moment zu formulieren, in dem sie unter den Fingern brennen. Vielleicht kann man die Texte, die so entstehen, nachher auch noch verwenden: Sie können nämlich eine ganz andere Wirkung entfalten, als die im nachhinein konstruierten.

Zum Teil kann man auch Schreib- und Denkblockaden überwinden, indem man die Gedanken als Briefwechsel oder im For-

10 Stein G., 1985b, S. 17 und 18

schungstagebuch auf dem Papier deponiert. Oft verändert sich dabei bereits etwas. Und nebenbei schafft man sich so eine Dokumentation der verschiedene Stadien des Forschungsprozesses, in der man zurückblättern kann, die man rückblickend auswerten kann.

(pf)

Schreiben "hin und her":

Auch die "hin und her Methode" hat mit Schreiben zu tun, doch kommt hier eine weitere Dimension hinzu: die einer zweiten Person nämlich. Wenn ich einer anderen Person schreibe, führe ich genauer aus, um mich ihr mitteilen zu können. Aber nicht nur das: Durch das Hin und Her in einem Briefwechsel entsteht eine Art Gespräch. Man kann sich gegenseitig den Spiegel hinhalten, ermutigende und kritische Rückmeldungen geben, Vorläufiges im Dialog prüfen und weiterentwickeln.

Neben Gesprächen und Sitzungen in einem Forschungsprojekt bilden sicher auch Briefwechsel wichtige Momente, um Gedanken zu entwickeln und Fäden zu spinnen. Oft ordnen sich während des Mitteilens die Gedanken in eine sinnvolle Abfolge. Beim Schreiben "hin und her" bildet sich Erfahrungswissen, denn "Erkennen ist weder passive Kontemplation noch Erwerb einzig möglicher Einsicht im fertig Gegebenen. Es ist ein tätiges, lebendiges Beziehungseingehen, ein Umformen und Umgeformtwerden, kurz ein Schaffen."[11]

(pf)

11 Fleck, 1983, S. 48

DO YOU MIND? DOES IT MATTER?

Dagmar Reichert[1]

> *"Also webt Penelope, die Weberin, (...) ineinander, was andere (...) getrennt haben. (...) Sie webt die Seele mit dem Körper zusammen, sie verbindet die Fäden zu einem dichten Geflecht, in dem das Körperliche sich mit der Seele verknüpft, und zwar vor allem mit jenem Teil der Seele, den der Philosoph mehr als jeden anderen vom Körper lostrennen möchte, nämlich dem Denken. Penelope (...) führt das Denken mit einem von Geburt und Tod gezeichneten Leben zusammen. Sie hält die Welt des menschlichen Lebens als die einzig wirkliche Welt vereint und verwoben, und sie überläßt es den Philosophen, darauf zu beharren, die überirdische Welt bewohnen zu wollen: jene ewige Welt, die weder Geburt noch Tod kennt, sondern nur eine unendliche Dauer, die im reinen Denken währt."*
> *(Adriana Cavarero, 1992, S. 49/50)*

"Dabei haben wir sie doch damals gleichzeitig gehabt, oder?"
"Ja, aber vielleicht hattest du die letzten Tage einfach viel Streß, das ist ganz normal dann", C. versucht P. zu beruhigen.
"Ja, ich weiß nicht, sonst ist es ja auch nicht so unregelmäßig..."
"Es gäbe dafür vielleicht auch eine ganz natürliche Erklärung!" Ich kann mich der Feststellung nicht enthalten.
"Ha, ha", sagt P., "sehr witzig! Das würde mir jetzt gerade fehlen!"

---

1 Der Text entstand aus einer Diskussion mit P.Fry, C.Heid, und U.Steinemann, meinen Kolleginnen im Forschungsprojekt. Im Gespräch mit ihnen wurden jene Themen angeschnitten, die ich hier weiter entwickelt und den verschiedenen Frauen eigenmächtig in den Mund gelegt habe. Ich danke ihnen für die Toleranz. Und überhaupt!

"Hej, wir sind gleich da!" ruft U. und gibt uns unsere Mäntel. Wir müssen umsteigen. Fünfundzwanzig Minuten bis zum Anschlußzug, und das in dieser feuchten Kälte. "Scheiß Winter!" Wenigstens gibt es einen Maroniofen, zu dem wir uns stellen können. "Habt ihr das letzte Woche in der Zeitung gelesen," fragt P., "jetzt haben sie Kälberembryos außerhalb von Kühen, in einer künstlichen Gebärmutter wachsen lassen!"
"Das ist wirklich schon wie bei Orwell!" meint U. "Und dann sagen sie dazu noch Gebärmutter! Mit Gebären hat das ja gar nichts mehr zu tun, das ist bestenfalls erzeugen. Ich kann mir das gar nicht vorstellen. Dabei war das mit den Leihmüttern für Kälber schon schlimm genug!"
"Leihmütter gibt es jetzt sogar schon für Menschen," sagt P.
"Das ist verrückt! Hast du den Artikel noch?" fragt U.
"Ja, ich kann ihn dir kopieren. Ich finde das beängstigend. Warum man überhaupt so was entwickeln will, frage ich mich."
"Vielleicht will das gar niemand wirklich," sage ich, "vielleicht ist das nur eine Art Nebeneffekt in einer Dynamik, bei der es um ganz anderes geht: um Karriere, wissenschaftliche Reputation, wirtschaftlichen Gewinn von Konzernen, um Vorsprung gegenüber der Konkurrenz..."
"Aber dann müßte man immer noch erklären, warum die Entwicklung sich gerade in diesem Bereich abspielt," meint C. "Konkurrieren könnte man ja in vielem..."
"Für mich erklärt sich das aus einer männlich dominierten Kultur," antwortet P.
"Ja," meint C., letztlich geht es da ja um eine Loslösung von Kreativität aus ihrer Bindung an das Weibliche."
"Wobei das Weibliche nicht unbedingt mit Frau gleichzusetzen ist, und Frau nicht unbedingt mit Gebärmutter..." sage ich.
"In diesem Fall aber schon," meint P.
"Nein, ich glaube es geht darum, Kreativität und Unberechenbares überhaupt einer Kontrolle zu unterwerfen, nicht abhängig zu sein von Zufällen, von dem was einem zufallen muß. Es geht letztlich um Autonomie und Sicherheit."
"OK, aber weshalb hat man dann all das Unberechenbare mit der

Frau verbunden?"
"Das geschah in einer patriarchal geprägten Kultur," meine ich. "Das, wovor sie Angst hat, ist das, was sie ausgrenzt, und das ist die Frau."
"Meinst du, vor uns muß man Angst haben?" fragt C.
"Na klar! Du nicht?" ruft U., und wir lachen.

Es beginnt zu regnen. Jetzt könnte unser Zug wirklich schon kommen. Ungeduldig schaue ich mich um. Da lese ich etwas seltsames: "*Früher unterschieden wir zwei Gattungen. Die eine als Gattung des Vorbildes zugrunde gelegt, als denkbar und stets in derselben Weise seiend, die zweite als Nachbildung des Vorbildes, als Entstehung habend und sichtbar. Jetzt scheint die Untersuchung zu dem Versuche uns zu nötigen, ein dritte...*"
"Sagst du das auswendig?" fragt mich P.
"Nein."
"Aber...?"
"Ich lese es. Da drinnen, siehst du, da beim Schalter, in dem Bildschirm. Teletext wahrscheinlich."
"Sowas haben die im Teletext?"
"Besser als Fahrpläne! – '*Jetzt scheint die Untersuchung zu dem Versuche uns zu nötigen, eine dritte, schwierige und dunkle Gattung aufzuweisen. Als welche Natur und Kraft besitzend müssen wir sie annehmen? Vor allem die: daß sie alles Werdens Aufnahme sei wie eine Amme. Was wir eben sagten ist nun zwar richtig, nur...*'[2]"
"Da, unser Zug!" U. und C. gehen schon.
"Ein seltsamer Text," meint P.
"Ja! Vielleicht ist der Bahnhofsvorstand auf dem Esoteriktrip, oder vielleicht... könnte griechisch sein. – Hej, U.," rufe ich, "da steht nicht, wohin er fährt. Bist du sicher, daß das unser Zug ist?"
"Sowieso, kommt schon!"

***

Das Haus ist toll: klein, gemütlich, viel Holz. Rundherum Wiesen,

2 gekürzt nach Platon, Timaios, 49a

man hört keinen Verkehr, einzig das Geläute von Kuhglocken. Ich koche. Penne alla arrabiata.
"Eh klar," sagt C. hinter mir zu U., "seit sie in Italien war, kocht sie immer das."
"Mach lieber den Wein auf!"
"Hej, was hast du denn da für Tomaten gekauft?" fragt C.
"Holländische, ich weiß ..., aber ich habe mir gedacht, eine Dose ist auch nicht gerade ökologischer."
"Ja," meint C., "aber hors-sol?"
"Ich weiß eigentlich gar nicht genau, was das heißt..."
"Das heißt, die Tomaten werden ohne Erde, auf einer mit Nährflüssigkeit getränkten Steinwolle produziert."
"Oje, so schmecken sie dann wahrscheinlich auch."
"Entscheidend ist, daß ihre Produktion mehr Energie braucht, und daß sie nicht in biologische Kreisläufe eingebunden ist. Eingebunden ist sie höchstens in den Markt der chemischen Industrie."
"Wobei," mischt U. sich ein, "ich habe neulich einen Artikel gelesen: fast 80% der Erd-Tomaten kommen aus Gewächshäusern. Da ist der Energieverbrauch nicht viel geringer. Dagegen soll bei hors-sol sogar weniger Stickstoff ins Grundwasser ausgewaschen werden."[3]
"Gut, es hängt immer davon ab, womit du vergleichst," entgegnet C., "ob mit Saisongemüse oder mit Glashaustomaten im Januar. Und dann, was wird in solche Vergleiche alles einbezogen? Wenn wir industrielle Landwirtschaft betreiben, und die Bauern für Landschaftspflege bezahlen, ist das z.B. mitgerechnet? – Also für mich ist das eher eine prinzipielle Entscheidung."
"Das stimmt schon," meint U., "was nämlich zentral ist: Mit Boden meint man dann nur noch den Trägerstoff für Dünger und Samen. Und einen lebendigen Boden, d.h. einen, der noch aus sich selbst heraus fruchtbar sein kann, gibt es weder bei Intensivlandwirtschaft, noch bei hors-sol."
"Und auch gesellschaftlich oder politisch," ergänzt C.:" Kann es

3 Vontobel, 1993, unter Bezug auf eine Studie von Ch. Gysi, Eidgen. Forschungsanstalt für Obst-, Wein- und Gartenbau, Wädenswil.

dann dort eine Kultur der Landbewirtschaftung geben, die aus sich selbst heraus, ich weiß nicht, noch kreativ sein könnte, oder überhaupt nur kompetent..."
"Also, nächstes Mal gibt's Tomaten aus U.s Gemüsegarten!" sage ich.
"Ja, wenn die Schnecken sie nicht auffressen, schon!" lacht U.

"Schaut, was ich gefunden hab!" P. kommt in die Küche und hält mir ein Buch über die Tomaten. *"... eine dritte, schwierige und dunkle Gattung,"* und so weiter, da: *"Als welche Natur und Kraft besitzend müssen wir sie also annehmen? Vor allem die: daß sie alles Werdens Aufnahme sei wie eine Amme."* – War das nicht der Text?"
"Ja!"
"Was hast du da", fragt C. und blickt ihr über die Schulter.
"Wir haben am Bahnhof diesen Text gelesen," erkläre ich.
"Platon, Timaios," verkündet P., "ich dachte, ich kenne das von irgendwo. Jetzt hab' ich nachgeschaut."
"Und deine Großmutter hat den ganzen Platon im Ferienhaus?"
"Sowieso, solltest mal meine Großmutter kennenlernen!" lacht P.
Das Wasser kocht. "Kann mir bitte jemand sagen, wann sieben Minuten vorbei sind?"
"Ja!" C. setzt sich mit dem Buch auf den Eiskasten und liest vor: "*Im Augenblick aber müssen wir uns drei Gattungen denken: das Werdende, das, worin es wird, und das, woher nachgebildet das Werdende geboren wird. Und wirklich kann man auch in angemessener Weise das Aufnehmende der Mutter, das Woher dem Vater, die zwischen diesen liegende Natur aber dem Geborenen vergleichen...*"
"Das ist ja spannend," ruft U., "und das schreibt Platon!"
"Hört einmal noch weiter!" sagt C., "... *so ziemt es auch dem, was da bestimmt ist, immer wieder die Nachbildungen von allem Denkbaren und ständig Seienden über sein ganzes Wesen hin ordentlich aufzunehmen, selbst seiner Natur nach aller Gestaltung bar zu sein. Demnach ist die Mutter und Aufnehmerin alles gewordenen Sichtbaren ein unsichtbares, gestaltloses, allempfängliches Wesen und auf*

irgendeine höchst unzugängliche Weise am Denkbaren teilnehmend und äußerst schwierig zu fassen."[4]
"Was?" P. kann es nicht glauben. "Er bezeichnet das Aufnehmende als gestaltlos und allempfänglich, und dann setzt er es mit der Mutter gleich?!"
"Für Frauen haben sich diese Griechen ja nicht sehr interessiert," sage ich, "auch in der Polis nicht. – Obwohl: Wenn es um Utopie ging, in Platons Staat, da hieß es doch, daß Frauen eine gleichberechtigte Stellung haben sollen, daß sie z.B. auch Ärztinnen und Kriegerinnen und Philosophinnen sein können – also nicht nur das Aufnehmende.[5] Hier ist der Salat. Miladies, bitte, zu Tisch!"

***

An diesem Wochenende in P's Chalet kamen wir so sehr ins Arbeiten, daß wir uns gegenseitig an die Bedeutung von Pausen erinnern mußten. Wir zeichneten das Begriffsfeld um "Erfahrungswissen", verglichen unsere Assoziationen, und wählten "lebendiges Wissen" als Ausgangsbegriff. Viele andere Fragen kamen auf, doch konnten wir sie nur noch sammeln, um sie bei unserem nächsten Treffen zu besprechen.

Nun sitze ich im Bahnhofsrestaurant in Olten und warte auf U., C. und P. Jede von uns kommt aus einer anderen Richtung. Was wohl bei ihnen seit unserem Arbeitswochenende passiert ist?
Mich hat die Textstelle von Platon weiter beschäftigt. Als ich mich bei einem Altphilologen um die gängige Interpretation dieser Stelle erkundigte, meinte er, sie sei seit jeher umstritten, und verwies mich auf ein Regal mit 80cm Basisliteratur. Wieder einmal zeigte sich: Fachübergreifenden Themen ohne allzu großen Dilettantismus nachzugehen ist viel schwieriger, als in dem modischen Bekenntnis zu Interdisziplinarität zum Ausdruck kommt! Einige Texte wählte ich dann aus und fand sie ungemein spannend. Mal sehen, was die anderen davon halten.

---

4 gekürzt nach Platon, Timaios, 50d, 51a, 52b
5 Platon, Politeia, 5. Buch, Kap. 3-6

Lange muß ich nicht warten. Gute Stimmung. Wie oft, wenn ich mit ihnen zusammen bin, spüre ich: alles ist möglich. Bevor sie noch recht mit ihren Berichten beginnen können, bin ich schon mitten im Erzählen.

"... das heißt, es läuft irgendwie auf den Materiebegriff hinaus, und darauf, ob die Materie, solange sie ohne Form ist, auch nichts ist, ob sie daher, solange sich der Geist noch nicht ordnend über sie gelegt hat, wirklich vernachlässigbar und austauschbar ist, oder ob sie nicht viel eher selbst eine Struktur hat, der sich die Formung anpassen muß, und ob..."
"Halt, Moment, ich verstehe kein Wort!" unterbricht mich P.
"Ich weiß im Moment auch nicht..." sagt C. "Was ist dein Problem? Wer legt sich über wen?"
"Also es geht um deine Platon-Stelle vom letzten Mal. Mich hat die Beschreibung von dieser dritten Kategorie beschäftigt, und ihre Gleichsetzung mit dem Weiblichen. Beide werden dort irgendwie mystifiziert und gleichzeitig herabgesetzt. Und das ist so ein einflußreicher Text... Ich hatte das Gefühl, die heutige Mißachtung von lebendigem Boden und lebendigem Wissen könnten immer noch mit dem Weltbild zu tun haben, das da vermittelt wird. Und das Problem ist, ob und wie, und wenn, so ist das das Problem."
"OK."
"Klar."
"Also ganz klar," sage ich, "ist es mir noch nicht. Diese dritte Kategorie, die "Mutter des Werdens" nennt Platon ja Chora..."[6]
"Wie Kristeva?"[7] fragt P.
"Ja, genau! – Und das heißt Raum, leerer Raum. Und Platon wurde von Aristoteles dafür kritisiert, daß er sich diese dritte Gattung als leeren Raum vorstellte und nicht als irgendwie materiell.[8] Diese Kritik wurde in der Folge auch weitgehend akzeptiert,[9] und das ist ganz

6 Platon, Timaios, 52b

7 Kristeva 1978, S. 36

8 Aristoteles, Physik, IV.2.209b, 210a

9 Sorabji, 1988, S. 33

erstaunlich, denn man müßte Platons leeren Raum nicht unbedingt geometrisch und immateriell verstehen... In der Argumentation des Aristoteles werden, glaube ich, auch Raum und Ort, chora und topos nicht unterschieden...[10] Gut, das ist vielleicht für meine Geographen wichtiger als für uns jetzt."

"Kannst du das nochmals sagen, welche drei Gattungen sich diese Philosophen vorgestellt haben?" fragt U., "Ich habe das einmal in der Schule gelernt, aber ich erinnere mich nicht mehr."

"Ich habe es auch nochmals nachlesen müssen," antworte ich. "Wenn du denkst, wie sie uns in der Schule mit Wissen vollgestopft haben, und wie wenig uns geblieben ist davon!"

"Da müßte man direkt ein Forschungsprojekt über Formen von Wissen machen," lacht C. "Aber sag' doch, wie das war."

"Also, für all diese Philosophen, seit Anaximander, sagt man, ging es darum, hinter den veränderlichen und vielfältigen Dingen der Welt etwas Konstantes und Einheitliches zu suchen, das man wissen konnte, bzw. damit man wissen konnte. Impliziert war dabei nämlich schon eine Vorstellung von dem, was "Wissen" heißt. Die Vorstellungen von Welt und von Wissen waren miteinander verbunden."

"Klar," meint U., "das Bild der Welt und die Kriterien für Wissen sind immer von einander abhängig, und zwar, weil sie sich gegenseitig ermöglichen müssen."

"Ja genau. Was nun aber dieses Konstante und Einheitliche war, und in welcher Weise und wo es existierte, darin unterschieden sich die philosophischen Entwürfe. Einmal wurde es z.B. in einer Art Weltstoff gesucht, ein anderes Mal in Bewegungsgesetzen der Welt, wieder ein anderes Mal in Zahlenverhältnissen oder Proportionen, die allen Anordnungen und Bewegungen zugrunde liegen."

"Und für Platon," setzt P. fort, "lagen die Konstanten und Garanten einer allgemeinen Ordnung in einem Bereich, in dem der Ideen oder Urbilder."

"Genau, und als zweites gab es für ihn den Bereich der veränderlichen sichtbaren Welt, und schließlich fand er es noch nötig, daß es

---

10 Aristoteles, Physik, IV.2.209b.,1-6

einen dritten Bereich gäbe, jenen, in den sich die Ideen einbetten müssen, damit die sichtbare Welt zustandekommt."
"Also das war die Textstelle, die wir gelesen haben?" fragt C.
"Ja," sage ich, "und da hatte er all die Schwierigkeiten, wie er sich dieses Dritte denken solle. Auch Aristoteles unterschied übrigens drei Bereiche, nur existieren sie bei ihm nicht unabhängig, und sind nur gedanklich getrennt. Nach seiner Auffassung kommen in den Dingen der Welt der Bereich der allgemeinen Form und der Bereich der aufnehmenden Materie zum Ausdruck. Also dieser Tisch z.B. würde für ihn aus einer von Tischlern gedachten Form und rohem Holz entstehen."
"Und das Konstante bei ihm?" fragt U.
"... ist das sogenannte "wahre Wesen", das, was sich in der Entwicklung einer Sache herauskristallisiert. Form und Materie werden von Aristoteles gedanklich danach unterschieden, wie sie zu der Verwirklichung dieses Wesens beitragen. Das, was den primären Beitrag leistet, das heißt Form, und das was den untergeordneten Beitrag leistet, einen der vom ersten her bestimmt wird, heißt Materie."[11]
"Wieso primär und untergeordnet, sekundär?" meint C.
"Weil für ihn die Materie erst durch das Hinzutreten der Form zu etwas wird.[12] Für sich allein existiert Materie nicht, sie ist nur als Möglichkeit zu Existenz vorausgesetzt. – Gut, man könnte auch fragen, wie denn dann die Form für sich alleine existieren kann, aber ... Ich glaube, Aristoteles muß das behaupten. Wenn er nämlich sagt, daß die Materie von sich aus nicht existiert, so braucht er etwas, das schon existiert und hinzutritt und sie wirklich werden läßt, eben die Form."[13]

11 siehe dazu z.B. Aristoteles, Physik, II.1.193b oder Metaphysik, VII.3.1029a

12 vergl. z.B. Aristoteles, Metaphysik 1071b

13 Genauer dazu: "Zwar kann in dem System der Entwicklung, das sich um den Begriff des sich selbst verwirklichenden Wesens konzentriert, nicht von einem zeitlichen Anfange der Bewegung gesprochen werden, da vielmehr die Bewegung so ewig wie das Sein selbst sein muß, zu dessen wesentlichen Merkmalen sie gehört: Aber es muß doch dasjenige im Sein aufgezeigt werden, was Ursache der Bewegung ist. Das aber ist überall die Einwirkung der Form auf den Stoff (...)." (Windelband, 1912, S. 119f.)

"Aber wieso?" fragt C. "Vielleicht existiert die Form ohne Materie auch noch nicht. Vielleicht beginnt Existenz erst mit ihrer Verbindung..."
"Ja! Dann wäre allerdings auch die Form – wie hieß es dort – ein solches unsichtbares, gestaltloses Wesen, das auf sehr unzugängliche Weise am Denkbaren teilnimmt?[14]
"Also ich weiß nicht..." meint P. "Ich glaube, ich brauche erst einmal ein Bier!"
"Bestellst du mir noch einen Tee?"
"Und mir einen Süßmost."
"Und mir – auch ein Bier, bitte!"
Während P. nach dem Kellner Ausschau hält, fragt mich U.: "Und du meinst, daß von diesen Philosophen der Grundstein gelegt wurde für die scharfe Trennung zwischen Materiellem oder Körperlichem einerseits und rein Geistigem andererseits?"
"Es hat sich jedenfalls in vielen Strömungen der christlichen Tradition fortgesetzt.[15] Da ist es dann auch bewertet worden: das Geistige als das Gute, Göttliche, und die Materie als das Böse, die Versuchung..."
"Also meinst du," überlegt U. laut, "daß wir vielleicht auch in einer derart materiellen Logik denken, weil wir das Denken selbst als rein geistige Tätigkeit verstehen...?"
"So weit habe ich noch gar nicht gedacht," antworte ich. "Da muß man wahrscheinlich genau sagen, was man mit materiell meint..."
"Das wollte ich dich auch gerade fragen," sagt C. "Aber zuerst noch: Es geht dir doch darum, daß in diesen Weltbildern jeweils nur der eine Bereich zur ordnenden Instanz gemacht wird, die Ideen oder die Form, und daß man damit einem zweiten Bereich, der Chora oder Materie oder was immer, nicht gerecht wird..."
"Ja genau! Bei Platon heißt es zwar noch, daß die Chora selber, aus eigener Kraft heraus, bewegt und geordnet ist. Nur ist das bei ihm die unverständliche Bewegung des Chaos, und bei der Erschaffung

14 nach Platon, Timaios, 50d, 51a, 52b

15 Siehe dazu Windelband, 1912, S. 190ff. Vergl. auch die Fortsetzung dieser Denktradition in der christlichen Theologie (z.B. Gnosis).

der Welt leistet sie der ordnenden Vernunft des Schöpfergottes keinen Widerstand. Gewisse Spuren, ein gewisses Streben zu seiner Ordnung, seien in ihr aber schon angelegt, und so läßt sie sich durch Überredung von seiner göttlichen Vernunft beherrschen."
"Durch Überredung beherrschen...?" meint U.
"Haben Sie noch einen Wunsch?" fragt hinter ihr der Kellner, der P.s Blick nun doch bemerkt hat.
"Lieber nicht," lacht U., und verwirrt ihn kurzzeitig.
P. bestellt.

"Aber, um nochmals auf die Materie zurückzukommen," sagt C., "Also dein Beispiel vom Tisch, da war das Holz für dich Materie. Aber es hat doch schon selbst eine Form, es ist ja auch ein Teil der sichtbaren Welt, es beeinflußt doch auch, wie der Tisch geformt sein kann."
"Ja, das habe ich zu wenig genau gesagt: Für Aristoteles gibt es eine Hierarchie von Dingen, geordnet danach, wie viel Form in sie – unter Anführungszeichen – investiert ist. Etwas ist aus Form und Stoff zusammengesetzt, und der Stoff ist ein Ding, das selbst wieder aus Form und Stoff zusammengesetzt ist, und dieser Stoff ist selbst wieder zusammengesetzt usw. Und dann gibt es ein – lediglich denkbares – Höchstes, das ist die reine Form..."
"Also Gott?" fragt C.
"Klar. Und ein Niedrigstes, den reinen Stoff, die reine Materie, prima materia, wie es im Mittelalter hieß."
"Und warum ist das klar?" fragt U. "Warum ist Gott nicht an der Basis, warum ist er nicht reine Materie?"
"Gute Frage. Weiß ich nicht. – Aber würde es einen Unterschied machen? Wäre nicht alles gleich, nur mit umgekehrten Vorzeichen?"
"Aber es könnten ja zwei Götter sein..." meint U.
"... oder auch vier, oder..." ergänzt P.
"... oder einfach zwei, ein Gott der Welt und eine Göttin des Himmels, so wie Geb und Nut in der ägyptischen Mythologie."[16] sagt U.

16 Graves, 1959, S. 11

"Aber hier gibt es eben nur ein Absolutes,[17] das ist das Primat der Form. – Auch wenn man mit einem solchen Gott, wenn du so willst, dann ins Schleudern kommt, wenn man erklären will, warum er sich in seiner Absolutheit überhaupt mit der Materie befaßt. Aristoteles erklärt das übrigens, indem er die reine Form als Zweckursache bezeichnet, d.h. als Ursache, die nicht durch eigene Tätigkeit auf das andere wirkt, sondern durch ihre Absolutheit im anderen den Trieb erweckt, sich nach ihr zu formen."[18]
"Eine solche Wunschvorstellung kann man natürlich haben..." lacht U.
"Ich finde," sagt P. zu mir, "du solltest das, was du jetzt erzählt hast, einmal aufschreiben. Du wolltest doch ohnehin etwas schreiben, oder? Dann könnte ich mir auch in Ruhe durchdenken, wie das mit meinen Bodensachen zusammenhängt. Materie ist ja nicht einfach gleich Boden!"
"Nein, ist sie nicht, auch wenn der Boden nach diesem Weltbild der Materie näher ist als die meisten anderen Dinge auf der Welt, also relativ weit unten in der Hierarchie..."
C. unterbricht mich: "Ja, und im Denken der modernen Naturwissenschaft und Technik, das du ja vermutlich für die Zerstörung des Bodens verantwortlich machst, wird der Materiebegriff, von dem du redest, ja überhaupt nicht mehr verwendet! Da wird Materie ja gar nicht mehr als relativ zur Form verstanden oder als lediglich denkbare, äußerste Kategorie, sondern absolut und konkret für sich allein existierend: Da ist mit Materie der kleinstmögliche Körper gemeint.[19] Gut, dann reden sie noch von Feldern und so, aber trotzdem."
"Ich glaube, worum es mir mit der Materiesache geht, ist eher, wie da der Geist, oder die Vernunft gedacht wird. Ob sie von Anfang an einseitig ist, und etwas ist, das über anderes herrscht und über anderes bestimmt. Über den Boden, über die Gene, über die Kälberembryos, so! Ich glaube, es geht mir eher darum."

17 Aristoteles, Metaphysik 1074a, 1076a

18 Aristoteles, Metaphysik 1072a und 1072b

19 siehe Weizsäcker, 1974, S. 343

"Aber eben," meint P., "ich möchte das nochmals für mich durchdenken. Ob das wirklich so ist, und was es bedeutet – auch für meinen Teil im Projekt."
"Überhaupt," meint C., "wenn du es aufschreiben könntest, dann wäre es leichter, dir ein Feedback zu geben, weil jetzt bleiben wir irgendwie nur an der Oberfläche."
"OK, ich schau mal. – Prost!" Der Most stand offenbar schon seit längerem vor mir auf dem Tisch, aber ich hatte ihn noch gar nicht bemerkt.

Nun begann P. zu erzählen: "Was ich mit euch besprechen wollte, schließt eigentlich ganz gut an. Letztes Mal ist ja die Frage aufgetaucht, was es heißt, wenn wir als Frauen über Erfahrungswissen arbeiten und unsere Fallstudien zum Thema Boden machen, also wie das ist mit der Verbindung zwischen Frau und Boden und anderen Wissensformen und – ja, vielleicht auch – Materie."
"Du meinst," fragt C., "wie wir vermeiden wollen, daß wir in ein Romantisieren kippen?"
"Nicht einfach das. Du sagtest ja letztes Mal, daß für dich Boden immer noch mit Blut und Frau im Nationalsozialismus assoziiert ist. Und die Frage der Verbindung stellt sich für mich generell: In der traditionellen dualistischen Aufteilung der Welt wurde das Verhältnis Mann-Frau dem Verhältnis Form-Materie, Aktives-Passives, Geist-Körper, Vernunft-Intuition usw. parallel gesetzt. Reproduzieren wir in der Wahl unserer Themen nicht diese Verbindung? Das ist meine Frage!"
"Also verstärken oder konservieren wir damit nicht eine Reduktion, in die wir historisch hineingezwungen wurden? Meinst du das?" fragt C.
"Ja! Was tun wir eigentlich, wenn wir diese Verbindungen machen? Ich habe mir deswegen ein paar Artikel über die Verbindung von Frau und Boden und Natur im Nationalsozialismus angesehen. Also unsere Assoziationen sind nicht gerade ungefährlich!"
"Für mich," meint U., "ist das so: Diese Begriffe sind gegen uns verwendet worden, so sehr, daß wir schon zögern, sie überhaupt in den Mund zu nehmen oder zu einem Forschungsthema zu machen."

"Ja," sagt C., "ein Bild von uns ist gegen uns verwendet worden."
"Aber," meint U., "das bedeutet nur, daß wir es zurückgewinnen müssen. Wir müssen diese Begriffe aus ihrer Vereinnahmung befreien und zeigen, daß sie eine Pervertierung von Frau und Boden und Materie darstellen und daß wir darunter leiden."
"Wobei," sage ich, "mir ist wichtig, dies nicht mit der Behauptung zu verbinden, ein anderes Bild sei angemessener. Es geht um die Fragwürdigkeit von solchen Bildern überhaupt! Kein Bild kann beanspruchen, für eine Wirklichkeit zu stehen. Eher muß man darauf achten, wer es zeichnet und wie viele verschiedene Bilder nebeneinander bestehen dürfen."
"Die Frage ist nur, wie du vermeiden willst, daß das, was du beschreibst, als Repräsentation der Wirklichkeit betrachtet wird," wendet C. ein. "Z.B. wenn du einen Text schreibst – gerade als Wissenschaftlerin..."
"Ja, darüber denke ich schon nach. Vielleicht ist ein erster Schritt, Texte zu schreiben, in denen die Aussagen an eine bestimmte Person in einem bestimmten Kontext gebunden sind. Damit werden sie eventuell schon relativiert, und es kann sich auch zeigen, daß 'relativ' nicht 'beliebig' heißt."
"Die Frage ist, ob das auch so verstanden wird..." meint C.
"Aber wenn es mehrere Bilder gäbe, wären die Vorstellungen vielleicht auch nicht so einseitig", sagt U. "Wahrscheinlich haben es nämlich die reduzierten Bilder erst möglich gemacht, Boden und Frau und Materie und bestimmte Wissensformen miteinander zu verbinden."
"Aber sind wir dann nicht wieder dort? Haben wir sie nicht auch verbunden?" meint P.
"Hmmm..."
"Ja, das ist eine wichtige Frage." bestätigt C.
"Ich glaube, es kommt darauf an, daß wir..." überlege ich.
"Was meinst du?"
"... ja, daß wir diese Begriffe nicht aufeinander abstützen dürfen. Also daß wir niemals argumentieren dürfen, weil wir Frauen sind, verstehen wir mehr vom Boden, oder weil wir Frauen sind, verstehen wir mehr von anderen Wissensformen, oder so. Weil damit stüt-

zen wir eines dieser reduzierten Bilder durch ein anderes und bewahren sie damit."
"Aber stimmt es nicht doch?" meint U. "Es ist doch kein Zufall, daß wir uns gerade diese Themen aussuchen. Wenn es wirklich so ist, wie wir vorhin besprochen haben, und die Logik, die Form, durch die die Frauen historisch beherrscht wurden, die gleiche ist wie die, mit der wir uns den Boden oder das Erbmaterial gefügig machen: Sind wir dann nicht die Expertinnen dafür?"
"Vielleicht schon," meine ich, "aber das muß sich in unserer Arbeit zeigen. Das dürfen wir nicht a-priori beanspruchen und zur Begründung unserer Ergebnisse benutzen."
"Ja, das habe ich auch nicht gemeint. Nur so ist es ja auch möglich, diese reduzierten Begriffe zurückzugewinnen: indem wir sie nicht aufeinander stützen, sondern gegeneinander verschieben."
"Eben," meint P., "und deshalb würde ich auch nie sagen, daß die Erde weiblich ist oder die Frau der Natur näher steht. Das ist nämlich genau das. Und das wurde gemacht: Hört euch das einmal an, das ist aus einem Buch von 1939: "Der tiefste Sinn (hinter dem weltanschaulichen Umbruch durch die NSDAP) besteht darin, daß die Wirklichkeit der großen Gebärerin und Mutter, mit einem gleichbedeutenden Fremdwort "Natur" genannt, wiederum in ihrer metaphysischen Würde erlebt und erkannt wird."[20]
"Da gibt es aber einige, die das heute wieder schreiben!" sagt C.
"Ja, und nicht nur Neonazis!" füge ich hinzu.
"Aber das mit der "metaphysischen Würde" ist wichtig," sagt P. "Damit wird die Frau in zeitlosen Qualitäten fixiert. Sie ist dann das, was sie immer schon war, das Organische, die Sphäre der Wurzeln und Keime, der Schoß der Heimat für den die Männer in den Krieg ziehen."[21]
"Und Frausein heißt dann einfach Mutterschaft..."
"... ja, und dabei wird die Frau auch entsexualisiert..." ergänzt C.
"... und Frauen, die diesem Bild nicht gehorchten, die sich z.B.

---

20 R. Ibel (Vom dienenden Geist, Berlin 1939) zitiert nach Treusch-Dieter, 1984, S. 215

21 Treusch-Dieter, 1984, S. 199

nicht aus der politischen oder wirtschaftlichen Öffentlichkeit zurückziehen wollten, in die sie damals gerade eingetreten waren, wurden als Mannweiber bezeichnet und zusammen mit den Juden verleumdet. Gleichzeitig mit dieser Ausschließung der Frauen aus der Öffentlichkeit wurde aber ihre Position in der Familie öffentlich. Mutterschaft wurde zur politischen Pflicht: Das Kind adelt. Im August 1939, einen Monat vor Kriegsausbruch, wurden drei Millionen Mutterkreuzträgerinnen geehrt. Es hieß: 'Die Frau bietet sich zum Gefäß der Erneuerung ihres Volkes dar. Was sie willig empfängt...'"
"Willig – das ist ja unglaublich!"
"Ja! '... was sie willig empfängt, geduldig austrägt und unter Schmerzen zur Welt bringt, speist den Strom der Kraft, der ein Volk unsterblich sein läßt...'"[22]
"Das heißt," sagt C., "die Frau sollte an der Geschichte nur dadurch teilnehmen, daß sie durch den Mann Mutter von Kindern wird!"
"Wenn du denkst," meine ich, "das war die Zeit, in die unsere Mütter geboren wurden..."
"Apropos Mutter," sagt U. "Ich muß jetzt dann gleich gehen. Ich muß die Lena vom Kindergarten abholen."
"Und ich muß zu einem Alptreffen," sagt C.
"Das war eigentlich ohnehin das, was ich euch erzählen wollte," meint P., "es geht mir nur darum, daß wir da nicht naiv sind und solche Vorstellungen reproduzieren."
"Nur noch kurz," bremse ich, "was du gesagt hast, zeigt für mich, welche Macht man auf so eine Assoziation von Frau und Fruchtbarkeit und Boden gründen konnte, d.h. wie stark diese ideengeschichtliche Verbindung sein muß, daß sie so eingesetzt werden konnte. Und es zeigt auch, worauf wir uns da einlassen, zurückzugehen, um sie dort zu hinterfragen, wo sie geknüpft wurde. Da bricht dann einiges zusammen..."
"Hmm."
"Aber wann..."
"Ja, wir müssen noch einen Termin abmachen!" sagt C.
"Wie wär's...

22 zitiert nach Treusch-Dieter, 1984, S. 215

***

Ein paar Tage später hängt morgens an meiner Bürotür ein Fax von C. Wie früh die schon wieder aufgestanden ist, denke ich, und setze mich an meinen Tisch. "Ich habe Dir einige Seiten kopiert," schreibt sie, "ich glaube, die könnten Dich interessieren – im Zusammenhang mit Deinen alten Herren nämlich."

Sie sind aus den biologischen Schriften von Aristoteles, seine Zeugungstheorie. Die interessiert mich tatsächlich. Zunächst einmal geht es da um konkrete Verhältnisse: *"Wenn nun das Männliche die Bedeutung des Bewegenden und Wirkenden hat, das Weibliche aber, sofern es weiblich ist, die des Empfangenden, so wird das Weibchen zu der Samenflüssigkeit des Männchens zwar keinen Samen, aber einen Stoff beitragen, wie es auch wirklich der Fall ist. Denn es ist die Natur des Monatsflusses, ein erster Stoff zu sein."*[23] OK. Die prima Materia kommt von der Frau, meint er. Und weiter? Die Samenflüssigkeit ist zwar nicht zu leugnen, aber sie kann vernachlässigt werden, und wird es auch, denn als wesentlicher Beitrag des Mannes gilt hier die Form, und die ist rein geistig: *"Es leuchtet also ein, daß es weder notwendig ist, daß von dem Männchen überhaupt etwas fortgeht, noch auch, daß, wenn wirklich etwas abgeht, deshalb das Werdende aus diesem (...) entsteht, sondern daß es aus ihm nur als einem Bewegenden und Gestaltenden entsteht, gerade so, wie der Genesende durch die Heilkunst gesund wird."* Für Aristoteles liefert also der Mann, der Arzt, den Anstoß. Er ist die Bewegungsursache, und er ist das Werkzeug, das die Formursache vermittelt (– oder dessen sich die Kraft der Formursache zu ihrer Wirkung bedient?).

So, denke ich, wird die Wirklichkeit hier in einer Weise interpretiert, in der die Rollen des männlichen und weiblichen Geschlechtes genau parallel zur Aufgabenverteilung zwischen Form und Materie

23 Aristoteles, Biologische Schriften, I.89-99 (1943, S. 207)

in der Theorie der Entstehung der Wirklichkeit verlaufen. Und während dort eine Metaphorik von Männlichem und Weiblichem als Beleg für die Naturgemäßheit der Theorie eingesetzt worden war, wird hier umgekehrt die Rollenzuschreibung der Geschlechter durch die philosophische Theorie gerechtfertigt. *"So stellt es sich sowohl in der Theorie als auch in der Wirklichkeit dar"*, stellt Aristoteles fest.[24]

Ich lese weiter. Offenbar ist es nicht nur die "natürliche" Aufgabenverteilung zwischen Männern und Frauen, die hier definiert wird, sondern auch ihre Rangfolge: *"Denn ein Höheres und Göttlicheres ist das Prinzip der Bewegung, das als Männliches den werdenden Geschöpfen zugrundeliegt, während das, was als Weibliches zugrundeliegt, der Stoff ist."*[25] Ich muß mich bemühen, keine polemischen Bemerkungen an den Rand zu schreiben. Wäre auch zu einfach, sage ich mir, über die alten Griechen aus heutiger Sicht moralisch zu urteilen. Die Frage ist eher, wie weit ihre Denkweise in die Struktur dessen eingeflossen ist, was sie als Logik, Vernunft und Wissenschaft geprägt und uns vererbt haben; wie weit das noch in den heutigen Wissenskonzeptionen steckt. Aber das herauszuarbeiten, ist viel schwieriger als Polemik. Ich versuche noch, etwas zu formulieren, beschließe dann aber bald, erst einmal mittagessen zu gehen.

Bei Tisch fragt mich M., eine Kollegin, wie es unserem Nationalfonds-Projekt gehe. Ich erzähle ihr über Aristoteles' Zeugungstheorie.
"Aber ich dachte, ihr habt ein Projekt über Erfahrungswissen!" meint sie.
"Das gehört genau dazu!" sage ich. "Nimm' zum Beispiel, wie Aristoteles erklärt, wann ein Kind ein Bub wird und wann ein Mädchen:[26] Er stellt sich die Entwicklung im Bauch der Frau als eine Art

24 ebenda, S. 211
25 ebenda, S. 215
26 ebenda, IV. 25-49 (1943, S. 225ff.)

Garkochen vor."
"Das ist doch schön!"
"Ja, und diese Vorstellung hat in der Medizin noch bis ins 18. Jahrhundert fortgewirkt.[27] Aber: Weil die Form, die bei Aristoteles ja auch das ist, worin sich alles verwirklicht, vom Mann kommt, entsteht bei diesem Kochen, wenn es optimal gelingt, auch ein männliches Kind. Wenn dagegen die männliche Form nicht stark genug ist, um die weibliche Materie zu bewältigen, sie in ihre Gestalt zu bringen, dann entsteht ein Mädchen. Leider."
"Und das soll mit Erfahrungswissen zu tun haben?"
"Zumindest mit wissenschaftlichem Wissen. Das Spannende ist nämlich, wie da das Verhältnis der Form zur Materie dargestellt wird. Da geht es um 'bewältigen' und 'überwältigen' und 'besiegen'.[28] Und eine solche Konzeption von Form ist es, die für das Göttliche und die Vernunft steht! Nicht nur damals, glaube ich. Sogar im Zentrum unserer heutigen wissenschaftlichen Rationalität gibt es diese Vorstellung von Form. Die Regeln der Logik sind derart 'formale' Regeln, die unabhängig von der Materie, um die es geht, die Wirklichkeit ordnen sollen."
"Mhm. Ich ahne, worauf du hinaus willst. Das ist aber ein ziemlich feministisches Projekt, das ihr da macht! Feministische Rationalitätskritik."
"Ich weiß nicht. Vielleicht läuft es auf sowas hinaus. Stört's dich?"
"Das fände ich schrecklich," lacht M.

***

Eine Woche später trifft sich unsere Forschungsgruppe wieder. In der Sauna bei C. in Langenbruck. Der Ofen ist noch nicht ganz heiß, aber wir sitzen schon drinnen und reden.
"Übrigens, danke für den Artikel," sagt mir C. "Ich bin aber noch nicht dazugekommen, ihn zu lesen."
"Danke für dein Fax mit den Aristoteles Geschichten!"
"Haben sie dir etwas gebracht für deinen Text?"

---

27 siehe Lesky, 1950, S. 1381

28 Aristoteles, Biologische Schriften, IV. 25-49 (1943, S. 225 und 231)

"Ja, die sind wichtig! Ich habe mir dann noch das Buch besorgt."
"Und? Bist du jetzt am Schreiben?"
"Im Moment wieder am Lesen. – Aber wenn ich dann einmal etwas halbwegs Fertiges habe, würde ich es gern mit euch besprechen!"

"Ich war letzten Mittwoch in einer Ikonenausstellung," berichtet nun U. "Da war eine total spannende Führung. Ich glaube jetzt, Ikonen haben mit dem, was wir letztes Mal besprochen haben, viel zu tun."
"Mit der Form-Materie Sache?" frage ich.
"Ja! Ikonen wurden von orthodoxen Gläubigen nämlich nicht als die Bilder betrachtet, als die wir sie sehen. Sie waren nicht Bilder von Heiligen, sondern das Heilige selbst.[29] Also sie waren nicht Abbildungen eines Originals, sondern selbst das Original. – Das Wort "Original" ist hier vielleicht nicht gut, es hat noch den Beigeschmack von Einmaligkeit und Ursprung, doch das sind Themen, die für Ikonen völlig irrelevant sind."
"Wart' kurz einmal," sagt P. und holt den Wasserbottich von draußen. "OK, ich höre schon wieder."
U. setzt fort: "Eine Ikone funktioniert nicht als Rückverweis auf die Heiligen, die sie zeigt. Sie ist die Gegenwärtigkeit der Heiligen und besitzt ihre heilende Kraft. Bei ihr geht es gewissermaßen nicht um Gewinn von Wissen durch Erinnerung, sondern um Gewinn von Wissen durch wiederholte, aktuelle Erfahrung, durch Berührung. Berührung auch ganz direkt: Die Gläubigen beten eine Ikone oft nicht nur an, sie küssen sie auch."
"Das ist dann quasi die Sinnlichkeit des Übersinnlichen..." sage ich. "Kannst du ein bißchen rücken, C.?"
"Ja," meint diese. "Aber wie hängt das mit der Materiegeschichte zusammen?"
"Insofern," erklärt U. weiter, "als in einer Ikone ja Form und Materie verbunden sind. Und trotzdem bekommt in den Augen derer, die sie nicht als Abbild, sondern als echte Ikone betrachten, diese Ikone ihre Kraft nicht dadurch, daß sie auf eine ursprüngliche Form zurück verweist. Und damit..."

29 siehe dazu: Günther, 1979, S. 200/201 und Harnack, 1894, Bd. 2, S. 456

"Moment, langsam..." sage ich.
"Also eine Ikone kann aus eigener Kraft heraus wirklich – im wörtlichen Sinne – werden. Ikonen wirken."[30]
"OK," überlege ich, "das hieße, was eine Ikone für orthodoxe Gläubige ist, das läßt sich semiotisch gar nicht verstehen – oder höchstens als Grenze des Zeichens."
"Ja, aber ich meine mehr als das," sagt U. "Soviel ich verstanden habe, beruht die Ikonenverehrung auf der Vorstellung von einem Heiligen, in dem Form und Materie verbunden sind. Und dieses Heilige hat eine Selbständigkeit, das heißt eine eigene Kraft, die keiner laufenden Autorisierung durch den Ursprung in der reinen Form mehr bedarf."
"Jetzt wird es langsam heiß!" meint C.
"Aber ob das zustandekommt, weil der Materie eine gewisse Selbständigkeit oder eigene Kraft zugesprochen wird, das weiß ich nicht," sagt U.
"Ja, das wäre die entscheidende Frage," meine ich, "die Frage, ob hinter der Ikonenverehrung eine andere Materieauffassung steht oder nur eine andere Wirklichkeitsauffassung. Immerhin wird hier sozusagen 'das Wort zu Fleisch'..."
"Und das Fleisch zu Wasser," lacht U. "Schwitzt du noch nicht?"
"Doch, schau mal!"
"Schau mal bei mir!"
Ich lege mich eine Stufe tiefer und nehme den Arm über's Gesicht. U.s Erzählung beschäftigt mich noch. Wie wohl Frauen der orthodoxen Kultur die Welt sehen, denke ich, und in meinem Kopf rinnen Wort, Fleisch und Maria ineinander. Maria auch.

Später im Ruheraum können wir wieder reden. "Ich habe etwas gelesen," sage ich,"aber ich bringe es erst jetzt, wo du das von den Ikonen erzählt hast, in den Zusammenhang.[31] Es ging um den Bilderstreit im oströmischen Reich im 8. Jahrhundert. Auf den ersten Blick war es ein Streit zwischen der Macht der Kirche und der mili-

30 siehe dazu: Günther, 1979, S. 200/201 und Schwarzlose, 1890

31 in der Folge nach: Schwarzlose, 1890 und Harnack, 1894, Bd. 2, S. 450-461

tärischen Macht des Kaisers. Angriffspunkt des Kaisers war der Bilderkult im populären Gottesdienst. Er würde, so lautete sein Vorwurf, das alttestamentarische Bilderverbot verletzen."
"Ja," meint C., "das steht im Buch Exodus: "Du sollst dir kein Gottesbild machen". Das gilt bei den Juden bis heute, und auch im Islam gibt es ein solches Verbot..."[32]
"...deshalb war der Bilderkult für den Kaiser auch ein strategisch günstiger Angriffspunkt. Er wollte die Kirche zu einer Staatskirche machen und einen Stein des Anstoßes für die jüdischen und mohammedanischen Bürger beseitigen."
"War denn das mit der Bilderverehrung damals so wichtig?"
"Nach dem, was ich gelesen habe, schon. Und es würde sich erklären, wenn man den Bilderstreit grundsätzlicher betrachtet, als Auseinandersetzung zwischen zwei Auffassungen von Form und Materie nämlich. Eben wie U. gesagt hat."
"Soweit ich mich erinnere," meint nun C., "war es der Bilderstreit, in dem sich die orthodoxe und die römische Kirche aufgespalten haben. Vielleicht war der tatsächlich um Materie. Eine Spur eines Streites um Materie gibt es übrigens auch noch in der unterschiedlichen Auffassung von Katholiken und Protestanten über das Abendmahl. Für die einen ist es das Fleisch und Blut Gottes, für die anderen nur sein Zeichen."
"Und wie erklären die Katholiken das?" fragt mich P. "Du bist doch katholisch."
"Aber ich muß jetzt wieder in die Sauna!"
"Schöne Ausflüchte," lacht P. "Weißt du's nicht?"
"Nein, aber du kannst ja an den Vatikan schreiben!"
"Ja, ja!"
"Los, komm schon, komm auch noch einmal!"

Nach der Sauna: P. übernachtet bei C. U. möchte lieber noch heimfahren, und ich fahre mit. "Weißt du," sage ich ihr, als wir im Bus sitzen, "das, was du vorher erzählt hast mit den Ikonen, könnte wichtig sein. Es gibt irgendwie ein Modell für eine andere Art von

32 Exodus 20:4 und 34:17

Erfahrung, für ein Wissen mit einer anderen Art von Weltbezug."
"Ein Wissen, das nicht auf einem Rückverweis beruht, also nicht Andenken oder Erinnerung ist, sondern sich vielleicht eher nach vorne richtet..."
"...sich nach vorne erinnert, sozusagen, das heißt, ein Wissen, das zustandekommt, wenn man aktiv versucht, etwas zu wiederholen..."[33]
"... wenn man versucht, etwas genau gleich zu wiederholen und es gelingt nicht ..."
"Ja, genau gleich kann es ja nie werden. Aber man versucht es und erfährt etwas neues dabei."
"Hmm," meint U. "Und das ist genau unser Thema."
"Sowieso!" sage ich, und dann schweigen wir beide.

"Die macht so angenehm müde und schwer, die Sauna," sagt U.
"Ja, ich spüre es auch. – Ich überlege die ganze Zeit, was dann "Wissen" bedeuten könnte, wenn es nicht mehr nur eine Ordnungsinstanz gibt, sondern mehrere, oder wenn es z.B. eine Vernunft gibt, die sowohl die bisherige Vernunft umfaßt als auch eine Vernunft, die einer Ordnung der Materie gerecht wird. Aber was das überhaupt sein könnte, eine Form, die nicht unabhängig ist von Materie...
Also wenn Wissen immer in einer bestimmten Übertragbarkeit von Erfahrungen besteht, d.h. wenn es irgendeine Konstanz und Allgemeingültigkeit braucht, dann..."
"Ich hab' gedacht, du bist auch müde!"
"Ja schon, aber es spinnt irgendwie weiter: vielleicht könnte solches Wissen auf einer anderen Art von Allgemeingültigkeit beruhen, also keiner von formalen Regeln oder Gesetzen... Das wäre eine andere Art von Abstraktion, letztlich. Das könnte was zu tun haben mit der Unterscheidung zwischen komparativem Allgemeinen und immanentem Allgemeinen...[34]
U. gähnt. "Hej, schau mal den Mond dort..."

33 Kierkegaard, 1980, S. 3
34 Adorno, 1979, S. 51f.

"Hmm, heute wird es sternenklar!"
"Ja, schaut so aus!"
"Kennst du Konstellationen?"
"Ein paar..."
"Ich glaube, das Wissen, das wir suchen, hat mit Konstellationen zu tun."[35]
"Das kann ich mir vorstellen. Schönes Bild!"
"Ja, du schaust viele einzelne Dinge an, und plötzlich erkennst du, wie sie zusammengehören. Und sie bilden eine übergeordnete Struktur, eine allgemeine."
"Meinst du, Wissen könnte das sein, daß das geschieht?"
"Ach, ich weiß nicht!"

***

Einige Wochen später treffen wir uns zum Frühstück bei mir zu Hause. C. kann nicht kommen, sie ist schon auf ihrer Alp, und wir sitzen nun zu dritt am Balkon und räumen die Teller und Tassen am Tisch ein bißchen auf die Seite, um Platz zu machen für's Arbeiten.
"Also, soll ich anfangen," frage ich.
"Warte, ich stelle nur noch schnell die Butter und die Milch in den Eiskasten!" U. geht noch schnell.
"Schickst du C. den Text?" fragt mich P.
"Ja. Sie braucht auch noch eine Bedienungsanleitung für ihren Staubsauger. Keine Ahnung, warum. Aber da schicke ich ihn ihr gleich mit."
"So, jetzt kannst du kommen mit deiner Philosophie!" U. setzt sich.
"Also insgesamt denke ich, ist es ein Versuch, unser Thema, "gelebtes Wissen", in einen weiteren Kontext zu stellen."
"In einen ziemlich weiten, würde ich sagen!" lacht P.
"Ja, aber darin werden eben dann auch Zusammenhänge sichtbar! Also: Der Text hat sechs Teile: Im ersten laufen einige Fäden zusammen: Frauen, und weibliche Kreativität, und von der anderen Seite noch Reproduktionstechnologie und die Metaphysik von Platon. Und dann kommt der zweite Teil..."

35 Benjamin, 1978, S. 16

"Da gibt's dann den Knoten?" meint P. augenzwinkernd.
"Nein, noch nicht. Da geht's zuerst noch mit den Fäden weiter, mit dem von Platon und noch mit einem neuen Faden, Boden in der industriellen Landwirtschaft. Im dritten Teil wird die problematische Position von Materie in der Philosophie von Platon und Aristoteles besprochen und dann auch, in einer Art Reflexion auf das Bisherige, die Frage, was wir überhaupt machen, wenn wir als Frauen gerade Frau und Kreativität und Boden und Materie in Beziehung setzen. Da geht es um die Frau im Nationalsozialismus."
"Aha!" sagt P.
"Hu," seufzt U.
"Mußt keine Angst haben, deine Geschichten habe ich auch verarbeitet! Im vierten Teil aber nicht. Da beschreibe ich antike Zeugungstheorien. Aber nur ganz kurz. Im fünften Teil wird ein umfassenderes Modell der Betrachtung von Materie angedeutet, und zwar im Zusammenhang mit der Erfahrung von Ikonen in der orthodoxen Kirche."
"Aha," meint diesmal U.
"Eben. Und die Fortsetzung kennst du auch: Gedanken darüber, was in einer umfassenderen Betrachtung von Materie Denken und Wissen heißen könnte."
U. lacht.
"Und den Schlußteil kennt ihr dann sicher beide. Aber ein Schluß ist es eigentlich nicht, es geht eigentlich weiter, und..."
"Komm, mach keine so lange Einleitung! Lies doch einfach einmal vor! " sagt P. "Wir können doch selber merken, worum es geht – hoffe ich zumindest."
"Ja gut. Also:

"Dabei haben wir sie doch damals gleichzeitig gehabt, oder?"
"Ja, aber vielleicht hattest du die letzten Tage einfach viel Streß, das ist ganz normal dann.", C. versucht P. zu beruhigen.
"Ja, ich weiß nicht, sonst ist es ja auch nicht so unregelmäßig..."
"Es gäbe dafür vielleicht auch eine ganz natürliche Erklärung!" Ich kann mich der Feststellung nicht enthalten.
"Ha, ha", sagt P., "sehr witzig!

WIR SIND DIE HOCHSCHULE

Eine Lesung[1]

Patricia Fry und Ursina Steinemann

Denn Erkennen ist weder passive Kontemplation noch Erwerb einzig möglicher Einsicht im fertig Gegebenen. Es ist ein tätiges, lebendiges Beziehungseingehen, ein Umformen und Umgeformtwerden, kurz ein Schaffen.
(Ludwik Fleck, 1935)

Dieser Briefwechsel via Diskette entstand zwischen Patricia und mir. Er war zunächst als Klagemauer gedacht, als Deponie für all das Private und Persönliche, was uns am "richtig wissenschaftlich arbeiten" hinderte. Er erstreckte sich über zwei Jahre, und wir gaben ihm den aufmunternden Titel: Wir sind die Hochschule. Wir entdeckten beide dabei, daß Schreiben Spaß machen kann. Und wir fanden uns unerwarteterweise plötzlich in einem Erfahrungsprozeß über Erfahrungswissen wieder. Wir haben erlebt, wie Erfahrung zustandekommt. Wie ein Aquarellbild, – da sind erst nur ein paar helle Farbflecken ohne genaue Konturen, aber dann, Schicht für Schicht, kommen alle Farben dazu, Gegenstände werden sichtbar, sie bekommen Gestalt und Tiefe. Unvermutet landeten wir mit dem, das wir eigentlich neben unserer "richtigen Arbeit" begonnen hatten, mitten im Projekt.

*

1 Gehalten am 27. Oktober 1995 im forumclaque Baden, im Rahmen des Projektmonates Zyklus zur Erde, von Nesa Gschwend.

Leutwil, im Juni 1994

Liebe Patricia,

da habe ich jetzt die Diskette eingerichtet für unseren Briefwechsel. Jede Seite wird ja von dieser Wundermaschine automatisch mit einer Seitenzahl versehen. Vielleicht wählst Du eine andere Schrift, zur Orientierung?

Lassen wir auch Banales zu Wort kommen. Ich weiß nämlich heute abend nichts Gescheites mehr zu schreiben. Es ist halb elf und eigentlich sitze ich nur noch vor dem Computer, weil ich schon zu müde bin, aufzustehen und zu Bett zu gehen.

Gute Nacht!
Träum schön und schreib´s mir dann.

Ursina

*

Zürich, den 7. Juni 94

Liebe Ursina,

ich kriege per Post ein Couvert. Darin ist ein Kärtchen aus Plastik. Auf der einen Seite ist ein schiebbares Metallplättchen befestigt. Ein bißchen Papier ist schon drauf, aber zu wenig für einen Brief. Das war vielleicht ein komisches Gefühl, einen Apparat anzustellen, das Plastikkärtchen hineinzuschieben, das anzuklicken, hinunterzufahren und gespannt sein, was da kommt!!!! Jetzt *kommunizieren* wir per Bytes, sozusagen.

Also los: Ich habe schon meine Bedenken, wenn ich als Greenhorn und dazu noch als Frau Bauern interviewe. Meine Phantasie: Ich kann ihre Sprache nicht und bin vielleicht nicht akzeptiert, verstehe ihre Sprüche nicht und kenne ihre Geräte nicht: Zinkrotorfräse, Halmschrotklaue, Unterbodenentsiegler, Samenverteiler, Chrotzopapeteltriggler, Obenunterwürgler. Ich begebe mich in eine fremde Welt, werde tattrig, unsicher, ungeschickt, fühle mich beobachtet.

Darf ich ein solches Projekt machen, bei dem es um Erfahrungswissen über Boden geht, ohne selber diese Erfahrung zu besitzen?

Was fange ich mit diesen qualvollen Bedenken an? Aus der Not eine Tugend! Was sehe ich? Was lerne ich? Was nehme ich wahr? Was nehmen die Praktiker wahr? Können sie es mir zeigen? Kann ich ihre Geschichten nachvollziehen? Sehe ich die verschiedenen Farben des Bodens auch? Ob und wie sich Erfahrungswissen vermitteln läßt, erfahre ich so am eigenen Leib. Sind nicht diese Schwierigkeiten typisch für Situationen, in denen sich verschiedene Welten begegnen?

Sei gegrüßt Ursina und bis bald! Bin gespannt, ob-es-das-bringt. Auf jeden Fall sind die Finger auf dem Keybord herumgehuscht. Dir zu schreiben, war eine tolle Erfahrung, ich mußte mich nicht überwinden.

Patricia

*

Zürich, den 14. Juni 94

Hallo Ursina,

ich hänge gerade noch einen zweiten Brief an: Seit ich meine letzte Arbeit abgeschlossen habe, kann ich ganze Tage schreiben, lesen, denken. Ich schwimme herum und assoziiere. Ich merke, daß es mich zieht, ich bin begeistert.

Komme ich jedoch in Wissenschaftsgefilde, beginne ich zu stottern und denke, was mach ich bloß? Bin ich nun eine Naturwissenschaftlerin oder eine Beamtin, bin ich eine Bodenbiologin oder eine Bodenschützerin? Es ist nicht seriös, auf vielen Hochzeiten zu tanzen. Aber eben. Ich will forschen und denken. Unabhängig von Normen. Vogelfrei.

Seit meinem letzten Brief bin ich die Angst losgeworden, schon erfahren sein zu müssen. Jetzt erlebe ich Erstaunliches. Wenn der Umweltschutzbeauftragte G. etwas über Wiesen sagen will, dann erzählt er eine Wiesengeschichte. Auch den Erwachsenen. Ich habe den G., glaub' ich, mit offenem Mund angestarrt. Es ist plötzlich so logisch. Mir kommen die Geschichten in den Sinn, die ich anderen bei Wanderungen erzähle. Ich habe G. gefragt, weshalb er dies tue. Er meinte, daß Menschen Geschichten brauchen, daß dies zu unserer Kultur gehöre. Ich spinne das jetzt weiter. Geschichten sind Information und Übermittlung zugleich. Ort und Zeit sind enthalten. Es ist verortete Information, die nicht in der Luft hängt. Eine Geschichte, die uns packt, erzählen wir auch weiter. Jedes Ding, das wir schätzen, hat eine Geschichte.

Noch etwas ist mir geblieben: Er hat von Teppichbodenkultur geredet. Die Rasen im Garten, säuberlich von Unkraut und Würmern befreit, sind eigentlich eine Ausdehnung aus dem Wohnbereich. Auch die planierten Straßen und Wege. Alles ist topfeben. Wenn an einer Stelle eine Unebenheit auftaucht, stolpern wir mit Sicherheit darüber! Die Folge ist, daß jede Treppe, Stufe, Wurzelerhebung mit Signalfarbe angestrichen werden muß. Irgendwann hört der Mensch auf, neue Erfahrungen zu suchen und begnügt sich mit einer planierten Welt, mit planierten Gedanken.

Unebene Wege hingegen sind erfahrungsreich. Ich schätze unser kleines Wägli unter dem Jasminbusch. Kies, Asphaltstücke und Wurzeln wechseln sich ab, man muß sich bücken, aber es riecht so gut und für die Füße ist es anders. Wenn sie locker auftreten, geht das gut. Vor lauter flachen Straßen wird dieser Holperpfad interessant.

Wie ist das mit den Bauern? Wenn sie Geschichten haben, gehen sie anders um mit ihrem Boden?

Mit famosen Grüßen!

Patricia

*

Leutwil, den 17. Juni 94

Liebe, liebe Patricia,

ich hab mich so furchtbar über Deine Post gefreut! Das viele Papier!

Ich glaube, das Gefühl, nicht schreiben zu können, ist wie eine unsichtbare Schallmauer, die wir immer wieder durchbrechen müssen, und je öfter wir das tun, desto leichter geht es. Immer wieder hin und her, zwischen unseren verschiedenen inneren Welten verbinden.

Du bist in dem Geschriebenen so lebendig und kreativ und voller Ideen, und ich spüre genug Festigkeit in Dir, um diese Visionen umsetzen zu können.

Und jetzt gehe ich mein Mittagessen fertig essen. Ich hab alles liegen und stehengelassen, um Dir zu schreiben.

Mit lieben Grüßen!

Ursina

*

Zürich, den 23. Aug. 94

Liebe Ursina,

was mich absolut fasziniert an diesem Projekt: Ich setze mich mit Wissensformen in Naturwissenschaften und Praxis auseinander. Es ist eine Erweiterung von meinem Denken. Wir versuchen, die alten Mauern zu überblicken, unsere Scheuklappen abzulegen. Wenn mich jemand auf unser Thema anspricht, sprudelt es darauf los, auch wenn ich vorher einen 9-stündigen Arbeitstag hatte.

Liebe Grüße, ich freue mich auf die nächsten Worte von Dir!

Patricia

*

Leutwil, den 21. Okt. 94

Liebe Patricia,

als ich Euch die Bändchen von den Interviews mit Nicolin Bischof kopieren wollte, war die erste Minidisk einfach leer. Die andern zwei Aufnahmen haben zeitweise einen so penetranten Brumm drauf, daß das Zuhören zur Qual wird. Wie und warum das geschehen konnte, ist mir völlig schleierhaft.

Ein Treffen mit 5 Leuten für drei Tage im Engadin total boykottiert. Keine einzige vernünftige Aufzeichnung!

Ich kann nicht mehr weiter. Ich habe die Kündigung an die ETH geschrieben.

Es bleibt natürlich die Frage, was das Ganze soll.

Ich glaube, der Sinn für mich in der ganzen Geschichte ist, daß eine meiner Motivationen zum Projekt demontiert wird. Nämlich die, besonders originell und erfolgreich sein zu wollen. "Es ist doch toll, an einem Nationalfondsprojekt mitzuarbeiten, da ist man wer. Und dann erst noch in einem brandaktuellen und leicht subversiven Frauenthema." Mein Kamm war schon gewaltig geschwollen. Und immer, wenn ich es mit diesem meinem Ehrgeiz zu tun bekomme, geschieht das gleiche: Er zieht mir meine selbstverständliche Daseinsberechtigung als normale Bürgerin unter den Füßen weg und ködert mich dafür mit dem Duft von Überdurchschnittlichsein, Berühmtwerden, verspricht strahlendes Selbstbewußtsein und glückliche Entfaltung aller meiner Talente. Leider Gottes merke ich immer erst zu spät, daß die Aufgaben, die sich mein tückisches Hochschul-Überich ausgedacht hat, a priori nicht zu erfüllen sind.

Deshalb will ich nicht mehr von der ETH für meine Arbeit bezahlt werden. Ich bin keine Wissenschaftlerin und ich will auch keine sein. Mit Euch forschen ja. Aber ich will frei sein können, nicht ewig diesem Stänkerer in mir, diesem säuerlichen Nörgler und kleinkarierten Beamtenfüdli Rechenschaft ablegen müssen über die Wissenschaftlichkeit und Effizienz meiner Arbeit. Ich will frei sein zu einer eigenen, ungehorsamen Definition von Wissenschaft.

Wieviele Male laufe ich wohl noch in diese Falle? Bis ich meine tieferliegenden Ziele nicht mehr für ein glitzerndes Quentchen

Schein preisgebe?
Ich hoffe sehr, daß meine Manöver euer Vertrauen nicht zu sehr strapazieren und freue mich auf deinen nächsten Brief.

Ursina

*

Zürich, den 15. Nov. 94

Liebe Ursina,

es hat weh getan, Dich so leiden zu sehen. Ich war gleichzeitig aber auch wütend über Dich: Verschlafen, Batterien vergessen, und dann noch eine Aufnahme ohne Aufnahme. Es freut mich aber, daß Du die Hin-und-Her-Diskette weiterführen willst. Unsere Spannung, die Spannung zwischen Wissenschaft und Leben, Theorie und Praxis usw. ist ja das Thema unseres Projektes!

Darf ich Dir schildern was bei mir im Kopf rumspukt?

Ich habe meine Fragestellung verloren. Schon seit langem. Ich weiß nicht, wie konkretisieren, wie fragen, was mit den Antworten anfangen. Ich spüre etwas: ja genau – nein überhaupt nicht. Ich lerne von den Begegnungen, etwas, das ich beschreiben kann, aber nicht fassen. Wo zieht es mich hin? Weshalb mache ich an diesem Projekt mit? Was macht mich neugierig?

Ich habe endlich in ein Buch hineingeschaut, das schon seit zwei Monaten im Bücherregal steht: *Entstehung und Entwicklung einer wissenschaftlichen Tatsache* von Ludwik Fleck.[2] Das war faszinierend und hat mich zum Denken angeregt. Fleck war Jude, Arzt und Bakteriologe in Polen. Er karikiert den Mythos über Beobachtung und Experiment folgendermaßen:

"Das erkennende Subjekt figuriert als eine Art Eroberer vom Typus

2 Fleck, 1994

Julius Cäsars, der nach der Formel veni-vidi-vici seine Schlachten gewinnt. Man will etwas wissen, man macht die Beobachtung oder das Experiment – und schon weiß man es. Selbst Forscher, die manche Kämpfe gewannen, glauben dieses naive Märchen, wenn sie retrospektiv ihre eigenen Arbeiten betrachten."

In verständlicher Sprache zeigt Fleck, daß die Erfahrung im Erkenntnisprozeß eine wesentliche Rolle spielt. Zum ersten Mal weist für mich ein Wissenschaftler darauf hin, daß eine Fragestellung, die mit ja oder nein beantwortet werden kann, bereits einen langen Weg hinter sich hat. Methoden und Apparate müssen ja zuerst entwickelt werden. Zuerst muß man sehen lernen. Was gehört zum Untersuchungsobjekt, was nicht? Ein zahlenmäßiges Feststellen ist erst möglich, wenn *Methoden und Apparate den größten Teil des Denkens für uns von selbst ausführen.*

In unserem Forschungsprojekt begeben wir uns außerhalb der normalen ausgetretenen Pfade der Wissenschaft. Wir müssen unsere Wege erst finden. Wie am Anfang jedes neuen Forschungsfeldes häufen sich Beobachtungen, Ideen, plötzliche Einfälle, ein Chaos! Ja, er schreibt "Chaos"! Also nichts mit veni-vidi-vici! Und das in den Naturwissenschaften! Ketzerisch. Naturwissenschaftliche Forschung ist doch reproduzierbar, rational, objektiv und hat mit Gefühlen, Intuition und Irrationalem rein gar nichts zu tun. Ein Chaos disqualifiziert den Forscher!! Subjektiv ist das größte Schimpfwort in den Naturwissenschaften. Man fürchtet es, wie der Teufel das Weihwasser.

Was mich auch sehr angesprochen hat ist, daß Fleck die Bedeutung der praktischen Erfahrung in der Wissenschaft betont. Auch die Intuition spielt eine Rolle. Gefühle und Assoziationen werden nicht als Hindernis aufgefaßt, sondern als mögliche Quelle von Erkenntnis. Hätte ich doch so etwas im Studium mitgekriegt!

So, das Bett ruft. Ich weiß noch nicht so recht, ob ich zufrieden sein soll, mit dem, was da steht. Ich bin am Suchen, Chaos in meinem Kopf. Wichtig ist, daß ich dran bleibe. Gefühl und Verstand schließen sich nicht aus. Sie kommen zusammen.

Bona notte, ich hoffe, diese Novembertage setzen Dir nicht zu, sonst empfehl' ich ein warmes Bad oder eine warme Ofenecke und ein gutes, liebes Buch.

Liebe Grüße, bis bald

Patricia

*

Leutwil, den 1. Dez. 94

Liebe Patricia,

tja, was tun, wenn die Fragestellung verlorengegangen ist?

In meinem Buch, "*Die Antwort der Engel*"[3] steht, daß man nicht mit dem Kopf Pläne machen soll, sondern mit dem Herzen. Der Kopf sei nur da, diese Pläne auszuführen.

Kann man mit einem solchen Ansatz Wissenschaft machen?

Der Weg zum Wissen, oder vielleicht eher zur Erkenntnis, geschieht dann nicht hauptsächlich übers logische Denken, sondern eher über eine Art Riechen, Wahrnehmen der Dinge, die in mir eine Resonanz geben, bei denen ich instinktiv einen Faden zu meinem Thema spüre.

Und das Thema ist eben nicht im Kopf, sondern im Herzen daheim.

Das würde bedeuten, daß in dem Moment, wo mir das Thema so bewußt geworden ist, daß ich es formulieren kann, die Arbeit eigentlich schon fast getan ist. Die Erkenntnis taucht dann, wie der Gipfel eines Eisberges, aus dem Meer der Erfahrungen auf.

Also, wenn das Thema verlorengegangen ist, dann muß ich innehalten und mich wieder zum Grunde, zum Anfang hinschnuppern, hinziehen lassen, denn der ist noch da, darauf kann ich mich verlassen.

---

3 Mallasz, 1989

Ich hoffe, daß wir an unserem nächsten Treffen wieder ein bißchen zur Ruhe kommen. Uns zurücklehnen und zusehen, wie die vielen Bäume sich wieder zu einem Wald zusammenfinden.

Mit lieben Grüßen

Ursina

*

Zürich, Dez. 1994

Hallo Ursina,

Du schreibst wunderbar! Ich lese Deine Bilderbücher, Kunstwerke, Bildtexte, Geschichten so gerne. Du bist so ehrlich, gehst der Sache auf den Grund. Obwohl schmerzhaft, doch schön.

Bei mir ist immer noch drin, daß persönliche Erfahrung nicht wichtig ist. Dabei ist das die Grundlage, die treibende Kraft sogar. Wir sind die Hochschule. Ich saß fest, wußte nicht mehr weiter. Was war die Frage schon wieder? "Wenn man gut ist, verliert man die Frage nie." Weit gefehlt. Daß Fragen sich ändern, gehört zum Forschungsprozeß. Wie sagt Fleck? Es ist ein mühsames Herausarbeiten, was man eigentlich sieht. Um eine präzise Frage stellen zu können, muß bereits der größte Teil der Antwort bekannt sein. In einem unbekannten Feld müssen zuerst die Fragen gebildet werden. Je weiter man fortschreitet, desto stärker hat sich die Ausgangsfrage verändert. Die Fragestellungen sind präzis und fix, wenn das Feld abgesteckt ist, abgegrast.

Sei gegrüßt

Patricia

*

Leutwil, den 8. Jan. 95

Liebe Patricia,

wenn ich Dir zuschaue in Deinem Prozeß, das Thema zu finden, erinnert es mich an einen Bildhauer, der aus einem Steinklotz eine Skulptur heraushaut. Schon sind Umrisse erkennbar.

Was ich ganz wichtig finde ist, daß Du Dich Deiner treibenden Kraft bewußt bist und sie vorausgehen läßt. Sie zieht Dich sicher durch das Gewirr und Gestrüpp. Sie läßt Dich fühlen, wo Du an dem Steinklotz noch eine Ecke wegschlagen mußt und wo Du Dich der Substanz näherst, dem Lebendigen, dem, was mit Dir zu tun hat. Und dabei kommt es mir vor, als wärst Du sowohl die Bildhauerin als auch der Steinklotz bzw. die Figur, die entsteht. Du läßt Dich selber so vertrauensvoll und neugierig in diesen Prozeß fallen, schaust, was es mit Dir macht, wo's Dich hinwirbelt und läßt Dich überraschen davon, wie du bist, wenn du herauskommst.

Ich glaube, abfallen tun auf diesem Weg vor allem diese Vorstellungen, die wir haben, "wie es sein sollte." Die versteinern uns ja so, verstopfen die Atemporen unserer Lebendigkeit und Kreativität. Kreativ sein, das ist dort sein, wo etwas Neues wird, an dieser Haut, wo es wächst, lebt, sich verändert.
Ich freue mich, mit Euch weiterzugehen.

Ursina

*

Zürich, den 31. Jan. 95

Liebe Ursina,

welch schöner Brief! Ja genau so stell ich mir das vor. Vielleicht beginne ich tatsächlich, das zu leben, was wir mit unserer Hin-und-Her-Diskette wollen: Wir sind die Hochschule! Das Eis beginnt zu tragen, aber es ist noch nicht freigegeben. "Wie es sein sollte" fegt mir um die Ohren.

Ich finde, wir sind an einem Schälprozeß, schälen Haut ab, bis die wachsende, lebende Haut hervorkommt. Wie ein Kabiskopf, dem wir die äußeren, vertrockneten Blätter abnehmen. Die altbekannten Barrieren tauchen wieder auf, solange, bis wir sie überhüpfen, umtänzeln, vielleicht einmal sogar lachend. Die Barriere kommt, wenn etwas in die Tat umzusetzen, zu konkretisieren ist. Vor so einer Barriere stehe ich jetzt. Es geht darum, Interviews auszuwerten, nicht etwa bloß journalistisch, sondern sozialwissenschaftlich. Für Dagmar ist das Fragen im Text so normal, daß sie gar nicht merkt, daß mir diese Fragen gar nicht in den Sinn kommen. Ihr ist das so in Fleisch und Blut übergegangen, daß sie schnöde Witze reißt. Als ich sie frage, welche Methode sie mir gerade erklärt hat, grinst sie, und will zuerst gar nicht sagen, was sie gerade gedacht hat. Dann sagt sie: "Mit dem Arsch voraus, halt einfach!! Blöde Frage!" Ich denke nachher, mein Gott, worauf habe ich mich da eingelassen? Ich habe noch nie mit sozialwissenschaftlichen Methoden gearbeitet, habe keine Erfahrung damit und lasse mich auf ein Projekt ein, wo man die Methode erst noch erfinden muß.

Aber eben. So ist es. Ich bin Naturwissenschaftlerin und wende Interviews an, um Erfahrungswissen zu finden. Und mir gefällt das Reden. Ich möchte das üben, ich möchte das lernen. Und dann mach ich das halt so, wie es Dagmar vorschwebt: Mit dem Arsch voraus!

Hab' deinen Text nochmals gelesen. So schön, das versteinerte "wie es sein sollte" und die Bildhauerin, die diesen Stein abschlägt, den eigenen Stein, das eigene versteinerte. Da hast Du Dir auch ein schönes Bild gemalt, so gut, daß Du es fast unters Kopfkissen legen könntest. Was ich sagen wollte, wenn Dich Zweifel anschleichen, Kummerfalten, Sorgenängste, Anspruchnägel, dann lies Deine Zeilen vom letzten Mal!

Herzliche Grüße

Patricia

*

Lenzburg, den 26. Feb. 95

Liebe Patricia,

s'ist ja eben auch kein Zufall, daß gerade wir zwei die Hin-und-Her-Diskette hin und herschicken. Das, was Du geschrieben hast: *Die Barriere kommt, wenn etwas in die Tat umzusetzen, zu konkretisieren ist,* gilt auch für mich. Schrittchen für Schrittchen wage ich mich ans Konkrete. An dem Projektbeschrieb für Nesa habe ich bestimmt schon über fünf Stunden herumgedoktert und schicke jetzt ein ziemlich blasses Schriftstück ab, aber immerhin, ich schicke es ab.

Hier bewundere ich Dich wirklich, wie Du Dich in der Öffentlichkeit bewegst, Vorträge hältst, beim Kanton, an der Hochschule, ausprobierst, Dich exponierst, Fehler riskierst und Kritik und immer wieder frischen Mutes Stückchen um Stückchen Terrain eroberst. Ich wünsche Dir weiterhin Mut und Ausdauer dazu.

Mit ganz lieben Grüßen

Ursina

*

Zürich, den 18. Apr. 95

Oh, Ursina,

Es tut so gut, wieder einmal zu hören, daß ich etwas gut mache. Daß ich auf einem Weg bin, Stückchen für Stückchen Terrain gewinne, sehe ich nur selten. Schön, ein solches Feedback zu bekommen.

Bei mir geht jetzt das Gewitter los! Draußen und drinnen. Ich fühle mich wieder einmal fast am Zerreißen. Ich will nach draußen, ich will reden, meine und unsere Botschaft verkünden, laufen. Und habe das Gefühl, ich habe Blei an den Füßen. Von R., die mich nicht dazu ermutigt, die mir ein weiteres Gewicht an die Füße hängt, andere Frauen, die mich wieder in den Krabbenkorb ziehen könnten, Männer, – darüber muß ich keine Worte mehr verlieren, das haben wir schon zu Genüge gespürt. Trotzdem: Männer, die sich über alles stellen, so tun, wie wenn sie zuerst gefragt werden müßten, die so tun, wie wenn sie die ganze Weisheit gefressen hätten, die andere runterspielen, um ihr Wissen raufzuspielen, die so tun, wie wenn nur sie recht hätten.

Ach Ursina, heute morgen las ich Claudias Zusammenfassung des Buches über Entwicklungshilfe, "Wasserschlange und Sonnenvogel", von Rudolf Högger.[4]

Er beschreibt unsere Zerrissenheit treffend: "Intuitives Wissen und Wissenschaft schließen sich aus; häusliche Gewohnheit und Nationalökonomie scheinen unvereinbar; Vorgänge im Unbewußten und rationale Erkenntnis sind wie Wasser und Feuer."

Und dann traf es mich wie ein Schlag: Er beschreibt die schöpferische Schlange als Symbol für die Fähigkeit, diese Gegensätze zu verbinden. Sie enthält beides: Tod und Leben, Dunkelheit und Licht, Gut und Böse.

Diese Nacht hatte ich ebenfalls von einer Schlange geträumt, und ich habe sie gefüttert.

Für einen Moment spürte ich in mir die Möglichkeit, diese Zerrissenheit aufzuheben.

Ich begann zu weinen. Es schüttelte mich, und ich packte den Computer, um Dir das aufzuschreiben. Das ist Arbeit! Und wie die ETH mir das zahlt!! *E*idgenössischer *T*echnischer *H*ochverrat, *ETH.*

Alles Liebe

Patricia

*

4 Högger, 1993

Lenzburg, den 15. Mai 95

Liebe Patricia,

immer enger verzahnen sich die zwei Seiten, die Vorgänge im Unbewußten und die rationale Erkenntnis, Deine "privaten, persönlichen" Erlebnisse mit den Inhalten Deiner Berufswelt, es gibt bald nicht mehr eine Arbeitssprache und eine Zuhausesprache, Du wirst mehr und mehr in Deiner Arbeit und außerhalb einfach Du.

Ich denke seit zwei Tagen am Projektbeschrieb für das Programmheft des forumclaque herum.

Und ich stehe vor allem dort an, als was wir unseren Briefwechsel verkaufen wollen. Ist es Wissenschaft?

Wir erzählen von unserer Arbeit und von uns. Wir schauen uns, unsere Gefühle, unsere "persönlichen Probleme", unsere subjektiven Erfahrungen an, das, was an der Hochschule normalerweise als wissenschaftsuntauglich auf den Schrottplatz abgestellt wird.

Und haben darin eine unerwartete Quelle der Kreativität entdeckt.

Tiefenforschung ist das, Underground-Forschung, Grundlagenforschung.

Könnte man sagen: Erfahrung kommt zustande in der intensiven Auseinandersetzung eines Individuums mit seiner Umwelt. Sie wird einerseits gespeist von der Wahrnehmung, Beobachtung seiner Außenwelt und andererseits von seiner Innenwelt, den Erinnerungen, den Gefühlen, der Vergangenheit und seinen Motivationen. Man kann sich die Erfahrung als einen Baum vorstellen, der auf der Grenze zwischen Innen und Außen, auf der Haut steht, und der seine Äste nach außen streckt und seine Wurzeln in unserer Innenwelt, in unserem Körper und unserer Psyche verankert hat. Damit er gesund ist, muß er genug Luft und Licht haben, aber auch sein Boden will gepflegt sein. Wollen wir also erforschen, was Erfahrung ist, müssen wir auch in die Tiefe hinuntersteigen, in unsere Innenwelt, sonst erfassen wir nur die eine Hälfte unseres Forschungsgegenstandes. Und damit sind wir in Nesas Erdraum genau am richtigen Ort mit unserer Hin-und-Her-Diskette. In ihr leuchten wir unseren Boden aus, erforschen die Tiefen, auf denen unsere Außenarbeit gegründet ist, und wir pflegen sie. Das wurde bisher an die Psychologie verwiesen oder an die Kunst. Da wechselten bisher die Zuständigkeiten und die Sprachen. Aber Innen und Außen sind das Gleiche, und die Ausdehnung des Wurzelraumes entspricht der Größe der Krone. Eine Wurzel in einem lockeren, nährstoffreichen Boden kann einen blühenden, fruchtbaren Ast ernähren und ein entspannter, geachteter Körper bringt kreative Ideen.

Also, noch einmal ein Argument für die Notwendigkeit unserer Innenarbeit. Und wirklich, wir sind darin schon tolle Expertinnen mit einer großen Erfahrung.

Übrigens, als ich unsere Diskette heute öffnen wollte, kam plötzlich die Meldung: Der Zugriff auf das Dokument Briefwechsel ist wegen eines Systemfehlers nicht mehr möglich. Ich mußte den ganzen Computer abstürzen lassen, er hat sonst keinen Wank mehr gemacht. Ha, wieder so ein Elektronikboykott. Da hat sich doch der Briefwechsel, wahrscheinlich weil ich so zweifelte, ob er denn wirklich öffentlichkeitstauglich sei, in die unergründlichen Tiefen des computerschen Unterbewußtseins zurückziehen wollen. Aber nein, meine pflegerische, kämpferische Seite hat in weiser Voraussicht die Möglichkeit solcher Manöver gewittert und eine Sicherheitskopie angefertigt. So ist nur der letzte Brief von Dir verloren. Du hast ihn ja zum Glück noch auf deiner Harddisk.

Ich lege Dir eine Kopie des Programmtextes bei, damit du weißt, worauf Du Dich da eingelassen hast.

Nun gehe ich, ziemlich entspannt, in die Sommerferien.

Ich grüße Dich herzlich

Ursina

DIE SCHWARZE KATZE IN DER KOHLENKISTE

Suche nach einer Wissenskonzeption in der Literatur

Dagmar Reichert

Angesichts der Umweltzerstörung und anderer drängender gesellschaftlicher Probleme ruft man nach wissenschaftlichen Ergebnissen. Forschungsprogramme werden initiiert, Forschungsfelder neu eröffnet, die Zahl wissenschaftlicher Studien wächst, doch es wird zugleich immer schwieriger, die Unmenge hochspezialisierter Analysen noch zu überblicken und zu konkreten Handlungsanleitungen zusammenzufassen. Weil wissenschaftliches Wissen nach der klassischen Erkenntnistheorie mit analytisch zergliederndem Wissen gleichgesetzt wird, sind weitergehende Spezialisierung und damit immer größere Schwierigkeiten in der Zusammenschau schon vorgezeichnet. Zudem erkennt man, daß diese erkenntnistheoretischen Grundlagen der Wissenschaft für eine Selbstreflexion der Forschenden über die Standpunktbezogenheit ihres Tuns - eine andere dringende Notwendigkeit für die heutige Forschung - wenig Raum lassen. Das ererbte Selbst-Verständnis wissenschaftlichen Vorgehens und Wissens ist vom tatsächlichen Vorgehen und Wissen weit entfernt.

Will man angesichts dessen die Wissenschaft nicht aufgeben, sondern auf einer Erkenntnistätigkeit beharren, die es erlaubt, die Welt besser zu verstehen und aus diesem Verstehen heraus richtig zu handeln, und die es erlaubt, das eigene Tun sich und anderen verständlich zu machen, so liegt es nahe, eine Erweiterung der Konzeption von Wissen, Denken und Wissenschaft in unserer Kultur zu versuchen. Dies ist, wozu ich beitragen möchte. Ein möglicher erster Schritt dazu besteht darin, Erkenntnisformen zu betrachten, die wir schon lange kennen und praktizieren, die jedoch dem analytischen wissenschaftlichen Wissen gegenüber bisher als defizitär galten.

In diesem Kapitel geht es nun um die Erkundung dessen, was über solche *Erkenntnisformen* in verschiedenen Bereichen von Kultur und Wissenschaft geschrieben wurde, um eine Erkundung alternativer Vorstellungen von Wissen. Wie jede Suche ist ihr Verlauf nicht logisch zu begründen. Dies zu tun, anzugeben, wonach ich mich richte, was ich zur Betrachtung aufnehme und was liegen lasse, müßte ich das, was ich durch diese Suche finden will, schon kennen. Dagegen gründet die Erkundung der Literatur über Erkenntnisformen in einem Vorverständnis, das sich im Zuge des Suchprozesses laufend modifiziert. Wenn die Berücksichtigung mancher Überlegungen (z.B. jener von W. Benjamin über Konstellationen oder von Euclid über Q.E.F.) in einem solchen Rahmen verwundern mag, so dürfte die Aufnahme von Arbeiten zu "praktischem Wissen", "Erfahrung", "Gespür", "tacit knowing", "Vertrautheit", "implizitem Wissen" oder "Geschicklichkeit" dagegen einsichtiger sein. Begriffe wie diese (ich habe sie in Tabelle 1 zusammengestellt) werden im Zusammenhang mit anderen Wissensformen häufig genannt. Dennoch ist ihr Gebrauch vielfach diffus.

Erfahrungswissen	knowledge by experience
Erfahrung	experience
implizites Wissen	implicit knowledge
stilles Wissen	tacit knowing (Polanyi)
Geschicklichkeit	skill
lebendiges Wissen	
Gespür	feeling
lokales Wissen	local knowledge
	indigenous knowledge
Lebenswissen	life knowledge
praktischer Verstand	practical intellect
Fertigkeit	proficiency
persönliches Wissen	personal knowledge (Polanyi)
praktisches Wissen	practical knowledge
Praxiswissen	
Vertrautheit	familiarity
Körperwissen	body knowledge
Expertenwissen (!)	expert knowledge (Dreyfus)
	professional knowledge
	knowledge by acquaintance
	from-to-knowledge

traditionelles Wissen	traditional knowledge
verkörpertes Wissen	embodied knowledge
rechtshirniges Wissen	right-hemisphere knowledge
unbewußtes Wissen	unconscious knowledge
mystisches Wissen	mystical knowledge
gelebtes Wissen	
Frauenwissen	women´s knowledge
Weisheit	wisdom
Sein-Wissen (im Unterschied zu Haben-Wissen)	
Intuition	Intuition
Alltagswissen (Schütz)	
Gesunder Menschenverstand	common sense

Tab. 1: Das Suchfeld "■"

Hier sind die Pfade meiner Erkundungen:

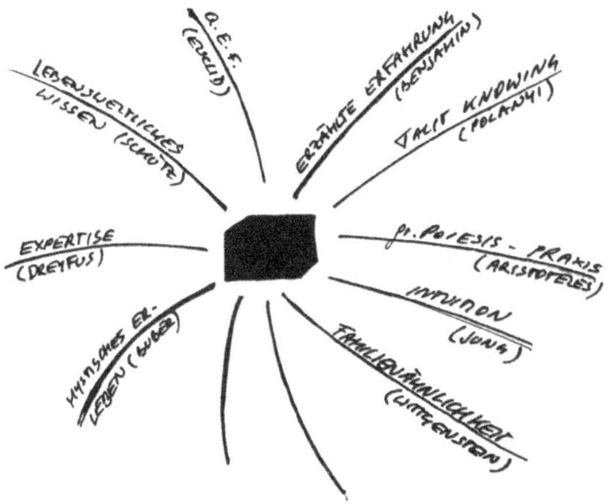

Ich möchte in diesem Kapitel verschiedene, "bisher geschehene" Zugänge zu Wissenskonzepten in einzelnen Abschnitten zusammenfassen. Als mögliche Ausgangspunkte sollen sie unsere Überlegungen in den folgenden Kapiteln leiten.

Bei der Betrachtung dieser Zugänge sind noch vier Punkte zu beachten:

- Es ist bei all diesen Zugängen nicht notwendigerweise von der gleichen, von einer einzigen Wissensform die Rede. Ihre Gemeinsamkeit ist lediglich eine der Zusammenstellung, und das Feld der Wissensformen bildet für meine Suche eine Art ■, eine Kohlenkiste, aus der ich meine Wissenskonzeption herausfinden möchte wie eine - die berühmte - in der Kohlenkiste sitzende schwarze Katze. Hier ist sie, ■, und ich möchte ihr vorläufig noch gar keinen anderen Namen geben, ich wüßte noch gar nicht, welcher für sie paßt.
- Wenn es, wie hier, aus einer "Not der Wissenschaft" geschieht, daß andere Wissensformen zum zentralen Thema werden, so geschieht es aus der Position wissenschaftlich Ausgebildeter, die sich nach einem anderen sehnen, nach einer Form von Erkenntnis, die sie in der Kultur anderswo zu finden hoffen und von der sie meinen, sie in ihrer Disziplin(ierung) verloren oder gegen Privilegien eingetauscht zu haben. Dies im Auge zu behalten, ist nicht nur für die Einschätzung meines eigenen Textes wichtig, es scheint mir auch wichtig für das Verständnis der einzelnen von mir gewählten Zugänge. Wenn man einen gemeinsamen Nenner im sonst so heterogenen Begriffsfeld der ■ sucht, so jenen der Sehnsucht. Sowohl mein gesuchtes ■ als auch "Erfahrungswissen", "Praktisches Wissen", "Gespür", "tacit knowing", "Vertrautheit", "implizites Wissen", "Geschicklichkeit", usw. werden hier als *Sehnsuchtsbegriffe* gebraucht.
- Wenn "Sehnsucht" hier als wichtigste Motivation für ein Interesse an anderen Wissensformen erscheint, so mag sich dies zum Teil schon daraus erklären, daß die meisten niedergeschriebenen Überlegungen zu Wissensformen – wie wäre es anders zu erwarten – von WissenschaftlerInnen kommen. Für unsere Studie bedeutet dies, daß wir in den empirischen Erhebungen besonders solche Aussagen über Wissensformen suchen müssen, die aus weniger wissenschaftlichen und deshalb eventuell auch weniger "sehnsüchtigen" Positionen kommen. Zum Beispiel von Menschen, die aus ihrer Arbeit über Erfahrungen mit unterschiedlichen Wissensformen verfügen, denen es aber weniger um die Niederschrift von Überlegungen geht als um

konkretes Verhalten in bestimmten Situationen. Solche Suche "vor Ort" wird im nächsten Kapitel geschehen.

- Sich in der "Not der Wissenschaft" andere Erkenntnisformen als Thema vorzunehmen, birgt eine Menge Gefahren. Eine davon – sie kündigt sich in der Bezeichnung "andere Erkenntnisformen" schon an – besteht darin, in eine dualistische Gegenüberstellung zu verfallen und analytisch-wissenschaftliches und "anderes" Erkennen dabei unangemessen zu vereinfachen. Die einzelnen Begriffe als Sehnsuchtsbegriffe *der Wissenschaft* zu bezeichnen, soll diese Gefahr entschärfen. Eine solche Bezeichnung durchkreuzt die Möglichkeit dualistischer Gegenüberstellung von vornherein, indem sie auf die Abhängigkeit der beiden Seiten verweist, indem sie zeigt, wie sehr das "andere" das andere des einen ist und ihm nicht äußerlich gegenübersteht. (Vielleicht sagt Sehnsucht weniger über den ersehnten Ort, als über den Ort, an dem man sich befindet.)

In der Folge werde ich einige Beispiele anführen, die in der Literatur für andere Wissensarten gegeben werden und die in irgendeiner Form mit ■ zu tun haben könnten. Danach werde ich mich der Kohlenkiste auf weniger beispielorientierte, eher abstrakte Weise von verschiedenen Seiten nähern, werde bestehenden Zugängen nachgehen und versuchen, die Spuren nachzuvollziehen, die sich davon niedergeschlagen haben. Anknüpfungspunkte für unsere Studie möchte ich dabei explizit herausheben.

Für "andere" Erkenntnisweisen werden häufig *Beispiele* gegeben. Sie betreffen Wissensformen sehr unterschiedlicher Art. Hier fünf Beispiele für solche Beispiele:

In Ingela Josefsons Studie über Unterschiede zwischen akademischem Wissen und Erfahrungswissen wird die Erzählung einer 50jährigen Krankenschwester wiedergegeben: "Eines Tages wurde ein neuer Patient in unsere Abteilung verlegt. Es war ein Mann im mittleren Alter, der gerade operiert worden war. Ich sprach ein bißchen mit ihm und bemerkte gleich, daß er in keinem gutem Zustand war, obwohl er sagte, es gehe ihm überraschend gut. Ich rief den diensthabenden Arzt, einen jungen Doktor. Er untersuchte den Patienten, stellte fest, daß seine Lebensfunktionen keine abnormalen

Werte aufwiesen und meinte, ich hätte ihn unnötig geholt. Wenige Stunden später starb der Patient. Die Obduktion ergab eine Komplikation, die man aus einer Untersuchung der Lebensfunktionen nicht hätte diagnostizieren können. Das ganze hat mich sehr beschäftigt. Ich hatte es dem Arzt nicht erklären können, warum ich über den Patienten beunruhigt war. Ich wußte das nur. Es war eher *eine Sache der Erfahrung*."[1]

Im Zuge seiner Formulierung einer neuen Theorie des Erkenntnisprozesses gibt Michael Polanyi ein Beispiel für das "tacit knowing": "Jeder, der zum ersten Mal einen Blindenstock in der Hand hält, wird seinen Druck gegen Finger und Handfläche spüren. In dem Maße aber, wie wir einen Stock zum Abtasten unseres Weges handhaben lernen, verwandelt sich unser Gewahrwerden des Widerstandes gegen die Hand in ein Gefühl 'an der Spitze selbst' für die Gegenstände, die wir erforschen. (...) Der Stock *wird 'ein Teil unseres Körpers'*. (...) Wir nehmen die Sensationen unserer Hand in ihrer Bedeutung an der Stabspitze wahr, auf die wir unsere Aufmerksamkeit richten."[2]

Nach unserem Alltagsverständnis haben wir unser Geschlecht natürlicherweise: Wir "sind einfach" Frauen oder Männer. Vor dem Hintergrund ihrer Studien über Transsexuelle, die sich einer Geschlechtsumwandlung unterziehen, zeigen Harold Garfinkel (1967) und Stefan Hirschauer (1993), daß diese *scheinbare Selbstverständlichkeit* bei allen Frauen und Männern in Wahrheit auf außergewöhnlich hoher, erworbener Kompetenz beruht. Geschlechtsspezifische Verhaltensweisen sind eine Leistung. Zum Gelingen dieser Leistung ist es jedoch erforderlich, daß sie den Handelnden nicht als solche bewußt, sondern eine "natürliche" Selbstverständlichkeit geworden ist. (Wenn z.B. ein Mensch nach einer Geschlechtsumwandlung eine Frau nicht "ist", sondern darstellt, gilt er als geschmacklos oder erregt Mißtrauen.) Dieses selbstverständliche Wissen wurde von Kindheit an erworben, oder kann – bei Transsexuellen – nachgelernt werden. "Die Erzeugung des Natür-

---

1 Übersetzt nach Josefson in Göranzon und Josefson 1988, S. 27

2 Polanyi 1985, S. 21

lichen muß (dabei) durch eine Routine abgestützt werden, die das Kunstvolle zu einem körperlichen *knowing how* werden läßt. Besonders im Stimm- und Bewegungstraining mit Transsexuellen zeigt sich, daß das körperliche Wissen" allmählich das mentale Wissen, 'wie Frauen sind', ablöst. Damit entlastet es das mentale Wissen, "das bei der Durchführung von Darstellungen eher hinderlich ist".[3]

In der Entwicklungszusammenarbeit versucht man heute, das Wissen der Betroffenen bzw. lokal bestehende Erfahrungen mehr als bisher zu berücksichtigen. In diesem Zusammenhang werden in der Literatur viele verschiedene Wissensbegriffe gebraucht. So berichtet z.B. Rudolf Högger von einem Gespräch mit einem nepalischen Gemeindevorsitzenden. Dieser sagte über die Voraussetzungen für nachhaltige Entwicklung: "Wenn Selbstwissen und Verantwortlichkeit wachsen sollen, müssen 'Padhera' (*Kopfwissen*, in der Schule erworbenes Wissen) und 'Parera' (*Erfahrungswissen*, 'parera' bedeutet auch 'hineingehen', 'drinnen sein', 'tiefes Loch') zusammenfinden. (...) Es genügt nicht, einen guten Wagen zu besitzen; es braucht dazu auch einen Führer: Das ist 'Atmagaan', das *Selbstwissen*, das nicht durch die Schule, sondern durch das Leben vermittelt wird."[4]

H. Dreyfus untersuchte die Frage, was Meisterschaft bzw. Expertise in einem bestimmten Tätigkeitsbereich ausmacht. Meisterschaft habe *mit analytischem Denken nichts zu tun*, meint er, und gibt dazu u.a. das Beispiel des Schachgroßmeisters Julio Kaplan, der in einem Experiment, während er gegen einen anderen guten Schachspieler eine 5-Sekunden-pro-Zug Partie spielte, laufend laut Additionen ausführte. "Sogar während sein analytisches Denken durch das Rechnen beschäftigt war, konnte Kaplan seinem Gegner über eine Reihe von Partien hin mehr als nur standhalten. Selbst ohne Zeit zu haben, Probleme zu erkennen und Strategien zu planen, konnte er flüssig und koordiniert spielen."[5]

---

3 Hirschauer 1993, S. 48

4 Högger 1993, S. 84 und 214. An anderer Stelle (1993, S. 97) unterscheidet Högger "Expertenwissen" als "das Genaue" und "Ahnenwissen" als "das Mächtige".

5 Übersetzt nach Dreyfus und Dreyfus 1986, S. 32ff.

Diese Beispiele von Beispielen mögen der Suche nach meiner Katze in der [redacted] eine erste grobe Richtung angeben. Mit ihrer Verschiedenheit verdeutlichen sie vielleicht auch meinen Verdacht, daß in dieser Kohlenkiste auch mehrere Katzen sitzen könnten... Gehen wir deshalb näher heran, folgen wir verschiedenen bestehenden Zugängen.

1. Zugang: Praxis – Poiesis – Theorie (Aristoteles)

Ebenso wie unsere heutige Wissenschaft immer noch von den Weichenstellungen zur Zeit ihrer Entstehung in der griechischen Polis geprägt ist, wirkt auch das damals definierte Verhältnis zwischen Theorie und Praxis bis in die heutige Verwendung der Begriffe hinein. Aristoteles ist hier zentral.[6]

In der Nikomachischen Ethik[7] untersucht Aristoteles, was Menschen zum Glück führt, und unterscheidet dabei die sittlichen und die verstandesmäßigen "Tugenden". Bei den letzteren beschreibt er zwei Bereiche der Vernunftbetätigung:

1. *epistemonikos*, die theoretische Vernunftbetätigung, und
2. *logistikos*, die praktische Vernunftbetätigung.

Erstere richtet sich auf Dinge, deren Verhalten notwendig und ewig gleich ist (z.B. die Naturgesetze), zweitere auf Dinge, deren Verhalten wandelbar ist, d.h. Freiheiten für Veränderung hat (z.B. Menschen oder Natur/Materialien unter dem Aspekt ihrer Bearbeitbarkeit).

Es gelten ihm also sowohl theoretische wie praktische Betätigungen als "Vernunftbetätigungen" bzw. "Denken", beide dienen der Erkenntnis der Wahrheit: der epistemonischen Wahrheit als wahrer Ausspruch über das Ewige einerseits, und der logistischen Wahrheit

---

6 Schon Platon unterteilt an einer Stelle (Politikos, par. 258) in "einsehende" (gnostikai) und "handelnde" (praktikai) Erkenntnis. Zu ersteren zählt er Rechenkunst oder Politik, denn diese "sind ganz kahl von Handlung und bewirken uns bloß eine Einsicht". Zur handelnden Erkenntnis dagegen zählt er Tätigkeiten wie "die Tischlerei (...) und alle anderen Handwerke", denn sie "haben die Erkenntnis in Handlungen einwohnend", und durch sie entstehen körperliche Dinge, die vorher nicht waren.

7 Nik. Ethik, par. 1139a

als richtiges Hervorbringen und Handeln andererseits.

Aristoteles meint, daß Vernunft in fünf verschiedenen Fähigkeiten des Menschen (die jede für sich zu Wahrheit führen können) zum Ausdruck kommt. In:

a. *episteme*, Wissenschaft i.e.S.[8]
b. *techne*, Kunst i.e.S.[9]
c. *phronesis*, Klugheit
d. *nous*, Verstand
e. *sophia*, Weisheit

ad a. *Wissenschaft* ist für Aristoteles die Fähigkeit zur unmittelbaren Erfassung der ewigen Wahrheiten. Dies geschieht durch ein bewegungsloses geistiges "Schauen" (theoria). Es ist lehr- und lernbar.
ad b. *Kunst* ist vernünftiges Hervorbringen (Machen von Dingen), das "regelrechte Herstellen und die Überlegung, wie etwas, was sowohl sein, als nicht sein kann (...) zustandekommen mag."[10]

Aristoteles zählt die Kunst zu den verstandesmäßigen Tugenden. Die sittlichen Tugenden der Gerechtigkeit und Mäßigkeit dagegen können, aber müssen darin nicht vorkommen (im Gegensatz zur Klugheit, wo sie zusammenfallen müssen[11]): "Die Erzeugnisse der Künste haben ihre Güte in sich selbst, so daß es genügt, wenn man sie so hervorbringt, daß sie eine bestimmte Beschaffenheit haben."[12]
ad c. *Klugheit* ist das Vermögen zu vernünftigem Handeln im Bereich menschlicher Angelegenheiten, die Fähigkeit, in einer bestimmten Situation moralisch Richtiges zu tun. Man lernt sie durch Erfahrung, und sie kann nicht vergessen werden. Sie ist ein suchendes Überlegen.

8 Im weiteren Sinne wird "episteme" dagegen für jede Form von ausgebildeter Vernunft verwendet und steht damit gleichbedeutend mit "techne" i.w.S.

9 Im weiteren Sinne wird "techne" dagegen für jede Form von ausgebildeter Vernunft verwendet und steht damit gleichbedeutend mit "episteme" i.w.S.

10 Nik. Ethik, par. 1140a

11 Eine tugendhafte Handlung (Klugheit) besteht erst dann, "wenn der Handelnde bei der Handlung gewisse Bedingungen erfüllt, wenn er erstens wissentlich, wenn er zweitens mit (auf sittliche Handlung gerichteten) Vorsatz, und wenn er drittens fest und ohne Schwanken handelt. Für die Künste zählen diese Bedingungen nicht mit, da es bei ihnen nur auf das Wissen und Können ankommt." (Nik. Ethik, par. 1105a,b)

12 Nik. Ethik, par. 1105a

Die Klugheit richtet sich nicht nur auf das Allgemeine, sondern auch auf die Erkenntnis des Einzelnen. "Daher", sagt Aristoteles, "sind auch manche, die keine Wissenschaft haben, praktischer oder zum Handeln geschickter als andere mit ihrem Wissen; besonders sind dies die Leute mit viel Erfahrung. (... Für) Klugkeit muß man beides, Kenntnis des Allgemeinen und des Besonderen, haben oder, wenn nur eines, lieber das letztere."[13]

ad d. *Verstand* ist die Fähigkeit, "Prinzipien oder oberste und letzte Gründe jedes Beweisbaren und jedes Wissens"[14] zu erkennen.

ad e. *Weisheit* ist die Fähigkeit zu Verstand und Wissenschaft, ein "Wissen und Verstehen derjenigen Dinge, die ihrer Natur nach am ehrwürdigsten sind".[15]

Die Fähigkeit zu Wissenschaft, zu Vernunft und Weisheit werden der oben genannten theoretischen Vernunftbetätigung zugeordnet (1 + a, d, e), Kunst und Klugheit der praktischen Vernunftbetätigung (2 + b,c).

Den drei erstgenannten Wahrheitsvermögen – Wissenschaft, Kunst und Klugheit – entsprechen drei Tätigkeitsbereiche:

- *Theoria* (Betrachten, geistiges Schauen): Beruht auf dem Vermögen der Wissenschaft. Erfolgt ohne eigene Bewegung als zweckfreie und wunschlose Versenkung in die ewige Wahrheit.
- *Poiesis* (Herstellen, Machen): Beruht auf dem Vermögen der Kunst. Ist eine Bewegung auf ein außer der Tätigkeit selbst liegendes Ziel (Werk, Leistung) hin.
- *Praxis* i.e.S.[16] (Handeln): Beruht auf dem Vermögen der Klugheit.

---

13 Nik. Ethik, par. 1141b. Klugheit hat für Aristoteles auch zu tun "mit dem letzten, von dem es keine Wissenschaft gibt, sondern Wahrnehmung, (und zwar) nicht jene, die die sogenannten eigentümlichen Sinnesobjekte erfaßt, sondern eine, wie die, durch die wir innewerden, daß das letzte Mathematische das Dreieck ist." (Nik. Ethik, par. 1142a)

14 Nik. Ethik, par. 1141a

15 Nik. Ethik, par. 1141b

16 Im engeren Sinne insofern, als das Handeln (neben dem Herstellen) eine Weise praktischer Vernunftbetätigung (Logisticos, Praxis i.w.S.) ist. Wenn von praktischem Wissen gesprochen wird, so ist damit meist Praxis im engeren Sinne gemeint, also phronesis ohne techne.

Ist eine Bewegung, die ihr Ziel in sich selbst hat (Selbstzweck), und ohne von der Tätigkeit ablösbares Produkt.

Mit dieser Unterscheidung wurde damals auch eine Wertehierarchie von Lebensweisen verbunden: Das kontemplative Leben der Theorie wird dem politischen Leben der Praxis (i.e.S.) übergeordnet und dieses dem herstellend tätigen Leben. Dies ist vor dem Hintergrund der politischen Verhältnisse der Polis zu sehen, in der die Freiheit der "Bürger" auf der Basis der Arbeit von Frauen, Handwerkern und Sklaven beruhte und in der zu Aristoteles' Zeiten die traditionelle politische Elite durch die wissenschaftliche Elite der "Akademie", durch die Akademiker, herausgefordert wurde.

Abgeleitete Fragen in bezug auf ■:
- Ist es für ■ wichtig, daß sie im Zusammenhang mit Fragen der Ethik, d.h. des guten Lebens behandelt werden?
- Ist mit ■ Klugheit (Praxis i.e.S.) gemeint, d.h. etwas, das im Kontext selbstzweckhaften Handelns (menschliche Angelegenheiten) steht?
- Ist mit ■ jede Art praktischer Vernunftbetätigung gemeint (Poiesis *und* Praxis i.e.S.), d.h. Vernunft, die sich für Wandelbares interessiert? Und beruht ■ deshalb auf Kunst und Klugheit?

2. Zugang: "tacit knowing" (M. Polanyi)

Der Begriff "tacit knowing" wird von Michael Polanyi[17] im Rahmen einer Ausdehnung gestaltpsychologischer Auffassungen über Wahrnehmung zu einer allgemeinen Erkenntnistheorie geprägt.[18] Polanyi meint damit nicht, es gäbe einen Wissensbestand über etwas, das still, d.h. nicht ausdrückbar ist. Er postuliert vielmehr, daß der Pro-

17 in seinen Büchern "Personal Knowledge (1962), "Implizites Wissen" (engl. Orig. 1966, dt. 1985) und "Meaning" (gem. mit H. Prosch, 1975)

18 Über den Unterschied seiner Auffassung zur Gestaltpsychologie schreibt Polanyi (1985, S. 15): "Die Gestaltpsychologie nahm an, daß die Wahrnehmung (z.B.) einer Physiognomie durch ein spontanes Gleichgewicht ihrer Besonderheiten, wie sie auf der Netzhaut oder im Gehirn registriert werden, zustande kommt. Dagegen betrachte ich die Gestalt als Ergebnis einer aktiven Formung der Erfahrung während des Erkenntnisvorgangs."

zeß des Wissens, ein konkreter Erkenntnisprozeß, unausdrückbar funktioniert.

Daß der Wissensprozeß nach der Struktur des *tacit knowing* abläuft, gilt seiner Meinung nach sowohl für praktische wie auch für intellektuelle Tätigkeiten. Indem er behauptet, Wissen und Erkennen laufe überall, und überall nach der gleichen Struktur ab, erweitert Polanyi den Wissens- und Erkenntnisbegriff. Radfahren erfordert die gleichen Wissens- und Erkenntnisprozesse wie das Bestellen eines Feldes oder Forschen. Damit stellt die Theorie des *tacit knowing* die traditionelle Erkenntnistheorie in einen weiteren Rahmen und hinterfragt ihre, auf den Kriterien der Ausdrückbarkeit und allgemeinen Nachvollziehbarkeit gestützte, Privilegierung wissenschaftlichen Erkennens.

Nach Polanyis Auffassung ist der Prozeß des Wissens, ist *tacit knowing*, die aktive, intentionale Integration von Ausgangsdaten zu neuen Gesamtheiten, zu Erkenntnissen:[19]

Als *tacit knowing* hat Erkennen folgende *Merkmale*:

(1) Während die menschliche Aufmerksamkeit sich immer nur auf eine Wirklichkeitsebene richten kann, können wir doch verschiedene solche Ebenen gleichzeitig wahrnehmen.[20] Beim *tacit knowing* werden *zwei Wirklichkeitsebenen* miteinander verbunden. Die Ebene der einzelnen Ausgangsdaten und die Ebene des Gesamtbildes (Ebene der Erkenntnisse).

(2) Diese Verknüpfung hat eine *von-zu Struktur*, und zwar bezüglich der Aufmerksamkeit (beim Akt des *tacit knowing* verschiebt man die Aufmerksamkeit *von* den Ausgangsdaten *zum* Gesamteindruck[21]) und auch bezüglich der Bedeutung (*von* den Ausgangsdaten kommt man *zur* Bedeutung des Ganzen, und auch umgekehrt: *vom*

19 Man darf die Tätigkeit des tacit knowing auch nicht hinterrücks in eine Konzeption von Wissen als Bestand übersetzen, z.B. indem man sie als Wissensbestand betrachtet, der den Prozeß leiten würde (d.h. die Integration von Daten zu Erkenntnissen leisten würde). Ein solcher Wissensbestand existiert nicht. Er läßt sich wegen der Unausdrückbarkeit des Prozesses nicht aufbauen.

20 Polanyi und Prosch, 1975, S. 38. Polanyi, 1962, S. 55 unterscheidet zwei Arten der Aufmerksamkeit: eine "focal awareness", die sich auf bestimmte Dinge konzentriert, und eine "subsidiary awareness", eine unfokussierte Wachheit.

21 Polanyi, 1985, S. 19

Ganzen her kommen bestimmte Ausgangsdaten *zu* ihrer Bedeutung.)

(3) Beim Übergang von der Ebene der Ausgangsdaten zur Ebene des Gesamteindruckes erfolgt ein *Qualitätssprung*: Es entsteht neue Bedeutung. Sie entsteht durch die Verbindung der Ausgangsdaten durch und mit dem Fokus auf ein Erkenntnisziel.[22] Angesichts dieser qualitativen Veränderung kann man davon sprechen, daß hier das Ganze, das Gesamtbild, mehr (oder weniger – jedenfalls etwas anderes) ist als die Summe der Teile (der einzelnen Ausgangsdaten). Letztere sind jedoch "tacit" und lassen sich nicht isolieren und gegenüberstellen (siehe unten) – deshalb kann diese Ausdrucksweise leicht irreführen.

(4) Während die Erkenntnis, also der resultierende Gesamteindruck, ausdrückbar ist, ist der spezifische Wissensvorgang selbst "*tacit*".[23] Dies, weil unsere Aufmerksamkeit, um auf die Ebene des Gesamteindruckes zu fokussieren, von den Ausgangsdaten absieht. Ist der Gesamteindruck entstanden, so können wir nicht angeben, wie und woraus er entstand. Ein Beispiel dafür ist das Erkennen einer Stimmung an einem Gesicht, bei dem wir nicht sagen können, welchen Zeichen wir die Stimmung entnehmen.

Was sind die Gründe für unsere Unfähigkeit, die Ausgangsdaten zu nennen? Ein häufiger Grund besteht in der genannten Fokussierung der Aufmerksamkeit auf eine Ebene, die es schwierig macht, die relevanten Ausgangsdaten der anderen Ebene zu rekonstruieren. Doch selbst wenn uns dies gelingt, besteht noch ein zweites, essentielleres Hindernis für die Erklärung der Ausgangsdaten: Es liegt nicht darin, daß wir diese Daten im einzelnen nicht erkennen könnten – im Gegenteil: Auch sie können – im Zuge einer Verschiebung der Ebenen – jeweils zum fokussierten Ganzen (zum Erkenntnisziel) werden, welches wieder aus der Integration der Daten einer nächst tieferen Ebene gewonnen wird. Grund für die Unnennbarkeit der

---

22 Polanyi schreibt, der Fokus, auf den sich die Ausgangsdaten beziehen, sei ihre Bedeutung (Polanyi und Prosch 1975, S. 35). Entscheidend für diese Bedeutung ist aber vermutlich nicht nur der Fokus, sondern auch die Umgebung der anderen Daten, in die die Ausgangsdaten durch den Fokus gerückt werden.

23 Manchmal verwendet Polanyi das Attribut "implicit". Es steht dann synonym mit "tacit".

Ausgangsdaten ist vielmehr, daß sie bei einer solchen Verschiebung der Erkenntnisebene ihre Bedeutung ändern. Ihre ursprüngliche Bedeutung war in bezug auf das ursprünglich angestrebte Erkenntnisziel bestimmt worden. Werden sie nun selbst zum Erkenntnisziel, so verändert sich ihre Bedeutung, und die ursprüngliche Bedeutung bleibt, wie Polanyi sagt, "essentiell unbestimmbar".[24] (Die Bedeutungsverschiebung, die sich mit dem Wechsel der Erkenntnisebene und des Erkenntniszieles vollzieht, macht Polanyi für die Lebensferne der Wissenschaft verantwortlich.[25])
(5) Tacit knowing geschieht durch *Einfühlung* (personal indwelling). Darunter versteht Polanyi eine Ausdehnung unserer Person in eine Sensibilität für die Ausgangsdaten und eine Weise, in diesen Ausgangsdaten zu leben.[26] Mit einem Blindenstock umgehen zu lernen ist, z.B., als würde der Stock Teil unseres Körpers.[27]
(6) Die Erkenntnis durch den Integrationsprozeß des *tacit knowing* hat eine gewisse *Robustheit.* Wenn nicht (mehr) alle Ausgangsdaten in Richtung auf das gleiche Ergebnis weisen, wird dies so lange übergangen, bis sich insgesamt andere Integrationsmöglichkeiten ergeben.[28]

Soweit zu den Merkmalen des Erkenntnisprozesses, wenn man ihn wie Polanyi als *tacit knowing* versteht. Bedingt durch die Beziehung auf zwei Wirklichkeitsebenen, durch die Unnennbarkeit der Ausgangsdaten und durch den Qualitätssprung beim Ebenenwechsel unterscheidet er sich grundsätzlich von der Struktur logischen

---

24 Polanyi und Prosch, 1975, S. 39. Damit ist demnach ausdrücklich nicht gemeint, daß sie unbewußt, d.h. Bestandteil eines psychoanalytisch verstandenen "Unbewußten" wäre.

25 Polanyi und Prosch, 1975, S. 29

26 Polanyi und Prosch, 1975, S. 44

27 Polanyi, 1985, S. 24. Dort schreibt er: "In diesem Sinne könnten wir sagen, daß wir uns die Dinge einverleiben, (...) oder umgekehrt, daß wir unseren Körper soweit ausdehnen, bis er sie einschließt und sie uns innewohnen."

28 Polanyi und Prosch, 1975, S. 42. Die Frage der Widerspruchsfreiheit wird hier also relativ zum Gesamtbild beurteilt, und Widersprüchlichkeit ist für sich selbst noch kein Ausscheidungskriterium.

Schließens.[29] Ein Beweisen einer Aussage durch Verweis auf ihre Entstehung aus Prämissen ist hier nicht möglich.

Obwohl Polanyi keinen expliziten Bezug zwischen den Merkmalen des *tacit knowing* und der Struktur hermeneutischen Verstehens herstellt, sind die Ähnlichkeiten zwischen beiden nicht zu übersehen.

Wie Polanyi betont, kann man beim *tacit knowing* nicht nicht-wissen. Ein Gesamtbild kommt immer zustande. Zu sagen, man wolle das Ergebnis vorläufig offen lassen, ist hier eine sinnlose Aussage (aus der Position der traditionellen Auffassung von Wissen wäre sie dagegen möglich).[30] Wenn jedoch *tacit knowing* immer stattfindet, so stellt sich die Frage: *Gibt es beim tacit knowing ein "mehr oder weniger wissen"?*

Die traditionelle Erkenntnistheorie betrachtet Wissen als Bestand, als Sammlung von Präpositionen, die sich qualitativ u.a. durch eine möglichst große Annäherung an Wahrheit auszeichnen. In mehr Fällen der Wahrheit näher zu sein, heißt, über mehr Wissen verfügen. Den Erkenntnisprozeß selbst denkt sich die traditionelle Erkenntnistheorie als nach den allgemeingültigen, explizierbaren Regeln erfolgend.

In Polanyis Erkenntnistheorie wird der Erkenntnisprozeß dagegen

---

29 genauer: (1.) Beim tacit knowing ist im Gegensatz zum logischen Schluß ein Zurückgehen und Aufweisen des "von", d.h. der Prämissen, nicht möglich. (2.) Während beim logischen Schluß zwei explizite Erkenntnisse verknüpft werden, verbindet tacit knowing implizite Hilfsdaten und einen expliziten Gesamteindruck. (3.) Der Übergang zwischen "von" und "zu" ist bei tacit knowledge mit einer qualitativen Veränderung – der Veränderung von Bedeutung – verbunden, die das logische Schließen nicht kennt. (Siehe Polanyi und Prosch, 1975, S. 40)

Die Struktur der deduktiven Schlußform (modus ponens) möge den Unterschied verdeutlichen: Der Schluß besteht aus

Prämissen:	Beobachtungssatz	Sokrates ist ein Mensch
	Wissenssatz	Alle Menschen sind sterblich
Schlußfolgerung:		Sokrates ist sterblich

Die Wissenskonzeption des tacit knowledge geht dagegen davon aus, daß sich weder ein allgemein sinnvoller Beobachtungssatz bilden läßt noch aus der Schlußfolgerung auf die Prämissen verwiesen werden kann. Ein Wissensbestand, wie er sich im Wissenssatz ausdrückt, kommt hier nicht zur Anwendung.

30 Polanyi und Prosch, 1975, S. 42

als personenspezifische, kompetente Leistung betrachtet. Je nach der Qualität dieser Leistung weist das Resultat unterschiedliche Qualität auf. An den Wissensprozeß selbst lassen sich nur schwer Qualitätsmaßstäbe legen (evtl. Sicherheit, wenig Zögern, Gelassenheit...), die traditionellen Wahrheitskriterien jedenfalls nicht. Der Wissensprozeß kann jedoch über das Resultat beurteilt werden, z.B. Zielerreichung, hohe Konstanz, hohe Qualität des Produktes, geringer Abfall oder auch das traditionelle Wahrheitskriterium. Letzteres jedoch mit einem wesentlichen Unterschied: Der Anspruch auf größere Wahrheit kann nicht durch Verweis auf allgemein nachvollziehbare Gründe und Beweisschritte belegt werden. Dennoch, schreibt Polanyi, bestehen allgemein gültige Qualitätskriterien für den Bereich der Resultate.[31] Diese Qualitätskriterien werden nicht durch Beweis, sondern durch das Urteil der jeweils besten des Faches, der jeweiligen Experten, begründet.[32]

In der Theorie des *tacit knowing* könnte man nur von den Resultaten des Wissensprozesses sagen, daß sie einen Wissensbestand darstellen. Einen, jedoch – und hier liegt der Unterschied zur traditionellen Erkenntnistheorie –, der ohne die persönliche Vermittlung durch Meister nicht erkennbar ist, und einen, den Lernende sich nicht aneignen können. Was sie sich aneignen können, ist nicht der Wissensbestand, sondern eine Weise des Tätigseins, ein Wissensprozeß.

Wie wird tacit knowing erlernt? Wie lernt man erkennen? Da die Ausgangsdaten und die Weise ihrer Integration nicht im Detail expliziert werden können, lernt man hier durch das Beispiel, durch Demonstration und Nachahmung. Traditionell geschieht dies in einem MeisterIn – SchülerIn-Verhältnis und macht die Verbreitung dieser Kompetenz von unmittelbarem persönlichem Kontakt abhängig. Weil die Meister ihr Tun nicht explizit begründen können,

---

31 Polanyi und Prosch , 1975, S. 42/43

32 Polanyi und Prosch, 1975, S. 43: "Experten sind die anerkannten Kritiker (der jeweiligen Tätigkeiten). Wenn Personen als Experten anerkannt sind, wird von ihnen erwartet, daß sie wissen, ob bestimmte Tätigkeiten die Qualitätsstandards für gute Beispiele erfüllen." Logisch betrachtet ist diese Qualitätsbestimmung zirkulär: Experten sind die, die gut sind. Was "gut" heißt, bestimmen die Experten.

müssen die Lernenden ihnen a-priori Autorität und Vertrauen zubilligen.[33]

Das Erlernen hoher Handlungskompetenz im *tacit knowing* erfordert immer aktive Mitwirkung der Lernenden. Sie müssen lernen, sich "einzufühlen" und sich ihre Werkzeuge (seien sie manueller oder intellektueller Art[34]) "einzuverleiben". Entscheidend dafür ist nicht so sehr häufige Wiederholung als die Frage, ob ihnen "die Dinge etwas bedeuten".

Abgeleitete Fragen in bezug auf ■:

- Hilft die Konzeption des *tacit knowing*, den Dualismus zwischen Wissenschaft und Praxis aufzuheben?
- ist mit ■ ein Bestand oder ein Prozeß gemeint? Welche Konsequenzen hat dies jeweils für seine empirische Erhebung?
- Sollten wir weniger von verschiedenen *Arten* des Erkennens sprechen, sondern besser von verschiedene Theorien, wie es geschehen sollte? Gibt es verschiedene Arten des Erkennens nur insofern, als man so tut, als hätte man sich dabei an bestimmte Normen gehalten?
- Ist bei empirischer Erhebung von ■ darauf zu achten, welches jeweils der Fokus, das Handlungsziel, ist?
- Ist es zur Klärung von Spannungen zwischen WissenschaftlerInnen und PraktikerInnen hilfreich, Unterschiede in der Ebenen des jeweiligen Erkenntniszieles und Unterschiede in der Bedeutung der Ausgangsdaten hervorzuheben? Sind diese Unterschiede der Grund, warum es bezüglich bestimmter Erkenntnisziele und Ausgangsdaten bei den einen Einfühlung und verkörpertes Wissen gibt, bei den anderen nicht? Gibt es eine Form, in Wissenschaft oder Praxis tätig zu sein und diese Unterschiede zu überbrücken?
- Wann wird jemand als MeisterIn bezeichnet?
- Was genau geschieht zwischen Meistern und Schülern im Lernprozeß?

---

33 nach Polanyi, 1962, S. 53

34 So spricht Polanyi z.B. davon, daß eine wissenschaftliche Theorie ein konzeptuelles Werkzeug ist, das man inkorporiert hat, wenn man die Theorie gut anwenden kann. (Polanyi und Prosch, 1975, S. 37)

- Kann man ■✓allein erwerben?
- Kann man erst dann bei einer Person ein hohes Maß von ■✓annehmen, wenn man merkt, daß ihr "die Dinge etwas bedeuten"? Ist das wichtiger als langjährige Tätigkeit?
- ...

3. Zugang: Stilles Wissen

Bengt Molander (1992, p.15ff) unterscheidet vier Weisen, in denen Wissen als "stilles" Wissen bezeichnet werden kann:
1. In bezug auf die Nicht-Erklärbarkeit bestimmter Dinge Leuten gegenüber, die damit noch keine Erfahrungen gemacht haben (z.B. Nicht-Erklärbarkeit von Geschmack oder Gefühlen solchen Leuten gegenüber).
2. In bezug auf bestimmte, stillschweigend vorausgesetzte Annahmen (die jedoch im Prinzip artikuliert werden könnten). Häufige solche stille Vorannahmen bilden z.B. handlungsleitende Metaphern.
3. In bezug auf Kompetenzen, von denen wir nur ein indirektes Bewußtsein haben und daher nicht mehr "wissen" – und daher nicht mehr sagen können –, daß wir etwas wissen. Hier ist Polanyi's Konzeption des *tacit knowing* gemeint, also Kompetenzen, die wir uns so gut angeeignet haben, daß wir unsere Aufmerksamkeit nicht mehr auf sie – sondern über sie auf etwas anderes richten. (Z.B. Automatisierung von Bewegungen entsprechend Polanyi's Bild vom Blindenstock: Die Aufmerksamkeit wandert vom Spüren des Blindenstockes in der Handfläche zum Spüren an der Spitze des Blindenstockes.)
4. In bezug auf Kompetenzen bestimmter sozialer Gruppen oder Angehöriger bestimmter Kulturen,
- denen kein Spielraum gegeben wird, über ihre Fähigkeiten zu reflektieren;
- oder denen die Möglichkeit verwehrt wird, für ihre Kompetenzen einzustehen;
- oder denen das Recht verweigert wird, eine eigene Sprache zu entwickeln, die ihrer Tätigkeit angemessen und in dieser verwurzelt ist;

- oder die nicht angehört werden;
- oder die es zum Schutz vor Unterdrückung und Kolonialisierung vorziehen, bestimmten Menschen gegenüber zu schweigen.

Abgeleitete Fragen in bezug auf ■:
In welcher Hinsicht - wenn überhaupt - ist ■ ein stilles Wissen (nicht artikuliert)?

4. Zugang: What computers cannot do (H. und S. Dreyfus)

"Computers are ... ideal beginners."
(1986, p.63)

Die Frage, wie Menschen denken und worin ihr Wissen besteht, gewann mit der Entwicklung von Computern an Aktualität, wurde von diesen Denkmaschinen doch behauptet, sie würden allmählich das leisten können, was bisher als das Spezifische des Menschen gegolten hatte. Fragen der Programmierung des Computer"denkens" lieferten denn auch den Anstoß zu einem Neuüberdenken des Selbstverständnisses menschlichen Denkens.
In einer ersten Phase der Artificial Intelligence-Forschung ging man davon aus, daß Wissen aus regelbestimmter Ableitung von gegebenen Ausgangsdaten gebildet werde. Man versuchte, die handlungsleitenden Regeln bestimmter Tätigkeitsbereiche zu ermitteln und Computer in entsprechender Weise zu programmieren. Dieser Ansatz wurde u.a. von H. und S. Dreyfus Mitte der Achtzigerjahre[35] kritisiert: aus prinzipiellen Gründen könne menschlichem Denken auf solche Weise bestenfalls in seinen einfachsten Formen entsprochen werden. Dies zu verdeutlichen, entwickelten sie ein 5-Stufen Modell der idealtypischen Entwicklung geistiger und körperlicher Fähigkeiten vom Anfängerstadium bis zur Expertise:[36]
1. Anfängerstufe: Auf dieser Stufe lernt man die allgemein zu beach-

35 1986: Mind over Machine. Einige Argumente aus diesem Buch wurden jedoch schon vorweggenommen in H. Dreyfus (1979).

36 1986, S. 21-36. Wie weit dieses Modell empirisch entwickelt bzw. getestet wurde, bleibt unklar. Es heißt nur: "We studied the skill-acquisition process of airplane pilots, chess players, automobile drivers and adult learners of a second language and observed a common pattern in all cases." (1986, S. 20)

tenden Faktoren und die allgemeinen Regeln für das Handeln. (Beispiel: Autofahren: "Schalten sie bei 20 km/h in den 2. Gang.") Diese kontextunabhängig formulierten Vorgaben lassen wenig Entscheidungsspielraum und Eigenverantwortlichkeit. Sie ermöglichen lediglich erste Schritte im Sammeln eigener praktischer Erfahrungen.

2. *Fortgeschrittenenstufe:* Hier verfügt man über eine erweiterte Kenntnis allgemein relevanter Faktoren und über differenziertere Regelkenntnisse. Daneben hat man durch praktische Erfahrungen ihre situationsabhängige Variation kennengelernt und kann eine spezifische Situation auf die allgemein relevanten Faktoren und Regelanwendungen hin interpretieren. (Beispiel: Autofahren: Schalten bei best. Motorengeräusch und/oder best. Geschwindigkeit.) Grundlage dafür ist ein Vergleichen mit Beispielfällen. In dieser Vergleichsleistung liegt die (auf dieser Stufe noch geringe) Eigenverantwortung.

3. *Stufe kompetenten Handelns:* Zur Reduktion einer nunmehr überwältigenden Zahl potentiell als relevant erkannter Situationsmerkmale orientiert man sich auf dieser Kompetenzstufe vermehrt an Zielen und wählt für das eigene Vorgehen eine bewußte Strategie. (Beispiel: Autofahren: Variation in Fahrweise je nach Eile.) Man geht immer noch nach gegebenen Regeln vor, gewichtet jedoch nach eigenem Ermessen und plant in einer hierarchischen Entscheidungsprozedur. Wegen der Eigenverantwortung für die Planung ist man auf dieser Kompetenzstufe emotional schon stärker in die Ergebnisse involviert.

4. *Stufe des Könnens (proficiency):* Ab dieser Stufe verliert die bewußte Identifikation relevanter Situationselemente an Bedeutung. Statt dessen bringt man hier aus der Erfahrung eine bestimmte Zugangsweise und Perspektive mit, die die Situation organisiert und sie verständlich macht, ohne sie in Einzelkomponenten aufzulösen. Man sieht ein Muster. Dieses "holistische Erkennen von Ähnlichkeiten" mit früheren Erfahrungen bezeichnen H. und S. Dreyfus

(leicht irreführend) als "Intuition".[37] Sie meinen, "Intuition" ließe sich nicht durch Fakten und Schlußfolgerungen erklären, sondern entstehe aus tiefer Einbindung in die Situation und aus der Erkenntnis von Ähnlichkeit.[38] Geschieht die Situationswahrnehmung auf dieser Könnensstufe "intuitiv", so erfolgen bei der Handlungsentscheidung doch noch bewußte, analytische Überlegungen, bei denen auch gegebene Regeln zur Anwendung kommen. (Beispiel: Autofahren: Man realisiert "intuitiv", daß man zu schnell fährt und entscheidet bewußt, ob man lieber bremsen will oder herunterschalten.)

5. Stufe der Expertise (expertise): Auf dieser Kompetenzstufe erfolgen sowohl Situationswahrnehmung als auch Handlungsentscheidung "intuitiv". Man handelt spontan, ein Erwägen von Alternativen findet nicht statt. Die Fähigkeiten sind so sehr zu einem Teil der Handelnden geworden, daß sie sich ihrer gar nicht mehr bewußt sind. (Beispiel: Selbstverständliche Alltagshandlungen). Die Vermittlungsfunktion von Instrumenten verschwindet, und das Vorgehen wird unmittelbar und flüssig. (Beispiel: Autofahren: Man empfindet *sich* als fahrend, und nicht, sich als ein Auto fahrend. Beispiel Medizin: Eine Radiologin interpretiert Röntgenbilder der Lunge, so, als ob sie durch einen gläsernen Brustkorb sehen könnte.)

---

37 1986, S. 28. Irreführend meines Erachtens nach deshalb, weil üblicherweise mit Intuition nicht das Wiederauftauchen einer früher erlebten Situation bezeichnet wird, sondern eine neue Einsicht, von der man nicht sagen kann, wie sie zustandegekommen ist. (vergl. dazu C.G. Jungs Gliederung der psychischen Tätigkeitsformen (1960, S. 457ff.). Dort wird Intuition neben der Empfindung als außervernünftige Wahrnehmungsform bezeichnet (und den vernünftigen Zuordnungen von Denken und Fühlen entgegengesetzt): "Bei der Intuition präsentiert sich ein äußeres oder inneres Objekt als Gegebenheit, als Inhalt in Form eines fertigen Ganzen, von dem man nicht sagen kann, wie er zustandegekommen ist.")

Irreführend ist die Bezeichnung Intuition auch deshalb, weil sie von H. und S. Dreyfus mit "know how" synonym gesetzt und vom angeblich nicht-intuitiven, sondern regelgeleiteten "know that" unterschieden wird. In der Alltagssprache (und auch in der philosophischen Terminologie von G. Ryle) bedeutet "know how" jedoch, wissen, wie man etwas tut, und "know that", wissen, was der Fall ist. Und beide Wissensarten können "intuitiv" oder regelgeleitet zustandekommen.

38 H. und S. Dreyfus sind hier sehr vage: "Intuition is (...) the sort of ability we all use all the time when we go about our everyday tasks..." (1986, S. 29). Sie verweisen in ihrem Buch nicht auf Polanyis Konzept des tacit knowing, obwohl dies einer Klärung ihres Verständnisses von Stufe 4 und 5 sicher geholfen hätte.

H. und S. Dreyfus meinen, diese Fähigkeit beruhe auf zahlreichen Erinnerungen an typische Situationen und damit verbundene Handlungsweisen.[39] Solche Erinnerungen würden bildhafte, "holistische Repräsentationen" von Idealtypen darstellen und können nicht in Einzelelemente und Regeln aufgelöst werden. Deshalb kann man für sein Handeln nachträglich auch keine vernünftige Erklärung – im Sinne einer expliziten Beschreibung der Situation und der Entscheidungsregeln – geben. "Auf der Ebene der Expertise muß man nicht nachdenken."[40] Und wenn man es dennoch tut, so denkt man über anderes nach: über irritierende Abweichungen der gegebenen Situation von vorher erfahrenen und über eine umfassendere Standortbestimmung und Orientierung des eigenen Tuns.[41]

Die Computer der AI-Forschung anfangs der 80er Jahre wären nach diesem 5-Stufen Modell typische Anfänger, denn das Modell beschreibt menschliche Fähigkeit als Fortschritt von analytischem, distanziertem Vorgehen hin zu involviertem Vorgehen auf der Basis von Erfahrung, zu holistischem Erkennen von Ähnlichkeiten.

Insofern, als dieses Stufenmodell einen Entwicklungsprozeß nachzeichnen will, bleibt es auf Tätigkeiten beschränkt, bei deren Erlernen man von geschriebenen oder gesprochene Instruktionen ausgeht (z.B. Schach-Regeln oder evtl. Fremdsprachen-Grammatik). Berücksichtigt man auch andere Formen der Entwicklung von Kompetenz (z.B. Versuch-Irrtums- oder Nachahmungslernen von Kindern), so läßt sich das Dreyfus Modell bestenfalls als Unterscheidung verschiedener Arten von Kompetenz lesen und nicht als Modell einer Abfolge.

Seit den Achtzigerjahren hat die Artificial Intelligence-Forschung bei der Nachbildung menschlicher Intelligenz Wege eingeschlagen, die den – ehemals AI-kritischen – Vorstellungen von H. und S. Dreyfus etwas näher kommen. Hier dürften drei Forschungsrich-

39 1986, S. 32: "We doubtlessly store many more typical situations in our memories than words in our vocabularies."

40 1986, S. 31

41 Eine Kritik wie jene von Molander (1992, S. 18ff.), nach der die Konzeption von H. und S. Dreyfus das ständige Weiterlernen auch von Experten zu wenig hervorhebe, erscheint mir daher unangemessen.

tungen von Bedeutung sein:[42]

- *Programme, die Kontextspezifik berücksichtigen,*[43] in denen Objekte nicht allgemeingültig repräsentiert werden, sondern im jeweiligen Nutzungszusammenhang mit je anderer Bedeutung (z.B. statt der absoluten Grundeinheit "eine Schale" verwendet man relationale Grundeinheiten wie "die Schale, aus der ich gerade trinke"). Bei diesen Programmen hat man jedoch noch keinen Weg gefunden, die vorgegebene Vertrautheit zu reproduzieren, auf deren Basis Menschen ein Objekt in einer bestimmten Situation überhaupt als nützlich erkennen.[44]
- *Programme von der Struktur neuronaler Netzwerke:*[45] Sie sind Teil eines neuen Paradigmas der AI-Forschung, das sich an Erkenntnissen der Neuropsychologie orientiert. Wissen wird hier verstanden als Art und Weise, wie Daten miteinander verbunden werden. Lernen ist das Knüpfen neuer Verbindungen. Solche Verbindungen werden jedoch nicht mehr als Verknüpfungsregel gedacht, und man benötigt deshalb auch keine explizierbaren Handlungsregeln mehr.

In der Architektur dieser Netzwerke verschwindet die Unterscheidung zwischen Hard- und Software. Sie bestehen aus mehreren Schichten mit je mehreren parallelen "Units", die horizontal und vertikal verschieden stark miteinander verknüpft sind. In ein solches Netz werden wiederholte Male auf der einen und auf der anderen Seite simultan Daten eingespeist und die Verknüpfungsstärke der Units derart angepaßt, daß sie der Regularität (und nicht einer Regel!) der Verbindung dieser Daten entsprechen. Dies wird als "trainieren eines Netzwerks durch praktische Erfahrung" bezeichnet. Das "Wissen" ist dann in der Verknüpfungsstruktur der Units, die

42 Die folgende Darstellung faßt zusammen, wie H. Dreyfus in einem 1993 geschriebenen, ausgedehnten Vorwort zu einer Neuauflage seines Buches "What computers cannot do" die Veränderung der Situation seit seiner Erstauflage 1979 beurteilt.

43 Dreyfus verweist hier auf die Arbeiten von D. Chapman (Vision, Instruction and Action, MIT Press, Cambridge, 1991).

44 Dreyfus, 1993, S. xxxiii

45 Dazu gibt es derzeit eine Flut von Literatur. Ein Basistext, an dem sich die folgende Zusammenfassung orientiert hat, stammt von D. Rumelhart und J.McClelland, 1986.

eine Operation vollziehen, implizit gespeichert (und nicht, wie bei herkömmlichen Computern, als Programm zur Datenverbindung, das aus einem Speicher zur Prozeßsteuerung abgerufen wird), es existiert einzig in der Aktivität.

In einem solchen Netzwerk wird ein bestimmtes Objekt der Aussenwelt nicht durch eine Unit repräsentiert, sondern durch ein spezifisches Muster von Verknüpfungen zwischen vielen Units. Dadurch kann das Netzwerk auf Ähnlichkeit reagieren und man meint, damit automatisch generalisieren zu können.[46] Dadurch, daß die Teile des Verknüpfungsmusters für ein Objekt gleichzeitig auch Teile eines anderen Musters für ein anderes Objekt sein können, ergibt sich auch die Möglichkeit, daß "Lerneffekte" einander gegenseitig verstärken (während bei herkömmlichen Computern größeres "Wissen" die Prozesse eher verlangsamte).

Die Implementierung neuronaler Netzwerke steckt noch in den Kinderschuhen.[47] Eine ihrer prinzipiellen Schwierigkeiten bei der Imitation menschlicher Intelligenz liegt darin, daß sie über keine eigene Möglichkeit äußerer Erfolgskontrolle ihrer Leistungen verfügen. Deshalb konzipierte man:

- *Neuronale Netzwerke mit erfolgsverstärktem Lernen*, bei denen die erreichten Resultate verändernd auf die Vernetzungsstruktur zurückwirken. Auch hier erweist sich jedoch eine Eigenschaft menschlicher Intelligenz als unnachahmbar: Für die notwendige Bewertung der erreichten Resultate lassen sich keine allgemeinen Kriterien formulieren. Auch solche Programme sind daher auf je spezifische, externe Vorgaben dessen angewiesen, was beim Menschen durch Bedürfnisse oder Wünsche immer schon gegeben ist.

Insgesamt gibt H. Dreyfus auch diesen neuen Richtungen der Suche nach computerisiertem "Denken" keine Chance. Dagegen ist ihnen die Chance, quasi nebenbei ein besseres Selbstverständnis menschlichen Denkens hervorzurufen, sicher nicht abzusprechen.

46 Da sich hierbei jedoch die Notwendigkeit definitorischer Festlegung nur verschiebt - und zwar auf die Spezifikation der Teilaspekte eines Objektes (zumindest diese müssen ja einer Input-Unit zugeordnet sein), erscheint mir echte Generalisierung hier unmöglich.

47 Rumelhart und McClelland, 1986, S. 13

Abgeleitete Fragen in bezug auf ■:

- Ist mit ■ etwas gemeint, das im Dreyfus-Modell auf der Stufe der Expertise liegt?
- Ist ■ als logische, regelbestimmte Ableitung aus Einzeldaten beschreibbar?
- Ist ■ durch einen Wissensbestand beschreibbar, oder liegt das ■ eher in den geistigen und körperlichen Verknüpfungsleistungen (Assoziationen) im Prozeß des Handelns?

STOPP!

C: Ich habe das Gefühl, Dagmar, du redest viel klarer als du schreibst. Ich habe immer Mühe mit deinen Texten.
D: Und wenn ich erzähle, dann ist es klarer?
C: Mir ging das so: Diesen Beginn von den vielen Zugängen, den fand ich toll. Wie du das entwirfst mit der schwarzen Katze, das Bild, das lebt so... Und ich weiß, wie ich dann, mit Begeisterung quasi, denke, so, jetzt geh ich in Nummer eins, und dann merke ich, wie ich am Anfang noch das Feuer halte, aber wie es dann mehr und mehr ausgeht. Also ich steig aus! Ich steig nach dem dritten Absatz einfach aus!
D: Also beim Schreiben werden die Texte irgendwie dichter, das ist klar. Aber ... Das sagen mir viele Leute, daß sie aussteigen... (längere Pause)
C: Du kannst ja einmal fragen, wie würdest du sowas schreiben, wenn du es deiner Mutter erklären müßtest.
D: Solche Texte sind nicht aufgerollt entlang von dem, wie ich sie jemandem erklären würde. Sie sind eher ein Versuch, in kondensierter Form ein Thema in eine Systematik zu bringen. Während, wenn ich dir das erzähle, dann ...
C: ...kommt die Chronologie von Verständnis hinein.
D: Ja.
P: Es ist ein anderes Herleiten: Du stellst es von der Sache her dar und nicht, wie du es gedacht hast.
D: Ja, und die Zeitstruktur gibt es in dem gar nicht mehr, sondern, besonders durchs Arbeiten mit Computer, mit dem Überschreiben und so: Alle Mißverständnisse, die ich im Laufe der Entwicklung gehabt habe – die vielleicht für den anderen wichtig wären nachzuvollziehen – sind da schon korrigiert und haben dazu geführt, daß ein Satz so formuliert ist und nicht anders.

C: Das macht natürlich den Unterschied aus, zwischen mündlich und schriftlich, also Gespräch und Lektüre, aber ich denke...
D: Man kann auch in Erzählform schreiben, dann ist es nicht so...
U: Und was auch der Fall ist: Hier kommst du *nicht mehr im Text vor, explizit.*
D: Implizit komme ich natürlich drinnen vor, weil ich ja die Auswahl gemacht habe.
P: Ja, eben nicht explizit...
D: Ja. Ich bin nicht mehr sichtbar.
C: Und deine Zugänge sind dann eben auch keine Zugänge, sondern Standbilder. Das, was vorher ein Fluß war, das wird dann wie gemauert.
U: Und auch, wenn man sagt, Wissen ist ein Prozeß... Dieter Steiner sagt, Wahrheit ist etwas, das entsteht im Moment zwischen dir und mir. Und später ist wieder eine andere Wahrheit und wieder eine andere. Von dem her gibt es kein, "so ist es jetzt". Und dein Text ist natürlich schon sowas, oder?
D: Nein, glaub' ich nicht. Weil da entsteht das Wissen in dem Moment, wo du ihn liest...
U: Ich verstehe *diese Texte eben gar nicht. Ich weiß gar nicht, worum es geht. Also... Ich denke, ich bin einfach zu dumm dazu. (lacht)*
C: Das denke ich natürlich auch.
U: Also der Dialog ist abgebrochen... Es gibt z.B. Wörter, die so abstrakt sind, daß ich absolut keine Vorstellung haben kann, was es sein könnte.
D: Sag mir einmal...
C: Da, beim vierten Zugang, bei Dreyfus: "die überwältigende Zahl potentiell als relevant erkannter Situationsmerkmale"
U: Das ist für mich unverständlich. Da entstehen bei mir keine Bilder. Ich weiß nicht, was das heißt.
D: Hm.
C: Ich könnte nicht einmal sagen, was deine Frage ist, bei den Texten. Du sagst zwar, gut, die schwarze Katze ist ja noch nicht da, aber das ist es nicht. Es ist... man wird da, wie – nicht in die black box, sondern – in den black Keller geführt, und steht dann da ohne Licht und hat dann irgendwie nur so relativ unheimliche Eindrücke (alle lachen).
P: Eben, es ist auch die Frage, für wen du das schreibst. Wer ist das, der das verstehen soll? Die, die geübt sind, philosophische Literatur zu lesen, die dieses Erfahrungswissen haben? Dann ist es wahrscheinlich genau richtig. Aber wenn du den Anspruch hast, daß auch andere Leute das nachvollziehen können, mußt du deine Erfah-

rungen vermitteln. Dann kommt das mit Geschichtenerzählen hinein.
D: Also im Grunde genommen schreibe ich für mich. Also ich setze mich z.B. jetzt zwei Wochen mit dem Polanyi auseinander, und der Text ist dann das Kondensat von diesem Prozeß.
C: Ich dachte, du hättest das für uns geschrieben?!
D: Also man macht doch viele Sachen für sich, und es hat noch einen Effekt für andere, oder?
C: Ich denke, da ist schon noch ein Unterschied: Schreibst du etwas für dich, oder versuchst du, jemandem etwas zu erklären?
U: Also du wolltest ja den Inhalt von 100 oder ich weiß nicht wie vielen Seiten für uns zusammenfassen, damit wir das nicht mehr lesen müssen. So gesehen hast du das vielleicht schon auch für uns gemacht. Aber daß es nicht mehr verständlich ist, das ist dann....
D: Ja, und ich habe mich auch bemüht, das, was z.B. beim Polanyi über verschiedene Texte verteilt ist und auch verworren ist – weil 2 Jahre später hat er sein Konzept noch modifiziert, und das bringe ich dann da gleich noch hinein – also das in eine Art von Gliederung zu bringen. In der fasse ich das Wesentliche zusammen, indem ich sage, z.B. tacit knowing hat sechs verschiedene Merkmale, und dann liste ich sie auf, 1-6 so. Also von dem her, denke ich mir, ist das für jemand anderen leichter verständlich.
P: Ja. Auf der Ebene schon. Ich denke auch, da ist wahnsinnig viel Information drinnen, aber eben zwischen den Zeilen.
D: Ja. Das ist, wie wenn es ganz verdichtete Information wäre, und man braucht irgendwas, um das wieder... Ja so wie Dicksaft, zu dem man erst Wasser dazuschütten muß, so. – Und mir ist nicht klar, daß nicht alle Leute über das Wasser verfügen, um aus dem wieder einen genießbaren Saft zu machen. Weil mir das Wasser hier so selbstverständlich ist.
P: Ja. Das ist deine Erfahrung.
D: Genau. Und ich müßte diese Erfahrung nicht voraussetzen, wenn ich probieren würde, das mehr zu erzählen, so wie du gesagt hast. Ich versuche es auch gerne mal, aber ob ich das.... Ich stelle mir vor, das schaffe ich dann überhaupt nie auf zwei Seiten oder auch nicht auf drei.
C: Du müßtest vielleicht nochmals anders herangehen. Ich denke, es käme wieder eine andere Konzentration heraus. Ich denke, es geht. Also, wenn ich so...
D: Ich muß es ausprobieren. Weil ich merke, ich habe Angst, daß ich es dabei ungerechtfertigt vereinfachen muß.
C: Ich bin überzeugt, daß gut erzählen überhaupt nicht weniger präzis sein muß.
P: Ganz genau.

D: Hm. Und es hätte auch den Vorteil, daß die eigene Person dann explizit hineinkommt, und dann müßte ich von der Unmöglichkeit von Objektivität gar nicht mehr schreiben.
U: Und eben, wegen der Länge: Wie du es uns erzählt hast, hast du sicher nicht mehr als 10 Minuten gebraucht, mir das verständlich zu machen.
D: Es kann auch sein, daß ich solche Texte schreiben muß, damit ich es dir nachher in 10 Minuten erzählen kann, also daß der Fehler darin besteht, daß ich euch ein Zwischenprodukt gebe...
U: Das kann auch sein.
D: Aber ich kann mir den ersten Schritt nicht ersparen.
C: Das ist ja noch dein Begreifensprozeß.
D: Und immer eine bessere Version machen und umschreiben, das ist für mich die Empirie, sozusagen. Da zeigt es sich dann für mich, ob ich's verstanden habe oder nicht, je nachdem, ob es dann zusammenpaßt. – Also ich probier's mal.
C: Weißt du, es macht mir ja auch ein komisches Gefühl, wenn ich sehe, wie du dich durch das durchackerst und versuchst, so ein Konzentrat herzustellen, und ich komm dann nicht mit.
D: Aber das finde ich komisch: Wenn euch das Wasser zu meinem Dicksaft fehlt, läuft das bei euch gleich als: Ihr seid zu dumm dafür.
C: Es ist ja der Dialog zwischen uns unterbrochen, wenn die andere das nicht versteht, obwohl sie sich Mühe gibt.
D: Nach meinen Kriterien habe ich mir auch total Mühe gegeben, das verständlich zu machen!
P: Da kommt ein Ärger, wahrscheinlich.
D: Ja! Einfach weil es ein zusätzlicher Haufen Arbeit ist. Und wenn ich nicht wüßte, daß ich es euch erzählt habe, und da habt ihr etwas damit anfangen können, dann würde ich überhaupt sagen, ja wie soll ich das überhaupt mitteilen, damit ihr das einmal versteht! – Also ich merke, bei mir ist da schon so eine Ärger-Komponente...
C: Mhm!
D: Scheiße, jetzt sollen sich die doch das Wasser besorgen, warum muß ich immer alles!
U: Ja eben, das ist genau die Frage: Was ist denn das Wasser? Also offensichtlich ist es etwas, das ich nicht habe. Es ist immer noch defizitär definiert.
P: Für mich ist es es aber nicht so. Für mich ist es nicht defizitär. Ich habe mir nicht gedacht, ich bin zu dumm.
C: Aber es ist viel zu theoretisch. Mir ist es ist viel zu abstrakt. Ich kann sagen, ich habe keine Lust, mich auf dem Niveau über das Thema auseinanderzusetzen.
P: Für mich ist es die gleiche Auseinandersetzung, wie wir mit der

Wissenschaft haben oder ich jetzt mit der Hochschule. Und es ist deine (D) Konfrontation mit einer Praxis. Und das ist ärgerlich, ja.
D: Das "Wasser", das wären Sachen, die man selber schon erlebt hat und die man sich selber schon gedacht hat und die man dann mit dem, was jetzt dasteht, verknüpfen kann, damit es lebendig wird...
U: Also mir kommt auch in den Sinn...
D: Es ist *nämlich nicht theoretisch! An sich. – Es ärgert mich auch immer, wenn die Leute sagen, mein Zeug ist theoretisch oder zu theoretisch für sie, weil die Leute, die ich langweilig finde, die an der Uni hocken, die lesen das und sagen, ja, gut. Und die Leute, die ich spannend finde, mit denen ich eigentlich kommunizieren will, die sagen, es ist theoretisch und sie fühlen sich dumm dabei. Das frustriert mich. – Das kommt wie als ein Vorwurf zu mir: Das, was ich mache, wäre zu abstrakt oder zu kopfschwer oder zu irgendwas...*
U: Nachher kommt der Vorwurf zurück, du bist zu dumm...
D: Den mache ich aber nicht!
U: Oder: Dir fehlt das Wasser.
C: Vorher hast du schon gesagt, du wirst wütend, weil wir die Arbeit nicht leisten wollen.
D: Nein. – Ja. Auch (alle lachen).
C: Hm, hm
D: Aber auch, weil ihr mich unrecht beschuldigt, weil das eben nicht *theoretisch ist.*
U: Für mich schon. Es ist für mich wirklich, wie wenn man chinesisch redet.
C: Das hat auch wieder mit..., ja, also Macht kommt herein, oder?
D: Ja, aber es kommt auch herein, daß ich mir Mühe gegeben habe, und daß ich will, daß sich jemand anderer, sagen wir, 10% von der Mühe von mir damit gibt und nicht erwartet, daß das ein Fertiggericht ist.
C: Aber das Ergebnis ist doch kein Fertiggericht!
U: Ich kann 1/2 Stunde an einem chinesischen Text sitzen, und ich verstehe ihn nicht!
P: Du hast dir keine Mühe bei dem Text gegeben, das kann man ja auch sagen. Für jemanden, der die Erfahrung noch nicht hat, hast du dir keine Mühe gegeben. Du hast den Anspruch, daß man auf der gleichen Schiene denken muß wie du, wenn man es verstehen will. Das kannst du vielleicht für eine Vorlesung, aber ...
D: Da haben die Studenten in der Vorlesung wahrscheinlich ein ähnliches Problem. Nur: Die denken sich sogar noch mehr, sie sind dumm. Das ist ja genau das, was ich nicht will! Also, ich möchte.... Ich sehe ja, daß in der Schweizer Schulbildung am Ende alle so herauskommen, daß sie denken, sie sind dumm. Und ich möchte

gerne die Vorlesungen so machen, daß das Gegenteil passiert!
U: Und Wissen kann ja auch nur hervorkommen, wenn kein Streß ist, "ich kann's nicht" oder "ich bin zu dumm", sondern wenn man Fehler machen darf, wenn es einem wohl ist.
D: Ja. Da liegt es dann an euch, daß ihr, wenn ihr so einen Text seht, nicht sofort auf Streß schalten müßt. Und es liegt an mir, daß ich nicht mit einer solchen Selbstverständlichkeit meine Ebene als die Ebene setzen kann, auf der ihr euch auseinandersetzen müßt. – Also ich probiere es einmal mit dem Erzählen.
...

5. Zugang: Erfahrung erzählen (W. Benjamin)

In diesem fünften Zugang zu der Kohlenkiste mit den Wissensvorstellungen möchte ich zusammenfassen, was Walter Benjamin über "Erfahrung" und insbesondere die Mitteilung von Erfahrung schreibt. "Es ist", schreibt er, "als wenn ein Vermögen, das uns unveräußerlich erschien, das Gesichertste unter dem Sicheren, von uns genommen würde. Nämlich das Vermögen, Erfahrungen auszutauschen." Das hängt damit zusammen, "daß es mit der Kunst des Erzählens zu Ende geht".

In seinem Text über den russischen Erzähler Nikolai Lesskow[48] bindet Benjamin die Mitteilbarkeit von Erfahrungen an die Form der Erzählung, an die epische Form im engeren Sinn. Darin unterscheidet er sie von zwei anderen Formen menschlicher Mitteilung, vom Roman und von der Information. Die Erfahrung, meint Benjamin, hat in diesem Jahrhundert an Wert verloren, sie wurde Lügen gestraft durch Weltkrieg, Inflation und politische Gewalt. In einer solchen Welt "wissen wir uns und anderen keinen Rat", und "Rat wissen" ist nach Benjamin für die Kunst des Erzählens zentral. Ich möchte hier nicht diskutieren, wie weit Benjamins Diagnose des Zustandes der heutigen Welt zutrifft. Statt dessen lese ich seinen Text mit der Frage, weshalb er die Mitteilbarkeit von Erfahrung an die Form der Erzählung knüpft, bzw. was die Erzählung zum Unterschied von Roman oder Information an sich hat, das sie für die

48 Benjamin, W., 1977, Der Erzähler. In: Ges. Schriften, Bd. 2/2, S. 439-465, Suhrkamp, Frankfurt. Alle hier zitierten Stellen stammen aus diesem Text.

Mitteilung von Erfahrung besonders geeignet macht.

Eben, zunächst einmal, daß die Erzählung "Rat weiß". Dies, weil Rat weniger die Antwort auf eine Frage ist, als ein Vorschlag für die Fortsetzung einer begonnenen Geschichte. Weiser Rat steht nicht isoliert, sondern ist "in den Stoff des Lebens eingewebt". Dieses Weben ist Erzählen.

Anders als der Roman, der auf das Buch angewiesen ist, kommt die Erzählung aus mündlicher Tradition. Sie entsteht in der Begegnung mehrerer Menschen und nimmt gemeinsame Anliegen auf. Dagegen ist "die Geburtskammer des Romans das Individuum in seiner Einsamkeit, das sich über seine wichtigsten Anliegen nicht mehr exemplarisch auszusprechen vermag". In dieser Einsamkeit bemächtigt sich das Individuum des Stoffes, verschlingt ihn. Benjamin erklärt dieses verzehrende Interesse der Leser am Roman durch die Anziehungskraft seines Endes. In der Konzeption des Romans erhält das in ihm Vermittelte seinen Sinn erst durch sein Ende. Der Sinn des Lebens des Helden kann erst durch und nach dessen Tod erkannt werden. Anders in der Erzählung: Das Erzählte bleibt immer unabgeschlossen. "Und wenn sie nicht gestorben sind, so leben sie noch heute." An jeder Stelle der Geschichte könnte man, apropos..., mit der Erzählung einer neuen Geschichte beginnen. Deshalb kann Benjamin sagen, die Erzählung vermittle das "Bild einer Kollektiverfahrung", für die jeder individuelle Tod keinen Anstoß und keine Schranke darstellt.

Andere Merkmale der Erzählung erscheinen, wenn man sie mit der Mitteilungsform der Information kontrastiert. Für diese Form, die besonders durch die Presse etabliert wurde, ist Plausibilität unerläßlich. Nichts darf, wie in der Erzählung, merkwürdig sein oder gar bleiben. Im Zeitalter der Information erreicht "uns keine Begebenheit mehr, die nicht mit Erklärung schon durchsetzt wäre". In der Erzählung, meint Benjamin, ist das anders: "Es ist nämlich schon die halbe Kunst des Erzählens, eine Geschichte, indem man sie wiedergibt, von Erklärungen freizuhalten." Den Lesern ist freigestellt, sich die Sache zurechtzulegen, wie sie sie verstehen, "und damit erreicht das Erzählte eine Schwingungsbreite, die der Information fehlt". Dies erklärt, weshalb Erzählungen nicht veralten: "Sie verausgaben sich nicht" wie Informationen, die ja ohne Aktualität wertlos sind.

Je eher sich die Erzählung von Erklärungen freihält, je weiter sie auf psychologische Schattierungen verzichtet, "desto vollkommener bildet sie sich der eigenen Erfahrung (der Hörenden) an" und desto lieber wird sie schließlich weitererzählt. Für Benjamin ist Erzählen, das Bilden von Geschichten aus Geschichten, ein Handwerk. Er vergleicht es mit Valéry's Bild von Lackarbeiten, bei denen eine ganze Reihe dünner Schichten übereinandergeleget werden. Dabei kommt es in der Schichtung vielfacher Nacherzählung nicht darauf an, die Sache "an sich" zu überliefern und die Objektivität einer Information anzustreben. Die Erzählung "senkt die Sache in das Leben des Berichtenden ein, um sie wieder aus ihm hervorzuholen. So haftet an der Erzählung die Spur des Erzählenden" und drückt sich oft noch dadurch aus, daß zu Beginn die Umstände dargestellt werden, unter denen er sie erfahren hat.

Abgeleitete Fragen in bezug auf [redacted]:
- Heißt [redacted] "Rat wissen"?
- Teilt sich [redacted] in erzählerischer Form mit? (Ist das, was sich in erzählerischer Form mitteilt, unser gesuchtes [redacted]?)
- In welcher Art und Weise ist [redacted] und seine Weitergabe an konkrete gesellschaftliche/historische Umstände gebunden?
- Werden bei Mitteilung von [redacted] Erklärungen gegeben, oder wird Raum für je angepaßte Erklärungen gelassen?
- Wird die Allgemeinheit und Anerkennung von [redacted] durch explizite Definition oder durch gegründete Offenheit geschaffen?

6. Zugang: Wissen in der alltäglichen Lebenswelt (A. Schütz)

Alfred Schütz ist einer der Gründungsväter des sogenannten "verstehenden Ansatzes" in den Sozialwissenschaften. Im Kern dieses Ansatzes liegt die Auffassung, daß die Grundelemente unseres Erlebens nicht Objekte sind, sondern sinnerfüllte Erfahrungen.[49] Wirklichkeit

49 D.h. in der Auffassung dieses Ansatzes setzt sich die erlebte Wirklichkeit nicht aus der ontologischen Struktur ihrer Objekte zusammen, sondern wird durch den Sinn

ist kein System lebender und toter Dinge, sondern ein Sinnzusammenhang. Die Erklärung gesellschaftlicher Phänomene durch eine Rekonstruktion des je spezifischen Sinns, den die Beteiligten ihren Handlungen beimessen, bildet denn auch den zentralen Forschungsbereich in diesem Ansatz. In Schütz's meist erst nach seinem Tod (1959) erschienenen Arbeiten geht es vor allem darum, die Grundbegriffe für solche Forschung zu erarbeiten. So entwickelt er allgemeine Konzepte, mit denen die Strukturen der Alltagswelt und des alltäglichen Handelns erfaßt werden können. Dabei werden auch die von uns im Alltag verwendeten Denk- und Wissensformen beschrieben und mit den Denk- und Wissensformen der Wissenschaft verglichen. Könnte dies bei der Klärung von ■ helfen? Könnte mit ■ gemeint sein, was Schütz "lebensweltliches Wissen" nennt? Dem will ich nachgehen:[50]

Schütz spricht nicht von Alltag, sondern von *alltäglicher Lebenswelt.* Das ist der Wirklichkeitsbereich, "den wache, normale Erwachsene in der Einstellung des gesunden Menschenverstandes als schlicht gegeben (selbstverständlich – D.R.) vorfinden".[51] Neben der alltäglichen Lebenswelt gibt es noch andere Wirklichkeitsbereiche, z.B. die Traumwelt, die Welt religiöser Erfahrungen, ... oder auch die Welt der Wissenschaft.[52] Die verschiedenen Wirklichkeitsbereiche beeinflussen einander gegenseitig. Als jener Bereich, der von allen (psychisch gesunden) Menschen geteilt wird, in dem wir kommunizieren und in dem wir körperlich handeln, kann jedoch die alltägliche Lebenswelt als der grundlegendste Wirklichkeitsbereich betrachtet werden.

---

unserer Erfahrungen gebildet. Vergl. A. Schütz, 1974: Der sinnhafte Aufbau der sozialen Welt. Eine Einleitung in die verstehende Soziologie. Suhrkamp, Frankfurt.

50 Ich berücksichtige dabei insbesondere das von Thomas Luckmann nach den Notizbüchern von Schütz zusammengestellte Buch "Strukturen der Lebenswelt. Band 1" (1979), sowie die im 2. Band dieses Buches (1984) in Anhang gedruckten Notizbücher von A. Schütz.

51 1979, S. 25

52 Unter der Welt der Wissenschaft versteht Schütz nicht die Welt der gesellschaftlichen Institution "Wissenschaft" (Akademia), sondern die Denkwelt, den Wirklichkeitsbereich der theoretischen Einstellung, "wissenschaftliches Theoretisieren" (1984, S. 395).

In jedem Wirklichkeitsbereich erleben und erkennen wir die Welt auf andere Weise. Man kann deshalb sagen, daß es der *Erlebnis- bzw. Erkenntnisstil* ist, der den Unterschied zwischen – und die Einheit innerhalb - von Wirklichkeitsbereichen bildet und sie zu je selbstständigen Sinngebieten macht.[53] Der Übergang von einem Sinngebiet, bzw. Wirklichkeitsbereich zum anderen ist deshalb für unser Bewußtsein auch mit einem Sprung verbunden (z.B. Aufschrecken aus Tagtraum oder Versenken in wissenschaftliche Arbeit). Was in einem Wirklichkeitsbereich miteinander verträglich ist, kann in einem anderen widersprüchlich sein (z.B. Zusammenhänge im Traum vs. in alltäglicher Lebenswelt).

Im folgenden möchte ich Schütz's Beschreibung der Erlebnis- bzw. Erkenntnisstile von *alltäglicher Lebenswelt und Welt der (traditionellen[54]) Wissenschaft* anhand von sechs Merkmalen miteinander vergleichen:[55]

1. Ziele: Im Wirklichkeitsbereich der alltäglichen Lebenswelt geht es darum, dringende praktische Probleme (Widerstände der Außenwelt) zu überwinden. Die Wissenschaft geht von Problemen aus, die dort ungelöst bleiben. Im Gegensatz zur Lebenswelt strebt man in der Wissenschaft jedoch nicht nach einer Veränderung der Welt, sondern danach, sie zu beobachten und womöglich zu verstehen.[56] Dies bedingt eine "gewisse Abkehr vom Leben".[57] Sie wird dadurch verstärkt, daß wissenschaftliche Handlungen widerrufbar sind, d.h. ausgestrichen werden können.

---

53 1979, S. 49ff

54 Was hier von Schütz beschrieben wird, ist der Erkenntnisstil im traditionellen Selbst-Verständnis der Wissenschaft. "Traditionell" ist eine Hinzufügung von mir, derer ich mich nicht enthalten kann. Sie gilt als optimistische Einschränkung auch in der Folge.

55 Ein solcher Vergleich wurde von A. Schütz nur punktuell (siehe Zitate), nicht systematisch, angestellt. Für den Wirklichkeitsbereich der Wissenschaft greife ich auf einige Abschnitte der originären Notizbücher (im Anhang von Schütz/Luckmann 1984) zurück, da die entsprechenden Passagen in der Buchzusammenstellung von Th. Luckmann (Schütz/Luckmann 1979) ausgelassen wurden.

56 1984, S. 396. Wenn wissenschaftliches Handeln nicht auf Wirken, d.h. Eingreifen in äußere Welt, ausgerichtet ist, so basiert es doch darauf (z.B. Erheben, Experimentieren) und kann nur durch Akte des Wirkens mitgeteilt werden.

57 1984, S. 397

2. Die vorherrschende Form des Handelns: In der alltäglichen Wirklichkeit ist sie das körperliche Eingreifen in die Außenwelt (Wirken), in der wissenschaftlichen Welt sind es die Denkakte. In beiden Bereichen ist das Handeln an Gründen und an Zielen orientiert.[58]
3. Was ausgeklammert wird: Im Gegensatz zur wissenschaftlichen Welt werden in der alltäglichen Lebenswelt der Zweifel an der Existenz der äußeren Welt und die Frage, ob die Welt anders sein könnte, als sie scheint, ausgeklammert.[59] Dagegen klammert der Erlebnis- bzw. Erkenntnisstil der wissenschaftlichen Welt die körperliche Existenz und die praktischen Lebenserfordernisse der denkenden Person aus.[60] Diese versucht, von ihrer spezifischen psychophysischen Existenz abzusehen, d.h möglichst keinen Körper, keine Bedürfnisse und keine Geschichte zu haben.[61]
4. Die Selbst-Erfahrung der Handelnden: In der alltäglichen Welt erfährt man sich im doppelten Rahmen von sozial bestimmten Rollen einerseits und freiem Ich andererseits."[62] Dagegen erlebt man sich in der wissenschaftlichen Welt als "Wissenschaftler(in?)", d.h. als anonymes, universales Subjekt.[63]
5. Die Raum/Zeitstruktur des Wirklichkeitsbereiches: Die alltägliche Lebenswelt ist geprägt durch den Raum in (aktueller und potentieller) körperlicher Reichweite sowie durch die räumliche Wirkzone

---

58 D.h. in beiden Fällen bestehen "Um-zu"- und "Weil"- Motive.

59 1979, S. 63

60 Schütz meint hier insbersondere ein Absehen vom Versuch, "die Welt zu meistern, Hindernisse zu überwinden, Projekte zu entwerfen und durchzuführen", der seiner Meinung nach durch die "Fundamentalangst", die Angst vor dem Tod, bewirkt wird. Er meint, das Betreten des Wirklichkeitsbereichs der Wissenschaft wäre zwar von dieser Fundamentalangst motiviert (Engel haben es nicht nötig, zu philosophieren), das Agieren innerhalb dieses Bereiches sei jedoch nicht mehr von ihr geprägt. (1984, S. 383 und S. 397) Ich verstehe Schütz's Aussagen hier als Beschreibung von Wissenschaft als kulturelles Phänomen. Im individuellen, psychischen Bereich einzelner WissenschaftlerInnen spielen sicher auch noch andere Bedürfnisse eine motivierende Rolle.

61 Dieser Darstellung der wissenschaftlichen Wirklichkeit scheint eine dualistische Trennung von Geist und Körper zugrundezuliegen. Ich bin nicht sicher, ob sie sich durch eine Betonung der Einbettung der Wissenschaft in der Lebenswelt entschärfen ließe.

62 1979, S. 63

63 1979, S. 53

und die allgemeine Standardzeit (Weltzeit). Dagegen spielen für den Raum des Wirklichkeitsbereiches der wissenschaftlichen Welt (mangels eines Körpers) die körperliche Reichweite und Wirkzone keine Rolle. Die Zeit, die in diesem Wirklichkeitsbereich herrscht, steht außerhalb der Standardzeit und außerhalb der verschiedenen Zeitperspektiven der Gesellschaftlichkeit.[64]

6. Die Form der Sozietät: Während man im Wirklichkeitsbereich der wissenschaftlichen Welt einsam ist (in eigener Zeit, und absehend von sozialem und physischem Umfeld), wird die alltägliche Lebenswelt als genügend gemeinsam betrachtet, um Kommunikation und Handeln mit anderen Menschen prinzipiell für möglich zu halten.[65]

Aus ihren jeweiligen Erfahrungs- und Erkenntnisformen ergibt sich die *Art und Struktur des Wissens* – Schütz spricht vom "Wissensvorrat"[66] – in den einzelnen Wirklichkeitsbereichen des Menschen. Schütz's Darstellung konzentriert sich hier auf die Art und Struktur des Wissens *im Wirklichkeitsbereich der alltäglichen Lebenswelt.* Ihren allgemeinen Aufbau in Ebenen (A) und die Ordnung der Wissensinhalte darin (B) beschreibt er wie folgt:

A. Der allgemeine Aufbau des lebensweltlichen Wissensvorrats:

Sein Inhalt ist nach Schütz grob schematisch aus drei Ebenen aufgebaut, aus der Ebene seiner Grundelemente, der Ebene des Gewohnheitswissens (auch als Routinen bezeichnet) und der Ebene der sachlichen Teilinhalte. Dabei bilden die grundlegenderen Ebenen die Basis oder den Rahmen für die Teilinhalte der höheren.

1. Grundelemente: Z.B. das Wissen, daß jede Situation durch äußere zeitliche, räumliche und körperbedingte Rahmenbedingungen begrenzt wird[67] und daß auch die subjektive Erfahrung der Situation

64 1984, S. 401. Bisherige Erfahrungen und der offene Horizont des zu lösenden Problems bilden die Vergangenheit bzw. Zukunft. "Das theoretisierende Ich kann keine lebendige Gegenwart mit anderen in einer reinen Wir-Beziehung teilen." (ebenda)

65 1979, S. 53

66 Bemerkenswert scheint mir, daß Wissen von Schütz eindeutig als Bestand betrachtet wird und nicht als Qualität eines Prozesses.

67 Dazu gehört z.B. das Wissen, daß man nicht an zwei Orten zugleich sein kann, das Wissen, daß es unumkehrbare zeitliche Reihenfolgen gibt und unverschiebbare Notwendigkeiten (Dringlichkeit).

jeweils begrenzt ist.[68] Dieses Wissen ist eine Grundbedingung für Erfahrungen und wird in jeder Situation automatisch (ohne Aufmerksamkeit zu erfordern) angewandt.

2. Gewohnheitswissen: Zu diesem zählt Schütz ein ganzes Spektrum automatisierter körperlicher und intellektueller Kompetenzen. Er gliedert sie[69] in (a) *Fertigkeiten,* die gewohnheitsmäßigen Funktionseinheiten der Körperbewegung wie z.B. Gehen oder Schwimmen zugrundeliegen[70]; (b) *Gebrauchswissen,* das auf Fertigkeiten beruht und hinter alltäglichen Verrichtungen wie Telephonieren oder Lesen steht; und (c) *Rezeptwissen,* das eher automatisierte kognitive Fähigkeiten beinhaltet (z.B. Spurenlesen von Jägern). Die Trennungen zwischen diesen Bereichen sind unscharf.

3. Spezifische Teilinhalte: Ihr wesentlicher Unterschied zu den vorhergehenden Ebenen des Wissensvorrates besteht darin, daß sie überlegt – und nicht automatisch – angewandt werden. Je nach der Häufigkeit, Nähe und Erlebnistiefe der Erfahrungen, die zu diesem Wissen geführt haben, ist dieses von unterschiedlicher Qualität: Es kann mehr oder weniger Glaubwürdigkeit, Bestimmtheit und Vertrautheit ermöglichende Typik besitzen. Hohe *Glaubwürdigkeit*[71] hat ein Wissen, wenn es von einer "Autorität" übernommen wurde oder wenn es auf eigenen Erfahrungen, die sich schon oft bewährt haben, beruht. Hohe *Bestimmtheit*[72] weist das Wissen über ein Thema dann auf, wenn es viele genaue Bestimmungen enthält, d.h. wenn es das Thema sehr differenziert und detailliert ausleuchtet und erklärt. *Vertrautheit* ist genau genommen kein Merkmal des Wissensvorrates, sondern ein Merkmal der Wahrnehmung.[73] Eine Situa-

---

68 1979, S. 136ff.

69 1979, S. 140ff.

70 Die anfangs dieses Kapitels als Beispiel erwähnten "geschlechtsspezifischen Verhaltensweisen" könnten hier eingeordnet werden.

71 1979, S. 198ff.

72 1979, S. 185ff.

73 Vertrautheit ist ein Merkmal der Wahrnehmung, das sich aus dem Verhältnis zwischen Wissensbestand und Situation ergibt. Mit dieser Beschreibung gehe ich über Schütz/Luckmann hinaus. Sie erscheinen mir unklar, indem sie Vertrautheit einerseits als Merkmal eines Wissenselementes bezeichnen (1979, S. 178), andererseits aber die

tion wird als umso vertrauter wahrgenommen, je eher sie dem Vorwissen entspricht, d.h. je besser sie in die typischen Kategorien paßt, nach der das Wissen gegliedert ist. Geringe Bestimmtheit schließt hohe Vertrautheit nicht aus.

B: Die Ordnung innerhalb des Gewohnheitswissens und des spezifischen Wissens im lebensweltlichen Wissensvorrat:

1. Der lebensweltliche Wissensvorrat eines Menschen ist *an Situationen geknüpft*, und zwar von seiner Entstehung her (situationsspezifische Erfahrung), von seinem inneren Aufbau her (Gliederung nach typischen Situationen) und in bezug auf seine Ausrichtung (pragmatische Situationsbewältigung).[74]

2. Das lebensweltliche Wissen ist ein Vorrat *sedimentierter Erfahrungen*, und zwar sowohl eigener Erfahrungen als auch erfahrener Erfahrungen anderer Menschen. Sie dienen als Bezugsschema des Verständnisses jeder neuen Situation: "Jedes lebensweltliche Auslegen ist ein Auslegen innerhalb eines Rahmens von bereits Ausgelegtem."[75] Erfahrungen entstehen nach Schütz durch Aufmerksamkeitszuwendungen, durch "Rastplätze im Bewußtseinsstrom", und sind polythetisch, d.h. aus vielen Setzungen aufgebaut.[76]

3. Das Denken in lebensweltlicher Einstellung ist *pragmatisch*

Stufe größter Vertrautheit als eine bezeichnen, in der man Gegenstände und Vorgänge als gleich mit früher erfahrenen erkennt (1979, S. 177).

Die Unklarheit von Schütz/Luckmann wird dadurch noch vergrößert, daß sie W. James' Konzept des "knowledge about" (davon gehört haben, daß es so etwas wie XY gibt) mit " Vertrautheitswissen" übersetzen, und "knowledge of aquaintance" (Einsicht in Beschaffenheit und Zusammenhänge von XY) gerade umgekehrt mit "Bekanntheitswissen" (1979, S. 174). In der Terminologie von Schütz wäre "knowledge about" eigentlich Wissen mit geringer Bestimmtheit.

74 1979, S. 133

75 1979. S. 29

76 1979, S. 155 Schütz stützt sich hier, in einer an M. Polanyis tacit knowing erinnernden Passage, auf W. James' Psychologie: Erfahrungen bauen sich "polythetisch auf, ihr Sinn kann jedoch (...) monothetisch erfaßt werden", d.h. "(i)m allgemeinen wird der polythetische Aufbau der Erfahrungen 'gerafft' und nur ihr typisch relevanter Sinn monothetisch erfaßt, geht 'endgültig' als merkenswert in den Wissensvorrat ein. Der Rückverweis auf den polythetischen Aufbau ist zwar prinzipiell mitgegeben, aber die polythetischen Schritte sind empirisch nur 'mehr oder minder' rekonstruierbar. (...) Der Klarheits- und Bestimmtheitsgrad eines Wissenselementes ist entscheidend von der Möglichkeit beeinflußt, die polythetischen Schritte, in denen sich die betreffende Erfahrung im Wissensvorrat sedimentiert hat, zu rekonstruieren.".

orientiert. Deshalb umfaßt der Wissensvorrat der Lebenswelt nur das, was nötig ist, um routinemäßig handeln zu können.[77] Das Wissen besteht aus zuverlässigen Gebrauchsanweisungen zur Problemlösung, die das Warum ihres Funktionierens durchaus auch unbestimmt lassen können. Das Gewußte ist von einem Horizont von Unbestimmtem (d.h. von vorläufig Irrelevantem, und nicht von "nicht-Gewußtem"!) umgeben. Der Wissensvorrat der alltäglichen Lebenswelt muß – im Gegensatz zu dem der Wissenschaft – kein geschlossenes, logisch gegliedertes System darstellen, um als gültig betrachtet zu werden. Die Vereinbarkeit verschiedener, situationsspezifischer Gebrauchsanweisungen wird erst dann fragwürdig, wenn neue, nicht zuordenbare Probleme auftreten.

Soweit zur Struktur des lebensweltlichen Wissensvorrates eines Menschen. Alfred Schütz beschäftigen Fragen des Wissens jedoch nicht nur in bezug auf einzelne Menschen, er betrachtet auch den *Wissensbestand einer ganzen Gesellschaft* und seine Entstehung aus den Erfahrungen einzelner Menschen. Damit solch individuelle Erfahrungen von anderen übernommen werden– und in einen gesellschaftlichen Wissensbestand eingehen können, müssen sie dargestellt werden. Schütz nennt diese Darstellung "*Objektivierung von Erfahrungen*"[78] und unterscheidet dabei 4 Arten. Zwei von ihnen erfordern die persönliche Begegnung mit den Wissenden und nur eine die explizite sprachliche Formulierung des Wissens:

1. Die unbeabsichtigte Objektivierung des *Erfahrungsprozesses* selbst: Sie findet statt, wenn jemand in der materiellen Welt Problemlösungen sucht (z.B. eine Furt zum Überqueren eines Flusses) und dieser Prozeß von anderen beobachtet wird, die dies als Vorgang zur Lösung des betreffenden Problems deuten und nachahmen können.
2. Die (un-)beabsichtigte Objektivierung der Ergebnisse eines Erfahrungsprozesses *durch Anzeichen* (z.B. unbewußter Gesichtsausdruck oder auch absichtliche Handzeichen von Ortskundigen, die Fremden anzeigen, wo sie den Fluß überqueren können): Dies setzt voraus,

---

77 1979, S. 28

78 1979, S. 317

daß die Ziele, für die das Wissen nötig ist, gleich sind und als gleich erkennbar sind.[79]
3. Die (un-)beabsichtigte Objektivierung von Wissen *in Erzeugnissen* (z.B. Werkzeuge, handwerkliche Produkte): Sie erfordert keine Begegnung mit der wissenden Person. Das Wissen bleibt jedoch weitgehend spezifisch, gebunden an bestimmte Erzeugungsaufgaben.
4. Die beabsichtigte Objektivierung von Wissen *durch allgemeine Zeichensysteme* (z.B. Sprache, Schrift): Voraussetzung dafür ist die allgemeine Bekanntheit des Zeichensystems. Seine Begrifflichkeit erfordert eine Verschiebung von den subjektiven Sinnzusammenhängen von Erfahrungen hin zu objektiven Bedeutungszusammenhängen von Zeichen. Dadurch wird Wissen sowohl in bezug auf Entstehungs- wie auch auf Anwendungszusammenhänge allgemeiner gemacht und kann auch "auf Vorrat" erworben werden.

In dieser Reihenfolge eignen sich die Objektivierungen zunehmend besser, um ein Wissen zu kommunizieren, das durch Abstraktion gebildet wurde.[80] Andererseits eignen sie sich zunehmend weniger zur Vermittlung eines Wissens, das stark im Zusammenhang mit seinem Entstehungsprozeß gesehen werden muß, das sich auf Situationen bezieht, die nur schwer zu verallgemeinern sind und/oder bei denen man kaum mit Gemeinsamkeiten in der Problemformulierung (Zielsetzung) rechnen kann.

Die unterschiedlichen Stufen der Objektivierung und ihr Einfluß auf die Art des jeweils kommunizierbaren Wissens haben auch Folgen für die Überprüfung des Wissens. Auf den ersten, vor-zeichenhaften Stufen können zur Unterscheidung von "richtig" und "falsch" noch lebensweltlich-pragmatische Kriterien eingesetzt werden.[81] Auf der Stufe einer Objektivierung durch Zeichensysteme werden dagegen wegen der (z.B. persönlichen, zeitlichen oder räumlichen) Entfernung vom Entstehungszusammenhang des Wissens und

79 Es ist z.B. erkennbar, daß beide Handlungen mit dem Ziel zusammenhängen, den Fluß zu überqueren, und nicht, angeln zu gehen.

80 1979, S. 332

81 1979, S. 338

wegen seiner Allgemeinheit häufig wissenschaftliche Nachforschungen nötig.

Ausgehend von der Betrachtung des Wissensvorrates einer ganzen Gesellschaft, kann Schütz die Frage nach der *sozialen Verteilung des Wissens* stellen.[82] In komplexen Gesellschaften wächst nicht nur der Abstand zwischen Allgemeinwissen und Spezialwissen, d.h. zwischen allgemeinwissenden "Laien" und Spezielles wissenden "Experten",[83] sondern auch die Abhängigkeit der Laien von den Experten (Wissen als Machtfaktor).

Abgeleitete Fragen in bezug auf ■:

- Ist mit ■ das Wissen der alltäglichen Lebenswelt gemeint? Oder zumindest der automatisierte Teil des lebensweltlichen Wissens (Grundelemente und Gewohnheitswissen (Fertigkeiten, Gebrauchswissen, Rezeptwissen)?
- Was bringt das Konzept getrennter Wirklichkeitsbereiche (Sinnwelten) für ■?
- Ist ■ an Situationen geknüpft und pragmatisch orientiert?
- Ist für ■ logische Konsistenz gefordert? Und wenn, aus Gründen der Gültigkeit des Wissens oder als moralische Forderung bei seiner Anwendung?
- Durch welche Darstellungs-, bzw. Objektivierungsform läßt sich ■ am besten ausdrücken und weitergeben?
- Welchen Stellenwert hat ■ innerhalb des gesellschaftlichen Wissensbestandes?
- Wie ist ■ sozial verteilt und bewertet?

7. Zugang: Wissen aus mystischem Erleben (M. Buber)

Bei der Suche nach Alternativen zur wissenschaftlichen Wissenskonzeption wird man oft auf "mystisches Wissen" verwiesen. Was ist damit gemeint? Das möchte ich nun mit Hilfe von Martin Bubers Zugang zu meiner "Kohlenkiste" klären.

---

82 1979, S. 363 ff.

83 Schütz verwendet diese Bezeichnung synonym mit "Sachverständigen".

Im Buch "Ekstatische Konfessionen" hat Martin Buber Berichte von mystischen Erlebnissen aus vielen Jahrhunderten und Kulturräumen gesammelt (z.B. von Jakob Böhme, Mechthild von Magdeburg, Ramakrishna...). In der Einleitung zu dieser Sammlung beschreibt er die gemeinsamen Züge solchen Erlebens.

Mystisches Erleben wird manchmal auch als transpersonale Erfahrung oder als spirituelle Erfahrung bezeichnet. Gemeint ist dabei ein Erlebnis des Ich als ungebrochene, allumfassende Einheit,[84] ein nonverbales Erleben des eigenen Wesens und seiner Verbundenheit mit einem größeren Ganzen (Gott, Universum...). Das Wissen wird als aus dem Inneren des Menschen kommend empfunden, als intuitiv erfaßt und unbestreitbar wahr. Es beinhaltet ein Erleben einer tieferen Bedeutungsebene und eines inneren Zugehörigkeitsgefühls. Die Trennung zwischen Geist und Körper ist aufgehoben, alle Körperebenen werden als Einheit erlebt. Diese Erfahrung wird als Hingebung und Entspannung empfunden und seine Wirkung als heilend.

Abgeleitete Fragen in bezug auf ■:

- Hat ■ eine religiöse Dimension?
- Wenn ■ als verkörpertes Wissen erfahren wird, ist damit prinzipiell ähnliches (nur graduell evtl. verschiedenes) wie bei mystischem Erleben gemeint?
- Welche Bedeutung hat das Empfinden einer Einheit aller Körperebenen für ■?

8. Zugang: Q.E.F

Auf einen weiteren Weg zur Erforschung der "Kohlenkiste" weist mich David Lachterman mit seinem Buch "The Ethics of Geometry" (1989) insbesondere durch seine Kapitel über Euklid. Darin beschreibt er die traditionell große Bedeutung praktischen Herstellens (Poiesis) selbst innerhalb der theoretischsten Wissenschaft.[85]

---

84 M. Buber, 1984, S. xiii ff.

85 Zahlreiche andere Themen dieses Buches lasse ich hier weg und behandle auch die übrigen nicht im gleichen Sinne zusammenfassend, wie ich es bei den vorherge-

Euklid, rief ich mir in Erinnerung, war ein alexandrischer Gelehrter des dritten vorchristlichen Jahrhunderts. Er gilt als einer der bedeutendsten Mathematiker der Geschichte. Sein über 100 Jahre nach den Pythagoräern und ca. 50 Jahre nach Platon verfaßtes Lehrbuch "Die Elemente" führt in methodisch durchkonstruiertem Aufbau mit Hilfe der Geometrie in die Arithmetik ein. Durch seine Methodik, wie auch durch einzelne seiner Grundsätze (z.B. das Parallelenpostulat) entfalteten Euklids "Elemente" in der Mathematik das ganze Mittelalter hindurch bis heute[86] ungeheuren Einfluß. Auch nicht-Mathematikern ist Euklid durch den Schlußsatz seiner Propositionen, "Q.E.D.", "quod erat demonstrandum"[87] bekannt.

Das "Q.E.D." ist jedoch nicht der einzige Satz, den Euklid unter seine Propositionen geschrieben hat. Weniger bemerkt, aber heute vielleicht sogar bemerkenswerter ist sein Schlußsatz "Q.E.F.", "quod erat faciendum".[88] Q.E.F. und Q.E.D besiegeln zwei unterschiedliche Formen, in denen Euklid hier mathematisches Wissen lehrt, in Form von Aufgaben (Problemen) einerseits, und in Form von Lehrsätzen (Theoremen) andererseits.[89] Dabei fungieren die mit Q.E.F. abgeschlossenen Aufgaben nicht etwa als Übungsaufgaben oder Anwendungsbeispiele der Lehrsätze, sondern als gleichwertige Träger mathematischen Wissens. Dieses wird hier als ein Wissen dargestellt, das nicht nur besagt, was der Fall ist, sondern auch, daß bzw. wie man bestimmte Dinge herstellen kann.[90]

---

henden Zugängen getan habe. Dies, weil Wissensarten in Lachtermans Argumentation kein eigenes Thema sind und ich das mich diesbezüglich Ansprechende an den Rändern seines Argumentationsganges auflesen muß.

86 Bis heute, d.h. zum Beispiel bis zur heutigen Diskussion um die Relativierung seiner Annahmen in einer nicht-euklidischen Geometrie.

87 orig. griechisch "hoper edei deixal", was zu zeigen war

88 orig. griechisch "hoper edei poiesai", was zu tun (herzustellen)war

89 Während die Lehrsätze bei ihm üblicherweise die Form einer Feststellung haben, die nachher bewiesen wird (z.B. "Ein Kreis kann einen Kreis nicht in mehr als zwei Punkten schneiden." (Euklid 1980, S. 53)), sagen die Aufgaben, was zu tun ist (z.B. "Von einem gegebenen Punkt aus (ist) an einen gegebenen Kreis eine Tangente zu ziehen." (ebd., S. 59), und erklären dann die dazu nötigen Arbeitsschritte.

90 Lachterman (1989, S. 61 ff.) diskutiert die Q.E.D. vs. Q.E.F. (bzw. Theorem vs. Aufgabe) Unterscheidung im Zusammenhang mit der Frage, in welchem Licht die eine oder die andere Form den Status mathematischer Dinge oder Wahrheiten erscheinen lassen. Obwohl es im Verständnis der Antike klar war, daß diese, absolut

Ähnliche Sensibilität für die Bedeutung des Herstellens und Hervorbringens - diesmal jedoch nicht im Sinne von poietischem Wissen, sondern im Sinn der Rolle von Poiesis (praktischem Herstellen) beim Erwerb jeglichen Wissens - zeigt Euklid in den "Postulaten" in diesem Buch. Die Postulate sind fünf Sätze, die am Beginn der "Elemente" auf die grundlegenden Definitionen folgen, und allen Aufgaben und Lehrsätzen vorangehen. Das erste Postulat z.B. heißt: "Gefordert soll sein: Daß man von jedem Punkt nach jedem Punkt die Strecke ziehen kann"[91] Auffallend ist, daß die Postulate (mit Ausnahme des fünften) eine Ausführbarkeit ansprechen.[92]

In der Rezeptionsgeschichte der "Elemente" wurde immer wieder diskutiert, wie, d.h. als was, man diese Sätze verstehen sollte.[93] Lachterman schlägt hier eine neue Interpretation vor: Bei den Postulaten gehe es nicht um Aussagen über Gegenstände der Mathematik (z.B. über "Strecken"), sondern um die Vorbereitung der Lernsituation, d.h. darum, die Voraussetzungen für die weitere Kommunikation zwischen Lehrern und Schülern sicherzustellen.[94] Er erinnert daran (S. 114ff.), daß Wissenschaft in der Antike nicht als "einsamer Monolog eines denkenden Ichs" betrachtet wurde, sondern daß man meinte, "Wissen" käme im Dialog, im (er-) klärenden Wechselgespräch zustande. Für ein solches Wechselgespräch im

---

betrachtet, immer und ewig gleichbleibend existierten, konnten sie aus der Sicht von Lernenden auf zweierlei Weisen verstanden werden: Als etwas, das man (in theoretischer Schau) nur zu erkennen hatte oder als etwas, das man (poietisch) erst Schritt für Schritt auszuarbeiten hätte. Die Darstellung als Theorem würde ersteres nahelegen, jene als Aufgabe das zweite.

91 Euklid, 1980, S. 2

92 Damit stehen sie im Gegensatz zu den vorausgehenden "Definitionen", die feststellen, was "ist" (z.B.. "Eine Linie ist eine breitenlose Länge.").

93 Die bislang verbreitete Interpretation betrachtete die Postulate im Zusammenhang mit der Frage nach der realen "Existenz" bzw. der Seinsweise mathematischer Dinge (Zahlen, geometrische Figuren, ...). Danach würde bei Euklid die "Existenz" mathematischer Dinge durch die Möglichkeit gewährleistet, sie zu zeichnen. Lachterman (z.B. 1989, S. 110ff.) kritisiert diese Interpretation, indem er darauf verweist, daß Euklid (in platonischer Tradition stehend) ein grundsätzlich anderes Verständnis von "Existenz" hatte, als die modernen Interpreten (implizieren). Dadurch wäre ihm, argumentiert Lachterman, die Notwendigkeit von Existenzbeweisen grundsätzlich ferngelegen.

94 Lachterman 1989, S. 116: "A postulat (....) would be a condition of learnability."

spezifischen Bereich der Mathematik legten die Postulate einige Voraussetzungen fest.[95] Sie riefen die Schüler dazu auf, (bestimmte) Bedingungen der Unveränderlichkeit anzuerkennen, ohne die ein Lernen niemals begonnen werden kann.[96] Was sind das für Bedingungen?

Zum Wissen gehört ein Wissen um die Kriterien seiner Anwendbarkeit. Lernen beinhaltet daher ein Lernen, wann "neue" Situationen genügend gleichartig sind, damit das Gelernte auch in ihnen gelten kann.[97] Wissenserwerb in der Geometrie ist dafür ein speziell relevantes Beispiel, denn man muß hier nicht nur lernen, daß die Merkmale einer Form ungeachtet ihrer verschiedenen Darstellungsarten (z.B. Zeichnung vs. Skulptur, Farbe...) und ungeachtet der Zeit und des Ortes der Darstellung gleichermaßen gültig bleiben, sondern auch, daß die reinen Formen selbst verschiedene Größen oder Ausprägungen haben können:[98] Was an einem bestimmten Parallelogramm gelernt wurde, gilt auch für ein andersformatiges. Die Voraussetzungen für das Lernen ist also ein Wissen darum, welcher Unterschied in einem bestimmten Zusammenhang (z.B. dem der Geometrie) einen Unterschied macht. Für Lachterman ist die "Konstruktion eine Lektion, in der die Bedingungen der (...) Verbindung zwischen unbestimmter Vielzahl und unveränderlicher Gleichheit ausgehandelt werden. (...) Eine Konstruktion zeigt, was sie ist, in ihrer Gleichgültigkeit gegenüber ihrer eigenen intrinsischen Vielheit" (S. 118).

Dazu sollen die Postulate verhelfen, und hier kann man nun auch den Grund ihrer Formulierung als "Ausführungen" begreifen: Zum

95 Es scheint mir sehr präzis und korrekt, diese Voraussetzungen der Kommunikation über Gegenstände nicht in die (bei Euklid vorausgehende) Definition der Gegenstände mit aufzunehmen.

96 nach Lachterman 1989, S. 119. Lachterman verweist nirgends darauf, mich erinnert seine Darlegung jedoch sehr an das, was Wittgenstein in den Philosophischen Untersuchungen als Einführung in ein "Sprachspiel" bezeichnet.

97 Ich würde dies auch als "Lernen der im jeweiligen Sprachspiel relevanten Richtung der Abstraktion" bezeichnen.

98 Diese immanente Vielheit der geometrischen und mathematischen Formen führte dazu, daß sie in der platonischen Ontologie eine Mittelstellung zwischen den reinen Formen und der Wirklichkeit einnahmen

Erlernen dessen, welcher Unterschied einen Unterschied macht, ist praktische Tätigkeit (Poiesis) nötig.[99] Lachterman beschreibt dies, indem er eine Analogie aufbaut, die er mit einem Text aus der Zeit Euklids einleitet:[100]

"Gäbe es Ruhe und Bewegungslosigkeit, so herrschte Stille; wäre es still und bewegte sich nichts, so könnte man nichts hören. Deshalb muß, wenn wir etwas hören, vorher ein Blasen, eine Bewegung stattfinden."

Im Text, aus dem dieses Zitat stammt, geht es um Musik, um die Vorbedingungen für das Erlernen konsonanter Tonverhältnisse, musikalischer Intervalle. Intervalle treten erst in Erscheinung, wenn bestimmte Bewegungen (einer Saite oder Flöte) ausgeführt werden. Lachterman meint, die Bewegungen, die in den Postulaten Euklids verlangt werden, haben ähnlichen Zweck. Sie rufen hervor, machen fühlbar, was gelernt werden soll. Auch darin zeigt sich Euklids Bewußtsein für die Bedeutung praktischen Tuns in einer Wissenschaft wie der Mathematik.

Die Tätigkeit des Herstellens geht in der modernen Wissenschaft unter. "Lernen" wird nur noch unter Vorzeichen von "Aneignung" von Vorgegebenem betrachtet (wie schon bei Platon in Unterscheidung der Künste in Sophisten).

Abgeleitete Fragen in bezug auf ■:

- Welche Rolle spielen Aufgaben beim Weitergeben von ■?
- Welche Weise des Lesens und des Schreibens entspräche einer Weitergabe von ■?

Es gäbe noch eine Reihe weiterer Zugänge, die nachzuvollziehen lohnend wäre. Statt dies zu tun, möchte ich mich aber lieber von der Literatur ab- und lebenden Menschen zuwenden, die über ■ nicht nur etwas zu sagen wissen, sondern es auch selbst zu leben scheinen: weiter zur Suche vor Ort!

---

99 Ich glaube, damit wiederholtes Sehen, d.h. das alleinige Betrachten unterschiedlicher Exemplare den gleichen Lerneffekt hätte wie das Herstellen, müßte es nicht nur von Hinweisen ("auch das ist ein X") begleitet sein, sondern auch sehr systematisch vergleichend erfolgen.

100 Lachterman 1989, S. 120

VOR ORT

Suche nach einer Wissenskonzeption im Gespräch mit anderen

Dagmar Reichert

Anders als im letzten Kapitel befrage ich hier nicht die Literatur, um mir das von mir gesuchte Wissen bewußter zu machen und es zu klären, sondern Menschen, die es meinem Gefühl nach zu einem gewissen Grad haben und ausstrahlen.

Dazu haben wir mit folgenden Leuten Gespräche geführt:
- Mit Nicolin Bischoff, dem ehemaligen Kreisförster im Unterengadin und Kenner nicht nur des Bergwaldes, sondern auch der Kulturlandschaft seiner Umgebung,[1]
- mit Ingeborg Steiner, einer Naturärztin, die hauptsächlich über die Behandlung der Fußreflexzonen arbeitet,
- mit Ernst Specker, einem Mathematiker und ehemaligen Professor für Mathematik an der ETH Zürich,
- mit Heinz Schneebeli, einem gelernten Gartenbauern mit viel Erfahrung,[2]
- mit Nesa Gschwend, Künstlerin und ebenfalls erfahren in der Bestellung ihres Hausgartens,[3]
- mit Rudolf Högger, der seit langem und in verschiedenen Funktionen in der Entwicklungszusammenarbeit tätig ist,[4]

---

1 Mit ihm führte ich schon 1991 im Rahmen des Forschungsprojektes "Umwelt zur Sprache bringen" ein Gespräch (siehe Reichert und Zierhofer, 1993, S. 49ff.). Für die vorliegende Arbeit sprach ich 1994 zusammen mit Patricia Fry, Claudia Heid und Ursina Steinemann ein zweites Mal mit ihm. Die zitierten Aussagen stammen aus beiden Gesprächen.

2 Dieses Gespräch wurde nicht von mir, sondern von Ursina Steinemann geführt und transkribiert.

3 Das Gespräch mit ihr, das sich mit Wissenskonzeptionen nur unter anderem befaßte, führte und transkribierte ich zusammen mit Patricia Fry und Ursina Steinemann.

4 Die zitierten Aussagen stammen aus zwei Gesprächen, die sich nicht primär mit Wissenskonzeptionen befaßten, sondern mit dem Forschungsprojekt insgesamt: Das erste führte und transkribierte ich zusammen mit Claudia Heid, das zweite zusammen mit Patricia Fry, Claudia Heid und Ursina Steinemann.

- mit Pauline Oliveros, einer amerikanischen Musikerin und Komponistin und Pionierin der elektronischen Musik.

Die Auswahl meiner GesprächspartnerInnen war von persönlichen Empfehlungen geleitet. Sie sind unter den Leuten ihres Fachgebietes bekannt, manchmal auch umstritten. Meist wurden ich auf sie verwiesen mit den Worten "da mußt du unbedingt mit ... reden!". Als Auswahl sind sie nicht repräsentativ für irgendeine apriori definierbare Bevölkerungsgruppe. Eine solche zu beschreiben – nicht einmal die, mit einer bestimmten Art von Wissen – war hier auch nicht mein Ziel. Es bestand vielmehr darin, durch die Gespräche und daran anknüpfende, detailliertere Überlegungen – ganz ähnlich wie durch die Literatur im vorhergehenden Kapitel – die Konturen meiner Vorstellung von "Wissen" zu klären. Wie schon in diesem Kapitel möchte ich diese Wissensvorstellung auch hier noch nicht in einem Begriff festlegen und sie weiter als ■ bezeichnen.

Die Gespräche wurden – abgesehen von jenem mit E. Specker, das ich stichwortartig mitgeschrieben habe – auf Tonband aufgenommen und transkribiert. Ich fasse, was von meinen Gesprächspartnern über ihr Wissen gesagt wurde, hier ausschnittweise und nach Themen gegliedert zusammen[5] und interpretiere es spezifisch im Hinblick auf die Klärung meines Wissenskonzeptes.

*

N: "Wissen ist im Grunde genommen ein Mit-Wissen. Ein Mitfühlen, ein Mitwahrnehmen, also eigentlich eine Grundhaltung. Und Wissen entsteht, indem man sich öffnet oder offenbleibt und die Dinge an sich herankommen läßt. Dann verarbeitet man sie, man kann sie verdrängen, oder man kann sie aufnehmen und Beziehungen zueinander erkennen. Und dann entsteht eigentliches Wissen.

Ob die Kenntnis der Pflanzennamen aus dem "Binz" (Bestimmungsbuch) als Wissen taxiert werden kann, ist eine andere Frage. – Das ist kein eigentliches Wissen, sondern etwas, das beim Wissen mithilft. Eine Verständigung. Wenn ich sage "Calamagrostis varia", dann kommt Ihnen der deutsche Name in den Sinn, "Buntes

5 Wurde das Gespräch auf Schweizerdeutsch oder auf Englisch (P. Oliveros) geführt, so habe ich sie übersetzt.

Reitgras". Und das ist nur dann ein Wissen, wenn das Gegenüber das auch versteht und weiß "ah das ist 'Calamagrostis varia' und nicht 'villosa'", denn "villosa" kommt auf sauren, "varia" hingegen auf alkalischen, kalkhaltigen Böden vor. Und so weiter. Also, das ist mehr ein Zurechtkommen, ein Wissen wo sie hingehören, wo sie zu finden sind. Aber eigentliches Wissen ist das nicht."

An dieser Aussage von Nicolin Bischoff spricht mich vieles an, zunächst wohl, daß er mit Wissen etwas anderes meint, als Sätze die besagen, "was der Fall ist", ja überhaupt mehr als irgendeinen "gespeicherten" Bestand den man sich angeeignet hat. Eher ist es eine Haltung (dieses Wort weist über das rein Geistige hinaus auf etwas Körperliches), ein Verhalten oder eine Einstellung zur Welt[6], und zwar eine, bei der man "mit" ihr ist und offen für sie.

Auf die Frage, was für ihn Wissen bedeute, antwortete mir Ernst Specker mit einer Geschichte. Ein Lehrer erlebte, daß das Unverständnis von Schülern häufig gerade an Punkten liege, an die man gar nicht ohne weiteres denken würde. Die Schüler "leben (noch) gar nicht in der richtigen Welt", meinte er. Sie müßten die grundlegenden Strukturen und Relevanzen eines Gebietes erst kennenlernen. Für Ernst Specker bedeutet Wissen, mit den stillschweigenden Voraussetzungen und unausgesprochenen Selbstverständlichkeiten einer "Welt" vertraut zu sein und die Wege und Möglichkeiten in ihr zu überblicken. Wissen, als sich in einer (sei es einer geistigen oder biophysischen) Welt angemessen bewegen und die richtige Einstellung zu ihr haben: Ist mit "Haltung" auch dies gemeint?

Wenn ich meine Gesprächspartner bei ihrer Arbeit beobachtete, wenn ich beobachtete, wie sie an die Dinge herangingen, spürte ich diese Haltung. Ob in einer sozialen oder bio-physischen Umwelt: War das nicht eigentliches umweltverantwortliches Handeln? Doch schwer zu sagen, was genau es war. Ihr Wissen schien nicht etwas zu sein, das sie "hatten", sondern eher etwas, das sie "waren", das sie geprägt hatte, so, wie es auch von ihnen geprägt worden war.

6 Dies erinnert mich an die Bezeichnung "Disposition" (lat. Anordnung, wie auch in "disponiert sein"), mit der W. Wieland (1982, S. 23) das nichtpropositionale Wissen charakterisiert.

Erkannte ich es an ihrer Ruhe, an einer Art Humor oder dem Vertrauen, das ich zu ihnen empfand? An der einfachen Tatsache, daß sie ihre Arbeit gut machten? ... Wie erkennen Sie, daß jemand solches Wissen hat, fragte ich Pauline Oliveros:

"P: Ich glaube es liegt in winzig kleinen Details, in den Antworten, die eine Person gibt. Wenn du jemanden das erste Mal triffst, merkst du, daß sie eine Offenheit und Erfülltheit (fullness) hat, die du direkt spüren und intuitiv erfassen kannst. Das kann etwas ganz Kleines sein, die Art, wie dich jemand grüßt oder die Aufmerksamkeit, die er bestimmten Details gibt. Sie geben dir den Hinweis, diese Person ist wissend.

D: Erinnern Sie sich an eine solche Situation?

P: Das erste, das mir einfällt, ist eine Begegnung mit Japanern. Ich merkte, hier ist wahre Intelligenz, was Raum betrifft, räumliche Umgebung. Einfach durch die Art, wie dich die Person grüßt und die Türe öffnet, spürst du dieses Wissen. Das Gegenteil davon sind Leute, die sich ihrer Umgebung gar nicht bewußt sind. Das merkst du auch... Immer wenn wir jemanden treffen, sammeln unsere Antennen Informationen über diese Person. Und sie sammeln sie in einer Weise, die wir gar nicht richtig kennen, die wir nicht wirklich verstehen. Weil wir uns selbst nicht genügend Aufmerksamkeit geschenkt haben, nämlich, um das wirklich zu verstehen."

Auch Pauline Oliveros verweist auf den speziellen Bezug zur Umwelt, den solches Wissen hat, auf seine Qualität von Mit-Wissen. Es ist, meint auch sie, an einer offenen und aufmerksamen Grundhaltung in und zu einer Welt zu erkennen.

Als "Haltung" in einer Welt ist solches Wissen nicht nach Gegenständen organisiert, "über die" man etwas weiß. Dennoch benötigt es als Basis zunächst ein bestimmtes Vorverständnis in Form von Grundbegriffen. Sie gehört oder gelesen zu haben, genügt jedoch in vielen Fällen nicht. So meinte Pauline Oliveros:

"Das, worüber du nur gelesen hast, hast du noch nicht getan und du hast es noch nicht erfahren. (...) Um das, was du liest, wirklich zu verstehen, mußt du gewisse Erfahrungen gemacht haben. Vielleicht fasziniert dich ein Text, aber wenn du es nicht erfahren hast, kannst du es nicht fühlen oder spüren. Du kannst nicht über den Duft einer Pflanze lesen und ihn dadurch riechen."

Aber auch die eigene Wahrnehmung bestimmter Grundlagen oder

der eigene Vollzug grundlegender Verfahren reichen für echtes Wissen noch nicht aus. Sicher, meinte Ernst Specker, könnten Schüler bestimmte mathematische Verfahren ausführen lernen. Von richtigem Wissen könne jedoch nur dort die Rede sein, wo jemand auch mit den grundlegenden Strukturen der entsprechenden "Welt" vertraut ist und z.B. die Idee hinter einem Verfahren kennt. Auch laut Nicolin Bischoff sind für ein Wissen, das Haltung ist, bestimmte Grundlagen, Grundbegriffe oder grundlegende Fertigkeiten nötig,[7] auch für ihn machen sie aber noch nicht das eigentliche Wissen aus. In vielen Fällen, stammen diese Grundbegriffe heute aus der Wissenschaft. Indem Nicolin Bischoff ihren Wert betont, verweigert er eine Entgegensetzung seines Wissens mit dem ihren. Neben der Tatsache, daß seine Art des Wissens auch bei manchen WissenschaftlerInnen anzutreffen ist, ist diese Grundlagenfunktion der Wissenschaft der zweite Grund gegen eine solche Entgegensetzung.

Doch zurück zur Frage der "Haltung": Wenn Wissen, mein [redacted], eine Haltung sein soll, so ist es nach meinem Verständnis nicht vom Menschen (und, so würde ich erweitern: nicht von einem bestimmten Menschen) loszulösen. Ein Lexikon mit allem, was man heute über die Welt sagen kann (und selbst ein Computer, der algorithmische Verknüpfungsoperationen zwischen diesen Informationen ausführen kann), kann nur Grundlagen für Wissen liefern. Wissen selbst hat mit der Weise zu tun, mit der man diese Grundlagen verwendet.

Mit "Haltung" wird im Allgemeinen etwas bezeichnet, in dem ganz wesentlich auch Werte stecken. Pauline Oliveros wies in einer Aussage über ihre Erfahrung explizit auf diese Werte hin und zwar – wenn ich sie recht verstehe – nicht nur als Markierungen für die Standortgebundenheit des Denkens, sondern, viel aktiver wirkend, als erkenntnisleitende Orientierungen.

"Erfahrung? Für mich ist das Wahrheit. Was du erfahren hast, kann

7 Nicolin Bischoff sagte es an anderer Stelle noch ganz klar: "Ein relativ breites Wissensspektrum, ist nötig, daß man mindestens die Bäume voneinander unterscheiden kann, daß man auch die Bodenflora nicht zum ersten Mal ansieht, sondern daß man weiß, aha, diese Zusammensetzung kann man auch dort drüben sehen. Nur so kann man sich dann allmählich ein Mosaik zurechtmachen."

dir nicht weggenommen werden. Und deine Erfahrung gibt dir deine Werte. Sie hilft dir, mit deinen Werten Erkenntnisse zu sammeln."

Solches Wissen würde also die vielzitierte "Ethik" in sich tragen und wäre auf die nachträglichen Absegnungsverfahren von Ethikkommissionen nicht angewiesen.

Gibt es noch anderes, das das Wiedergeben angelesener Grundlagen von einem Wissen unterscheidet, das Haltung ist? Nicolin Bischoff sprach von der Öffnung zur Welt. Ingeborg Steiner erwähnte in unserem Gespräch etwas, das für mich auf ein weiteres Kriterium verweist, auf eine Öffnung zu sich selbst:

"Das Lesen weckt schon auch dein Wissen. Aber der Teil, wo du noch viel mehr weißt, der liegt in deinem Körper. Und wenn du dir nicht nur denkst, daß da Dumpfes und Dunkles sitzt, sondern dich getraust, das zu spüren und zuzulassen, dann erkennst du, daß da die Wurzeln von deinem effektiven Wissen liegen, und dann wirst du auch im Außen viel klarer handeln und denken können. Dein Wissen, deinen Formeln oder was immer das ist, mit dem du zu tun hast, die werden dann lebendig."

Ich verstehe Ingeborg Steiners Aussage als Erinnerung daran, daß ein lebendiges Wissen (wohl auch mein [redacted]) im Körper verankert sein muß und daß zum Erschliessen dieser Verankerung ein Horchen auf sich selbst und ein in sich Spüren nötig ist. Neben dem selbst Erfahren, von dem Pauline Oliveros sprach, ist dies vielleicht der zweite Weg, angelesene Inhalte mit sich, der eigenen Situation und den eigenen Bedürfnissen zu verbinden und dann aus sich heraus wirksam werden zu lassen.

Eine offene Haltung in und zu einer Welt, die Verankerung in Werten und eine Verbindung zum eigenen Körper, ist es also das, was den Unterschied zwischen echtem Wissen und der Wiedergabe von für Prüfungen gelernten, angelesenen Informationen ("'Calamagrostis varia' kommt auf Kalk vor.") ausmacht? Noch nicht ganz. Im Gespräch mit Ursina Steinemann hat Heinz Schneebeli noch andere Faktoren angesprochen, die vermutlich ebenfalls zentrale Kriterien für [redacted] sind:

"H*: ... du siehst etwas und speicherst, wie es ist, und dann siehst du das gleiche in einem anderen Umfeld, und dann speicherst du das,*

und dann siehst du es noch ein drittes und viertes Mal... (...)
U: Aber ich meine, diese Daten kannst du doch nicht alle bewußt speichern?
H: Nein, das ist kein bewußtes Speichern. Das ist einfach, wie soll ich sagen, daß mich die Natur total fasziniert und ich diese Dinge auch anschauen möchte! Ich möchte sie anschauen. Ich sehe nicht einfach eine Blume und denke, aha, eine Blume, und gehe weiter. Sondern ich versuche davon soviel ich kann zu erfassen. (...) Ich glaube, daß wir von der Natur noch so viel lernen können, so viel ablesen oder abhorchen könnten...
U: Horchen?
H: Ja, in der Natur tönt doch alles, es "ist" doch nicht einfach nur, es ist auch mit allen Sinnen. Du gehst ja nicht durch den Wald und schaust nur, du riechst und hörst und fühlst mit den Füßen und den Händen und dem Körper. Es ist wirklich ein umfassendes Aufnehmen."

Für letzteres gab Heinz Schneebeli später auch noch ein Beispiel:

"H: Ich gehe praktisch immer barfuß in den Garten.
U: Warum?
H: Einfach so. Ich könnte nicht sagen, warum. Es macht total Spaß! Der Boden ist zuerst verkrustet und hart zum Teil – wenn gerade schönes Wetter war. Und nachher harkst du ihn oder gießt, und dann wird er weich und matschig... Über die Füße erfährst du sehr viel: verschiedene Strukturen und... du kannst durchs Gras gehen und dann wieder durch den Garten, im Weg oder im Beet, überall ist es anders und es ist sehr schön, solches Arbeiten. Da habe ich gar nicht mehr das Gefühl, daß es Arbeiten ist, wenn ich barfuß arbeiten kann, das ist wie Ferien."

Was hier für mich dargestellt wird, ist – abgesehen davon, daß ich die Fußempfindungen bei dieser Schilderung gut nachfühlen kann – wie wichtig erstens Freude und Interesse, und zweitens vielfältige sinnliche Wahrnehmung für diese Art von Wissen sind.[8] Wahr-

8 Man könnte meinen, sinnliche Wahrnehmung sei nur für ein Wissen um materielle Dinge von Bedeutung. Es dürfte jedoch auch für rein gedankliche Welten eine solche Sinnlichkeit (die vermutlich mit Visualisierung und auch mit der Sensomotorik zusammenhängt) geben. So schreibt der Mathematiker Henri Poincaré: "Wenn ich (...) das Gefühl für diese Ordnung (der Elemente in einem mathematischen Beweis- D.R.) besitze, so kann ich mit einem Blick das Ganze der Beweisführung überschauen..." (1909, S. 39). Und an anderer Stelle im Zusammenhang mit der Rolle des Unbewußten bei der Entstehung eines neuen Beweises: "Die bevorzugten unbewußten Erscheinungen, welche befähigt sind, ins Bewußtsein zu treten, sind die-

scheinlich hat beides miteinander zu tun, und es mag auch ein Grund dafür sein, daß dieses Wissen auf andere so überzeugend wirkt. Ich denke daran, daß "Lernen" (z.B. beim Studium) für mich häufig mit hartem "Durchziehen" eines (mehr selbst als von außen) vorgesetzten Pensums verbunden war und daß ich manchmal schon Mühe hatte, vor lauter "zu erledigenden" Dingen Offenheit und Interesse zu wahren. Was für Wissen da wohl hängengeblieben ist?

Ein weiteres Merkmal der von mir gesuchten Art von Wissen im Unterschied zu angelernter Information – ich glaube, eines, das für [redacted] sogar sehr wichtig ist – habe ich aus den Gesprächen herausgehört. Es befähigt, in sogenannt "komplexen" Situationen eine einfache Ordnung zu finden und, damit zusammenhängend, Einzelphänomene von ihrer Stellung im Rahmen einer Gesamtsituation her zu beschreiben und einzuschätzen. Was damit gemeint ist und wie dies geschieht, möchte ich nun mit Hilfe der Gesprächsaussagen schrittweise klären.

Daß ein Blick für Gesamtzusammenhänge heute (insbesondere für ein Verständnis von Lebensprozessen) dringend gebraucht wird, ist unwidersprochen. Nicolin Bischoff nannte dafür sogar ein Beispiel, das dem Forschungsthema entspricht, um dessentwillen sich Patricia Fry in diesem Buch für eine andere Wissenskonzeption interessiert:

N: "Oft ist man dermaßen beherrscht von der Statistik, daß eigentlich das Mysterium der Zusammenhänge gar nicht zum Ausdruck kommt. (...) Nehmen Sie die Bodenkunde: Die Bodenkunde zerstört. Wenn sie einen Boden untersucht, so macht sie ihn kaputt und nimmt nur einzelne Aspekte draus heraus, Luftzirkulation oder Wasserdurchlässigkeit, usw.. Und dann wird das gemessen, und dann hat man etwas, aber man hat nicht den Zusammenhang. Man hat nicht den Zusammenhang mit den Würmern und mit den Käfern und mit all dem Mysterium von Getier und den Zusammenhang von diesen

---

jenigen, welche unsere Sensibilität direkt oder indirekt am tiefsten beeinflussen. Mit Verwunderung wird man bemerken, daß hier bei der Gelegenheit mathematischer Beweise, die doch nur von der Intelligenz abhängig zu sein scheinen, die Sensibilität in Betracht kommen soll. Aber man wird es verstehen, wenn man sich das Gefühl für die mathematische Schönheit vergegenwärtigt, das Gefühl für die Harmonie der Zahlen und Formen, für die geometrische Eleganz. Das ist ein wahrhaft ästhetisches Gefühl, (... und) dabei ist in der Tat Sensibilität im Spiele"(1909, S. 47/48, Hervorhebungen D.R.).

untereinander. Das ist doch etwas Verrücktes, wenn man weiß, daß Boden zu 90 Prozent aus Lebendigem besteht, seien es Bakterien, seinen es kleine Würmer, kleine Asseln, Pilzfasern, Pflanzenwurzeln oder...
P: Haben Sie das Gefühl, dieses Mysterium, dieses Lebensgeheimnis, wie Sie es in ihrem Buch genannt haben, muß für uns ein Geheimnis bleiben?
N: Nein, ich glaube schon, daß man allmählich dahinter kommen wird, aber mit einer andern Mentalität: Wenn wir nicht mehr alles messend zum Ausdruck bringen wollen und neue Ausdrucksweisen anerkennen können."

Was sind das für Ausdrucksweisen? Geht es nicht gerade darum bei unserem Forschungsprojekt? Doch liegt das Problem wirklich nur bei Messung und Statistik und nicht grundsätzlicher bei der analytisch verfahrenden Forschung? So fragte ich Nicolin Bischoff:

"D: Es gibt, scheint mir, zwei Arten den Wald anzuschauen. Die eine ist die analytische Art, wo der Zustand ganz analytisch zerlegt wird in Meßwerte Ozon, Meßwerte Stickoxyde u.s.w., und dann wird für bestimmte Baumtypen, für ein bestimmtes Baumalter, für bestimmte Schadstoffe untersucht, welchen Effekt das hat. Ich hab' das Gefühl, da wird immer mehr Wissen entwickelt, aber es wird immer schwieriger, das dann wieder zusammenzubringen...

N: Die Analytik wird auch in Zukunft nötig sein, das ist klar. Aber die Analytik gibt kein Gesamtbild, kein umfassendes Bild. Und um die Zusammenhänge zu verstehen – das ist ja jetzt hoch aktuell – brauchen wir eine andere Forschungsmethode. Wir müssen vom Ganzen ausgehen zum Detail und nicht von den Details in Richtung des Ganzen. Ein Teil der Problematik der heutigen Zeit und der Umweltbelastung kommt ja daher, daß wir keine Zusammenhänge erkennen können. Wir haben es verlernt, Zusammenhänge zu sehen und Zusammenhänge zu suchen. Und das Nachplappern ist während drei Jahrhunderten gut bezahlt worden: alle Inventare, alle Pflanzen, alle Tiernamen..."

Was meint Nicolin Bischoff mit "wir müssen vom Ganzen ausgehen zum Detail und nicht von den Details in Richtung des Ganzen"? Um dies zu klären, möchte ich einige Begriffe präzisieren:

"Analytik" und "analytisch" wird vielfältig verwendet,[9] hier zur

9 Mit "analytisch" kann ein Satz, eine Methode, oder ein erkenntnistheoretischer Ansatz bezeichnet sein: Ein analytischer Satz ist ein Satz, der allein aus definitorischen und logischen Vereinbarungen begründbar ist (im Gegensatz zum syntheti-

Bezeichnung eines Weges zu Erkenntnis, des Weges, der dem Selbstverständnis (wenn auch nicht immer dem tatsächlichen Handeln) eines guten Teils der Wissenschaft entspricht. Angenommen, die Frage ist, warum eine bestimmte Pflanze schlecht wächst. In analytisch verfahrender Erkenntnis betrachtet man den Gegenstand der Erkenntnis (die Pflanze) als Ergebnis eines bestimmten Zusammenwirkens verschiedener allgemein definierbarer Gegenstandsmerkmale[10] nach allgemein geltenden Gesetzmäßigkeiten.[11] Um zu einer *Erklärung* zu kommen, untemimmt man daher zwei Schritte: den Schritt der Analyse (im engeren Sinn), in dem diese Merkmale isoliert werden und in ihrer spezifischen Ausprägung betrachtet, sowie als zweites den Schritt der Synthese, in dem die Werte für diese Merkmale durch bestehende allgemeine Gesetze so verbunden werden, daß damit der Gesamtzustand des Gegenstandes (der Pflanze) erklärt werden kann.[12]

Die allgemeinen Merkmale und die allgemeinen Gesetze, die in solcher Erklärung zur Anwendung kommen, erhält man gemäß der analytischen Erkenntnistheorie entweder durch deduktiven (ableitenden) Schluß aus noch allgemeineren Begriffen und Gesetzen

---

schen Satz, der empirisch zu verifizieren ist). Die analytische Methode ist der erste Teil eines zweistufigen Verfahrens, nämlich die Untersuchung von Grundelementen oder Grundbegriffen in einem Ganzen. Der analytische erkenntnistheoretische Ansatz umfaßt den Schritt der analytischen Methode und vervollständigt ihn in einem zweiten Schritt, in der Synthese. Entsprechend dem gr. analytikos (auflösen, zerlegen) wird bei diesem Ansatz eine ursprüngliche Einheit in ihre Teile zerlegt, um das Einzelne (das auch als Universales betrachtet wird), die letzten Elemente und ihre Zusammenhänge aufzuzeigen und daraus die Gesetzmäßigkeiten des Ganzen zu erkennen. (Ihm stehen alternative erkenntnistheoretische Ansätze gegenüber, die das Ganze entweder nicht für zerlegbar halten (und/oder die Möglichkeit eines Schlusses von den Teilen auf das Ganze bestreiten) oder Zerlegung wegen mangelnder Universalität der Teile nicht für sinnvoll erachten).

10 Die Merkmale betreffen möglichst elementare und möglichst universelle Aspekte des Gegenstands. Sie werden durch Beobachtungs- oder Meßanweisungen definiert – übrigens meist zirkulär (vergl. z.B. J.Sneeds Diskussion der Carnap'schen "theoretischen Begriffe" (zusammengefaßt in Stegmüller, 1979, S. 41)).

11 Insofern ist jede Erklärung (nicht aber jedes Erarbeiten von Gesetzen oder Grundbegriffen) im analytischen erkenntnistheoretischen Ansatz deduktiv, und der ihr zugehörige Schritt der Synthese ist nicht mit "Induktion" gleichzusetzen.

12 vergl. dazu das sogenannte "Hempel-Oppenheim Schema wissenschaftlicher Erklärung" (z.B. J. Speck, 1980, Bd. 1, S. 175)

oder induktiv aus der Beobachtung vieler Einzelfälle. Da bei letzterem kein rein logisches Schließen möglich ist (das sogenannte induktive *Schließen* galt wegen der ihm innewohnenden Gehaltserweiterung immer als problematisch[13]), entwickelte man bestimmte Kriterien für die Rechtfertigung von aus Einzelbeobachtungen hervorgegangenen allgemeinen Begriffen oder Gesetzen (Poppers Vorschlag der (stets vorläufigen) Rechtfertigung durch erfolglose Falsifikationsversuche[14] war dabei bislang am einflußreichsten).

Die analytische Forschung hat zwei Probleme: Das erste ist unter dem Titel "Komplexität" hinlänglich bekannt und beklagt.[15] Es besteht darin, daß es sehr schwierig ist, die Ergebnisse für die verschiedenen Merkmale zu einem Ergebnis für das Gesamte zu verbinden. Dies hat u.a. damit zu tun, daß eine bestimmte Ausprägung eines Merkmals die definierte Form des Zusammenwirkens zweier anderer Merkmale verändert.[16] Man sieht sich also vor die Notwendigkeit gestellt, auch für diese Veränderungswirkung eine Gesetzmäßigkeit zu suchen und so immer weiter zu forschen (und dabei nur immer höhere Komplexität zu generieren).

Das zweite Problem besteht darin, daß man nach der analytischen Erkenntnistheorie das eigene Tun nicht begreift. Hier können und sollen kreative WissenschaftlerInnen zwar Hypothesen für neue Grundbegriffe oder Gesetze ausdenken, was sie dabei tun, wird im Rahmen dieser Vorstellung von Erkenntnis jedoch nicht gefragt und

---

13 Diese Frage der Erschließbarkeit wurde in der Wissenschaftstheorie als "Induktionsproblem" bezeichnet. Induktion - wie hier - unter dem Vorzeichen des Schließens zu verstehen, ist - wie ich später zeigen werde - nicht (und auch in der Tradition) nicht die einzige Möglichkeit, sie zu verstehen. Wenn man jedoch, wie der analytischen Ansatz, von allgemein vorgegebenen, unabhängige Grundbausteinen ausgeht, kann man gar nicht anders, als Induktion unter den Vorzeichen des Schließens zu verstehen: Das Beobachtete wird nach diesem Verständnis nicht in der Beobachtung als Beobachtetes (z.B. als der berühmte Begriff "Schwan") erst konstruiert (Erkennen von Ordnung im Chaos), sondern es ist als benennbarer Gegenstand schon vorhanden (der Begriff "Schwan" ist schon definiert) und man muß nur noch fragen, wie regelmäßig er gemeinsam mit anderen Merkmalen auftritt.

14 siehe K. Popper, 1979

15 Dabei – und darin bin ich mir ganz sicher – ist die Welt nicht komplex! Komplexität entsteht nur durch die "sperrige" Art und Weise, in der wir sie in dieser Art des Forschens zu begreifen versuchen.

16 Technisch gesagt: die ceteris paribus Annahme gilt nicht.

nicht verstanden.[17] Erkenntnis im analytischen Sinn ist es nicht, und wo diese mit "Wissenschaft" gleichgesetzt wird, nicht einmal Wissenschaft.

Nun zurück zu meiner Frage: Was Nicolin Bischoff als Weg zum Gesamtbild, bei dem wir "vom Ganzen ausgehen (müssen) zum Detail und nicht von den Details in Richtung des Ganzen" meint, kann also nicht der analytische Forschungsansatz und auch nicht der darin vorkommende Schritt der Synthese sein. Er erklärt dies selbst genauer:

"Wenn man versucht, die einzelnen Beobachtungen dem Ganzen unterzuordnen, dann kommt man eher zu Antworten, als wenn man sie aus dem Ganzen als analytische Erkenntnis nur so herauspickt. Und das macht die Wissenschaft, sie bietet eine Menge analytische Ergebnisse und versucht, synthetisch das Ganze zu einer Ganzheit zusammenzufassen, aber das ist vermutlich eben nicht die Ganzheit, sondern nur mehrere Teilwahrheiten zusammen, und die machen noch nicht die ganze Wahrheit aus.
Mit Synthese ist in der Wissenschaft meist gemeint, daß man chemische Parameter und physikalische Parameter für einen Standort gemeinsam betrachtet. Aber das ist einfach ein unzulängliches Zusammenfügenwollen von Menschen, um das Ganze zu erfassen, und zwar eben kopflastig zu erfassen. Hingegen gefühlsmäßig kann ein Mensch, der offen ist, wahrscheinlich viel mehr wahrnehmen. Eine Frau kann gegenüber dem Seelenleben des Kindes wahrscheinlich gefühlsmäßig viel mehr erfassen als all die Kinderärzte, die Bücher schreiben. – Wobei das sicher auch gut und notwendig ist."

Für ein Wissen, wie ich es mit [illegible]suche, ein Wissen, das sich die

17 O. Höffe beschreibt dies: "Allgemeine Sätze werden (in der Wissenschaftstheorie lediglich) den Kriterien der induktiven Wahrscheinlichkeit (R. Carnap) oder empirischen Bestätigung (Popper) unterworfen. Die Frage nach ihrer Herkunft wird nicht grundsätzlich gestellt, sondern nur in bezug auf diesen oder jenen allgemeinen Satz. Dann aber mag man die Sache zu Recht als nicht-rationales, bloß heuristisches Problem auffassen und auf Faktoren wie Intuition, Kombinationsgabe und Glück verweisen. Dabei ist aber die prinzipielle Frage nicht gestellt, welche Wissensmomente erforderlich sind und in welcher Form sie zusammenwirken müssen, damit man die Konstituierung von allgemeinen Sätzen überhaupt denken kann" (1990, S. xxxv). Ich verstehe die im vorliegenden Buch erwähnten Arbeiten von L. Fleck (1983 und 1994), M. Polanyi (1985) und einige Fragestellungen in der neueren wissenschaftssoziologischen Forschung (K. Knorr-Cetina (1991), B. Latour (1987), S. Woolgar (1988)) als Versuche, auf diese Lücke der Wissenschaftstheorie zu reagieren.

Welt nicht selbst undurchschaubar komplex macht, beruht ein Urteil nicht auf einer Synthese analytisch herauspräparierter Merkmale, sondern darauf, "die einzelnen Beobachtungen dem Ganzen unterzuordnen". Dabei ist mit dem "Ganzen" wohl der Gesamtkontext, wie er im Hinblick auf eine bestimmte Frage- oder Aufgabenstellung relevant ist, gemeint, und die einzelnen Beobachtungen bekommen je nach diesem Gesamtkontext andere Bedeutungen.

Dies bedeutet, daß es offenbar nicht fertige Antworten sind, die dieses Wissen ausmachen, sondern eher die Fähigkeit, situationsspezifisch Antworten zu finden. Mein [redacted] ist ein Wissen, das sich erst konkretisiert, wenn/wo man auf bestimmte Anforderungen adäquat reagieren muß. Aus diesem Grunde meinte Rudolf Högger wohl auch, daß solches Wissen *"eigentlich nur dynamisch verstanden werden kann: (...) Es entsteht ständig. Es ist ein ständiges sich bewußt Machen. Konfrontiert mit Fragen, macht man sich das eigene Wissen erst bewußt und macht sich die eigenen Maßstäbe erst bewußt. (...) Und vielleicht liegt da ein Unterschied zu einem (... akademischen) Wissen, das viel mehr ein gegebenes System mit abrufbaren Kategorien und Kriterien ist."*

Die Beschreibung, die Nicolin Bischoff und Rudolf Högger für dieses Wissen geben, erinnert mich an das im vorigen Kapitel vorgestellte Konzept des *tacit knowing* von Michael Polanyi. Dieser weist darauf hin, daß bei jeder Erkenntnis die Einzelbeobachtungen in Hinblick auf ein Gesamturteil (er nennt es "Fokus") zusammen-"geschaut" werden, auf dem allein die Aufmerksamkeit liegt.[18] Ein "fixes System", d.h. ein Herauspräparieren und explizites Anführen (sowie regelgeleitetes Verknüpfen) von Einzelbeobachtungen scheitert seiner Meinung nach daran, daß sie einzeln genannt (die Aufmerksamkeit einzeln auf sie gerichtet) eine andere Bedeutung besitzen als in ihrer Zusammenschau. Sagt Nicolin Bischoff deshalb, daß diese Zusammenschau nicht nur "kopflastiges", sondern auch "gefühlsmäßiges Erfassen" verlange?

Doch was heißt hier "gefühlsmäßig"? Nur Emotionen sind hier

---

18 So werden z.B. beim Erkennen eines Gesichtes (Fokus) die einzelnen Züge zusammengeschaut, obwohl man sie für sich genommen gar nicht beschreiben kann.

sicher nicht am Werk. Ist ein gefühlsmäßiges Erfassen eines, das Lebendiges durch das eigene Lebendigsein begreift? Die Überlegungen, die Ursina Steinemann in ihrem Kapitel "Wissenschaft als Prozeß" anstellt, legen dies nahe. Doch was bedeutet das? Nennen wir "gefühlsmäßig", was eine Verschiebung der Grenzen von Begriffen (d.h. Bedeutungsänderung) zuläßt und zwar in einer Weise, die zur Herausbildung einer Gestalt führt? Handelt es sich beim gefühlsmäßigen um ein nicht-begriffliches Erkennen? Michael Polanyi erklärt zwar, *warum* diese Erkenntnis "tacit" oder "gefühlsmäßig" ist, doch er kann die "gefühlsmäßige" Weise, in der sie geschieht, nicht erklären.[19] Ist es nur - wie W.Wieland meint, daß man den "Schlüssel zu einer befriedigenden erkenntnistheoretischen Durcharbeitung und Differenzierung dieses Gebietes *noch nicht* gefunden" hat[20], oder liegt dies daran, daß es hier vielleicht nicht eine einzige Weise, nicht die *eine* Form gibt? Daß hier nichtbegriffliche Vorgänge mit Begriffen beschrieben werden müßten, sollte nämlich kein Hindernis darstellen.

Nicolin Bischoff gebrauchte oben in seiner Beschreibung des Bodens das Wort "Mysterium". In der Antike sprach man vom Mysterium dort, wo man Dingen begegnete, die ihrer Natur nach von Menschen nicht begriffen werden können, die nur den Göttern zugänglich sind.[21] Man konnte sie zwar durch persönliche (An-) Teilnahme erfahren und dadurch kennenlernen, konnte jedoch nicht über sie sprechen, ohne das Eigentliche an ihnen zu zerstören.[22] Stellt Lebendiges, wie z.B. der Boden, in diesem Sinne ein

---

19 Auch die Neurowissenschaften und die Artificial Intelligence Forschung, die dies im Zusammenhang mit der Frage nach dem Funktionieren neuronaler Netze untersuchen (vergl. dazu den Abschnitt: What computers cannot do (H. und S. Dreyfus) im vorhergehenden Kapitel), können dies nicht.

20 W. Wieland, 1982, S. 232

21 Vergl. dazu B. Snell, 1963, W. Burkert, 1994 und E. Esposito, 1996

22 Den Mysterien begegnete man u.a. in den sogenannten Mysterienkulten (Burkert, 1994). Daran konnten nur jene teilnehmen, die sich einer Initiation unterwarfen. Diese "bedeutete ein Lernen, aber in Form einer Teilnahme an Lehrverfahren, denen die Initianden sich persönlich unterziehen mußten. Sie mußten anwesend sein und erfahren, (...) weil diejenigen, die es nicht erfahren hatten, es nicht verstehen konnten, weil Worte den Sinn der Erfahrung nicht zu kommunizieren vermochten." (E. Esposito, 1996, S. XX)

Mysterium dar? Und ist ein Mysterium auch das Wissen derer, die mit ihm vertraut sind? Vertraut mit ihm oder mit anderem Lebendigen und vielleicht sogar – wie Ernst Specker meinte – mit mathematischen Beweisen?

"D: Spielt dieses Nichtformulierbare auch in der Mathematik eine Rolle?
E.S.: Ja. Was in Büchern steht, ist nicht die Mathematik. (...) Die Wissenschaft ist eben näher dem Handwerk, als man manchmal sehen will."

Ist Kreativität ein Mysterium wie Boden, wie Lebendiges überhaupt, wie mein gesuchtes ■ und und und?

Gut, könnte man sagen, finde dich damit ab: Über manche Dinge kann man nicht sprechen. Wenn wir ihnen besser als bisher gerecht werden wollen,[23] so einfach, indem wir den Menschen, die sprachlos mit ihnen vertraut sind, unsererseits mehr vertrauen, indem wir ihnen gesellschaftlich höheren Rang einräumen und vielleicht selbst versuchen, in einigen Bereichen ähnliches Wissen zu erwerben. So.

Aber das genügt mir nicht. Ich möchte Mysterien verstehen – und zwar auf menschliche, nicht unbedingt göttliche Weise. Ich glaube (wie Nicolin Bischoff), daß man sie verstehen kann, jedoch mit einem anderen Verständnis von "Verstehen". Ich glaube, daß man sie logisch erklären kann, jedoch nach einem erweiterten Verständnis von Logik.[24] Man kann über sie sprechen und Kommunizieren, jedoch mit einem anderen Verständnis von "Sprache" und "Kommunikation". Einem Verständnis, bei dem "Sprache" mehr bedeutet als etwas Begriffliches.

Aber in was für einem????

... Immerhin ist, was ich suche, bei dem Wissen, von dem hier die Rede ist, schon am Werk (die Eulen der Minerva fliegen wieder spät).

---

23 Und zwar, wenn wir nicht den Weg wählen, sie in Ruhe zu lassen, und den Anwendungsbereich wissenschaftlicher Erkenntnis im Wissen um ihre Beschränktheit auf ein Gebiet begrenzen, das weit enger ist als das heutige.

24 Ich meine, daß die Arbeiten von G. Günther (1976 und 1979), G. Spencer-Brown (1969), F. Varela (1975) und R. Kaehr (1993), die aus einer ähnlichen, übrigens von Hegel ausgehenden Motivation stammen, erste Ansätze dafür liefern. Kernpunkt dabei ist eine Thematisierung des Aktes der Unterscheidung.

Vielleicht wäre es ein erster Schritt, genauer zu bestimmen, *was* bei dem von meinen Gesprächspartnern beschriebenen Wissen eigentlich "gefühlsmäßig" und nicht begrifflich faßbar ist:
1. Sind die Phänomene, die man beschreiben will (z.B. Boden), d.h. ihr Funktionieren oder die Wechselwirkungen in ihnen begrifflich nicht ausdrückbar? Ich glaube, ja. Direkt sind bestimmte (z.B. lebende) Phänomene begrifflich nicht angemessen beschreibbar und um das, was sie ausmacht (was sie "sind") zu kommunizieren, braucht man andere Ausdrucksweisen. Das indirekte Funktionieren von Geschichten und Metaphern wäre hier zu prüfen.
2. Ist ein spezifisches Urteil über das Phänomen, zu dem man aus bestimmter Hinsicht kommt (z.B. was einem bestimmten Boden fehlt) begrifflich nicht ausdrückbar? Nein. Das kann man in Begriffen ausdrücken.
3. Ist die Gültigkeit eines Urteils, zu dem man in einem konkreten Fall kommt, begrifflich nicht zu rechtfertigen? Ich glaube, sie ist begrifflich zu rechtfertigen (dazu später mehr). Dies ist jedoch nicht durch die Angabe der einzelnen Beobachtungen und Gesetzmäßigkeiten ihrer Verknüpfung zum Gesamturteil möglich, denn diese sind nicht angebbar (deshalb Polanyis Bezeichnung "tacit knowing"). Wo wie in der analytischen Wissenschaft zur Rechtfertigung solche Angaben verlangt werden, mögen die Urteile deshalb ungerechtfertigt erscheinen.
4. Ist die Art, wie man lernen kann, solche Phänomene zu beurteilen, begrifflich nicht ausdrückbar? Ich glaube, nein. Was man zum Erlernen tun muß, läßt sich (wie später gezeigt) angeben.
5. Ist ein allgemeines Verfahren, mit dem man zu solchen Urteilen kommt, begrifflich nicht ausdrückbar? Hier bin ich mir nicht sicher (auch ein nicht-begriffliches Verfahren ließe sich als Verfahren begrifflich beschreiben). Wenn es begrifflich nicht ausdrückbar ist (man scheint es z.B. nicht in einen Algorithmus fassen zu können), so vielleicht deshalb, weil die traditionelle wissenschaftliche Idee von "Verfahren", von einer einheitlichen Form für verschiedenste Inhalte und Personen hierfür unangemessen ist.

Ein Hinweis zu den beiden letzten Punkten findet sich bei Aristoteles, der, an der Quelle der Erkenntnistheorie stehend, neben der deduktiv orientierten Konzeption wissenschaftlicher Erkenntnis noch eine zweite Erkenntnisweise entspringen sah. Sie trägt den Titel *Induktion.* Was Aristoteles darunter verstand war – ganz anders als das oben erwähnte und im kritischen Rationalismus vieldiskutierte Verfahren induktiven *Beweises*[25] – der für eine deduktive Wissenschaft notwendig vorausgesetzte Weg zu den obersten (und allgemeinsten) Prinzipien.[26] Der Weg der Induktion führt zu noch nicht Begriffenem, Allgemeinem hin (ein *epagogischer* Weg) und ist kein Weg bei dem aus schon Begriffenem, Allgemeinem geschlossen würde (kein *apodiktischer* Weg). Aristoteles sah ihn in drei Schritten: Wahrnehmung, Erinnerung (Gedächtnis) und Erfahrung. Er schrieb: "Aus der Wahrnehmung entsteht nun das Gedächtnis, wie wir das Beharren nennen, aus dem Gedächtnis, wenn derselbe Vorgang sich ihm oft unterbreitet, die Erfahrung; denn die der Zahl nach vielen Erinnerungen sind eine Erfahrung. Aus der Erfahrung aber oder aus jedem Allgemeinen, das in der Seele zur Ruhe gekommen ist (...), stammt das, was das Prinzip der Kunst und der Wissenschaft ist ..."[27]

Was Aristoteles hier als Induktion beschreibt, ist nicht eigentlich ein Erkenntnisverfahren, sondern der Prozeß, sich (den Intellekt (Nus), wie er sagt) dazu zu befähigen, etwas zu erkennen. Dabei verschiebt er die Frage "Wie trifft man ein Urteil?" zur Frage "Wie lernt man, Urteile treffen zu können?" und gelangt damit von einer

---

25 Dabei ging es um die Möglichkeit, aus der Beobachtung von Einzelfällen die Formulierung einer allgemeinen Aussage zu begründen, d.h. nicht um ihr Zustandekommen, sondern allein um ihren Wahrheitsanspruch. (Vergl. K. Popper, 1979, S. 3ff.)

26 Siehe dazu O. Höffe, 1990, S. xxxiii). Induktion – auch wenn man damit, wie Höffe, nicht das Beweisverfahren meint – wird üblicherweise als "Weg vom Einzelnen zum Allgemeinen" bezeichnet (und der umgekehrt gerichteten Deduktion gegenübergestellt). Ich halte diese Bezeichnung für ein irreführendes Relikt aus der Beweis-Diskussion. Dies deshalb, weil bei der hier angesprochenen Induktion das Einzelne als bezeichenbares Einzelnes noch gar nicht feststeht (es gibt, wie gesagt, den festen Begriff "Schwäne" hier noch gar nicht). Ausgangspunkt des Weges ist vielmehr eine Situation, aus der die Grundstruktur (und damit die angemessene Gliederung in "Einzelne") erst herauszulesen ist. Ich bezeichne, was Aristoteles "Induktion" nennt, daher eher als ein Erkennen von Ordnung in bezug auf eine Frage.

27 Aristoteles (1990, II.Buch, Kap. 19, 100a). Damit hat er für das Wissen um die Grundprinzipien eine andere Erklärung als Platon mit seiner Erinnerung der Seele an geschaute Ideen (Anamnese).

reinen Verfahrensfrage zu einer Frage der (Aus-)Bildung einer Person. Bei den Schilderungen meiner GesprächspartnerInnen geht es nicht um oberste Prinzipien. Dennoch handelt es sich, glaube ich, wenn sie in sogenannt 'komplexen' Situationen" eine einfache Ordnung finden und dazu die einzelnen Beobachtungen dem Ganzen unterordnen, um solche Induktion.[28] Hier die Worte von Nicolin Bischoff:

"D: Aber wie lernt man diese Zusammenschau?
N: Durch ... Beobachtung. Beobachtung heißt 'sehen-denken-sehen', heißt etwas nicht nur sehen, sondern denkend sehen und auch beschauen, also wenn man etwas sieht, dieses gleichzeitig nach Zusammenhängen zu hinterfragen, nach Zusammenhängen mit den zeit-räumlichen Gegebenheiten. Zeit-räumliche Gegebenheiten können z.B. die Nachbarbäume sein oder die Bodendecke oder die Geologie, die Topographie und so weiter. Das sind alles Dinge und Zustände, die außerordentlich stark in die Zusammenhänge hineinspielen, das sind Grundlagen. Wir lernen diese Grundlagen kennen und wir wissen, daß die Erosion harter Schichten anders ist als von weichen Schichten oder daß die Erosion in Störungen des Muttergesteins anders ist, und das gibt uns dann das topographische Gesicht der Landschaft. Und wenn wir imstande sind, die Topographie zu erkennen, dann können wir bereits kleinklimatische Schlüsse ziehen: Daß die Südseite wärmer ist als die Nordseite, daß eben die Exposition spielt, die Wasserverhältnisse... (...) Das sind die Kleinigkeiten, die uns weiterhelfen."[29]

---

28 Man mag einwenden, daß "Induktion" bei Aristoteles im Zusammenhang mit der Entstehung von Allgemeinem (allg. Begriffen und allg. Gesetzen (Windelband, 1912, S. 114)) aus vielfältigem Beobachten diskutiert wird, während ich hier im Zusammenhang mit der Entstehung von situationsspezifischen Gesamturteilen aus vielfältigem Beobachten von "Induktion" rede und Induktion nicht nur als Weg zum Allgemeinen, sondern auch als Weg zum integrierenden Gesamturteil betrachte. Ich glaube jedoch, daß damit nur die zwei Dimensionen bezeichnet werden, in denen jede Induktion sich vollzieht: Bei der Entdeckung von Ordnung faßt man etwas wegen der Allgemeinheit seines miteinander Vorkommens als bestimmtes Ganzes und erfaßt es wegen seiner bestimmten Ganzheit als allgemein Vorkommendes.

29 Nachdem ich Nicolin Bischoff eine rohe Fassung dieses Kapitels zur Kontrolle geschickt hatte, ergänzte er dieses Zitat durch eine weitere Beschreibung, die ich hier wiedergeben möchte: "Wenn ich an einem Berg einen Baumbestand oder einzelne Bäume näher kennenlernen will, beobachte ich sie zunächst aus dem Gegenhang, und zwar zu verschiedenen Zeiten (Beleuchtung, Sonnenstand, Jahreszeiten...) und von verschiedenen Standorten aus. Damit erhalte ich auf deduktivem Weg Informationen von den den Berg umgebenden, ihm innewohnenden und ihn gestaltenden Natur-

Und Heinz Schneebeli:

"H: Ich glaube, das Wichtigste ist, einfach die Natur zu beobachten, beobachten zu können. Man muß nicht wissen, wie es andere Gärtner machen, sondern einfach wissen, wie etwas wächst und unter welchen Bedingungen es wächst. (...)[30]
U: Aber dazu kannst du nicht einfach den Garten anschauen. Anschauen ist noch nicht das gleiche wie beobachten.
H: Mit Beobachten meine ich auch zu achten, was passiert. Also, es fällt dir eine Pflanze auf – und sie kann dir auffallen, weil sie besonders schön ist, oder sie kann dir auffallen, weil sie besonders schlecht wächst – und das nimmst du auf und schaust ein bißchen, in welchem Zusammenhang sie steht: Steht sie frei, oder ist da ein Baum, ist der Boden verhärtet, gibt es eine Quelle... Also einfach das ganze Drumherum, das mußt du als Ganzes, als Bild erfassen, und auf das kannst du dann nachher Rückschlüsse machen.
U: Jemand hat einmal gesagt Beobachten, das ist Denken-Sehen...
H: Ja, das ist es vielleicht, das kann stimmen. Du mußt einfach das, was du anschaust, auch hinterfragen, bzw. wirklich sehen, was es ist, und immer Rückschlüsse machen, das könnte deshalb sein, und so. Und eben, durch die Menge der Erfahrungen, wenn du die gleiche Pflanze ein paarmal in der gleichen Situation gesehen hast, aber irgendwo ist sie eben ein bißchen anders, dann kannst du Rückschlüsse machen. Dann kannst du denken, diese hat jetzt mehr Sonne, oder..."

Vom Weg, wie man lernen kann, induktive Urteile zu treffen (Punkt 4 von oben), läßt sich also einiges und auch einiges zu Aristoteles´ Beschreibung nicht Unähnliches sagen: Dieser Weg besteht darin, ausgehend von Grundkenntnissen Zusammenhänge wiederholt interessiert zu beobachten. Bei solchem "Sehen-Denken-Sehen"

---

kräften. Diese deduktive Annäherung an die tatsächlichen Verhältnisse ist die Grundlage für ein eventuelles induktives Erforschen der Bäume oder Baumbestände an ihrem Standort selbst."

30 Heinz Schneebeli nannte an dieser Stelle noch einen weiteren Grund für die Bedeutung des Beobachtens: "Das ist, scheint mir, auch dann für das Naturverständnis das wichtigste, dafür, daß du dann den Garten mit der Natur machst und nicht dagegen, also daß du wirklich alles optimieren kannst, und zwar nicht in einer Kunstwelt, sondern wie am optimalsten in der Natur gewisse Bedingungen herrschen und gewisse Pflanzen unter diesen Bedingungen am besten gedeihen. Wenn man das sehen kann und dann übernimmt, dann muß es gut werden."

macht man sich "ein Bild" des Ganzen.[31] Auch Ingeborg Steiner beschreibt es so:

"Ich habe ein Grundwissen gehabt und dann beobachtet und geschaut: stimmt's. Ich glaube, das war das Allerwichtigste: immer beobachten, beobachten. Beobachten von mir als erstes und als zweites von den anderen: Wie reagiert das? Wie sieht das aus? Wie ist die Geschichte? Was paßt zusammen? Alle die Aspekte zusammenbringen, bis sie sich klären. Und das ist eigentlich das Spannende daran."

Dieses Wissen, die "Fähigkeit zu induktivem Erkennen" wie ich es nennen würde, arbeitet also mit Bildern, arbeitet damit, alle verschiedenen Aspekte in ein Bild zusammenzupassen. Vielleicht wäre es wichtig, zu untersuchen, was ein Bild von einem logisch konsistenten Theoriengebäude unterscheidet. Läßt das Bild mehr Freiraum für Interpretation, ähnlich wie – laut Walter Benjamin[32] – die literarische Form der Erzählung mehr Freiraum läßt als jene der Information?

Als Schlüssel zu diesem Wissen erachteten meine GesprächspartnerInnen das Beobachten. Weil es hier darauf ankommt, viele Faktoren im Auge zu behalten, sind Extremsituationen (etwas, das "auffällt") wohl besonders lehrreich. Darin unterscheidet sich die beobachtete Situation von einer, wie sie die analytisch verfahrende Wissenschaft vielfach einrichtet. Indem diese sie künstlich vereinfacht, *baut* sie Extreme, anstatt sie aus einer Vielfalt von Faktoren eigengesetzlich erst hervortreten zu lassen.

Doch das Beobachten selbst ist – Nesa Gschwend erinnert daran – auch für die analytisch verfahrende Wissenschaft zentral.

"Ich glaube, jede Form von Auseinandersetzung auf einer praktischen Ebene setzt voraus, daß du beobachten kannst. Das kannst du auf alles übertragen, auch auf die Naturwissenschaften."

Worin, wenn überhaupt, unterscheidet sich die Beobachtung in der analytisch verfahrenden Wissenschaft vom hier beschriebenen Be-

31 Ich sehe hier große Ähnlichkeiten mit H.G. Gadamers (1975) und M. Heideggers (1976) Beschreibungen von hermeneutischem Verstehen. Ich möchte dieser Verbindung jedoch im vorliegenden Text nicht weiter nachgehen.

32 Siehe dazu die Darstellung "Erzählen" im vorhergehenden Kapitel.

obachten? Wohl zunächst dadurch, daß die analytische Wissenschaft für die Selbstbeobachtung, auf die Ingeborg Steiner explizit verweist, nicht viel Sensibilität aufbringt. Ein weiterer wichtiger Unterschied dürfte darin liegen, *was* jeweils beobachtet wird. Die analytische Wissenschaft hat ihre Beobachtungskategorien schon im voraus definiert und beobachtet nur noch deren jeweilige Ausprägungen.[33] Bei der Induktion wird dagegen die gesamte Situation betrachtet, denn hier soll nach einer Reihe solcher Beobachtungen eine Ordnung erst erkannt werden, und Einzelphänomene sollen durch ihre Stellung im Rahmen dieser Ordnung erst als solche charakterisiert und beurteilt werden ("die einzelnen Beobachtungen dem Ganzen unterordnen").

Auch die Induktion geht jedoch nicht von Null aus. Auch hier bedeutet Beobachten, die Grundlagen, die man gelernt hat ("daß die Erosion harter Schichten anders ist als von weichen Schichten"), zusammenzudenken und auszuprobieren, doch scheinen sie dabei als Grundlagen nicht in scharfer Definition oder Interpretation, sondern (jedoch durchaus präzis!) dem Sinn nach angewandt zu werden. Ermöglicht wird dieses korrekte, dem Sinn entsprechende Anwenden vielleicht durch genau das, was oben "(Grund-)Haltung" genannt wurde.

Gut möglich, daß das induktive Vorgehen der sogenannten "Praktiker" von spezialisiert forschenden Wissenschaftlern gerade deshalb kritisiert wird, weil ihnen dieser Interpretationsspielraum nicht geheuer ist, weil sie für eine Bedeutungsverschiebung, wie sie bei der Induktion in der Zusammenschau von Einzelbeobachtungen gegenüber ihrer isolierten Untersuchung in der Wissenschaft stattfindet, keinen Spielraum lassen wollen. In ihrem Streben, ihre Erkenntnisse (in Entstehung und Verwertung) von persönlichen Umständen unabhängig zu machen, vertrauen sie nicht auf "Haltungen".

---

33 So soll man in der empirischen Sozialforschung die Beobachtungs- oder Erhebungskategorien vor der Erhebung genau definieren. Sie bilden dann das "Sensorium" für die Untersuchung. Anders, und weniger "sperrig", kann man forschen, indem man den eigenen Geist und Körper als Sensorium verwendet. Auch dazu ist eine Vorbereitung nötig, jedoch eine, die (wie hier beschrieben) die eigene (Aus-) Bildung und (Selbst-)Erfahrung betrifft. Diese Möglichkeit ist in der Wissenschaft kaum anerkannt.

Damit entsprechen sie auch den "Bedürfnissen" einer durch allgemeine Regeln und hierarchische Arbeitsorganisation gekennzeichneten Gesellschaft: Wo Urteilsverfahren standardisiert werden und Arbeitsschritte delegiert und kontrolliert, darf nichts von Haltungen abhängen. Nicolin Bischoff konnte eine Geschichte davon erzählen:

"Und auch mit den Waldarbeitern bin ich gelegentlich abge sessen und dann habe ich ihnen erklärt, was Farne sind und Moose, und wenn dann besondere Farne dagewesen sind, dann habe ich gesagt, sie sollen den nächsten Baum nicht gerade in die Farne hinein fällen. Und dann haben sie das auch nicht gemacht. Damit sind die Farne heute noch da. Das habe ich den Arbeitern erklärt. Der Revierförster, der uns begleitet hat, ist halb wütend geworden, weil wir abgesessen sind im Stundenlohn! (lacht) Der hat einfach nicht sehen wollen, daß die Arbeiter mitkommen müssen."

Feste Standards für ein Arbeiten mit geringer Eigenverantwortlichkeit und gleiche Regeln für alle(s) sind nicht Sache derer, die induktiv vorgehen. Wenn ihr Wissen "umsetzbar" ist, so nicht in diesem Sinne. Eher gilt hier, was Rudolf Högger sagte:

"Hier kann niemand kommen und sagen 'aha interessant, nehme ich, wende ich an' und kann dann sagen, ob es stimmt oder nicht. Er kann höchstens sagen 'aha interessant, ich will denselben Weg gehen'."

Vermutlich gehört zu diesem Wissen, meinem [redacted], der Weg seiner Entstehung so notwendig dazu, daß man es nicht einfach übernehmen kann, sondern nur selbst erwerben.

Doch zurück zur oben (unter Punkt 3) angeschnittenen Frage der Rechtfertigung von Urteilen. Auch die Wissenschaft kommt ja (wie schon Aristoteles bemerkte) nicht ohne die beschriebene Induktion aus. Sie benötigt sie, wo sie die Grundkonzepte und -prinzipien für analytisches Vorgehen erarbeitet. Wenn die Induktion jedoch im Selbstverständnis der analytischen Wissenschaft verdrängt wird und man nur ihr Ergebnis betrachtet [34], so hat dies neben dem Ausblenden der Person wohl auch mit bestimmten Normen der Rechtfertigung von Urteilen zu tun. Lange Zeit galt ein Urteil in der Wissenschaft dann als gerechtfertigt, wenn es begründet werden konnte,

---

34 siehe oben, Fußnote 17

und das hieß, wenn die Sätze angegeben werden konnten, aus denen es logisch folgt. Man stellte sich vor, daß der Weg der Erkenntnisfindung und der Weg der Begründung der gleiche sein sollten. Der Weg des *Begründens* von Urteilen sollte den Weg ihrer *Gewinnung* einfach zurück laufen. Für deduktiv gewonnene Urteile war dies unproblematisch. Begründung erforderte hier lediglich ein Anführen der beobachteten Phänomene und der auf sie angewandten, anerkannten Gesetze.[35] Für induktiv gewonnene Urteile hingegen war solche Begründung problematisch: Weil man "Begründen" als Ableiten verstand und Erkenntnisweg und Begründungsweg als identisch, meinte man, das induktive Gewinnen von Urteilen als induktives *Schließen* verstehen zu müssen. Induktive Schlüsse konnten jedoch durch ein Zurückgehen am selben Weg nicht *begründet* werden.[36] Karl Popper schlug daher vor, hier von Begründung abzusehen und in der Wissenschaft als gerechtfertigtes Urteil gelten zu lassen, was begrifflich präzis genug festgelegt war, um falsifiziert werden zu können, und was solchen Falsifikationsversuchen durch eine dazu verpflichtete Wissenschaftlergemeinschaft bislang standgehalten hatte.[37] Hier war es nicht mehr nötig, genau zu sagen, *wie* man sein Urteil gewonnen hatte, sondern lediglich, *was* man behauptete. Der Weg der Begründung mußte mit dem Weg der Erkenntnisfindung nichts mehr zu tun haben, und was bei einer (nun nicht mehr notwendig als Schließen verstandenen) Induktion geschah, konnte im Dunkeln bleiben.

Soweit Rechtfertigung in der Wissenschaft. Doch gibt es auch außerhalb der Wissenschaft Leute, die ihre Urteile für gerechtfertigt[38] halten. Nicolin Bischoff zum Beispiel:

---

35 Einfachstes Beispiel: Gesetz: Alle Menschen sind sterblich.
Beobachtung: Beim vorliegenden Phänomen handelt es sich um einen Menschen. Urteil: Das beobachtete Phänomen ist sterblich.

36 Dieses Rechtfertigungsproblem wurde als "Problem der induktiven Begründung" bezeichnet (Vergl. Popper, 1979).

37 Bei diesem Standhalten oder Falsifiziert-werden kommen, wie die neuere Wissenschaftsforschung (z.B. B. Latour, 1987) zeigt, bestimmte soziale Phänomene ganz wesentlich zum tragen.

38 In den Interviews wurde dies, meist bedingt durch eine ungenaue Frage meinerseits, nicht unter dem Begriff "Rechtfertigung", sondern unter "Begründung" disku-

"D: Wenn Sie mit einem Forstwissenschaftler durch den Wald gehen, wie schauen Sie einen Baum an und wie schaut er einen Baum an?
N: Das haben wir schon gemacht. Aber der war dann in der Klemme, weil bei ihm unter Wissenschaft etwas anderes verstanden wird. Die Glaubwürdigkeit seiner Aussagen ist an der ETH oder in deren Umgebung nicht gesichert, wenn er nicht den analytischen Weg geht und nicht alles mißt. Es gibt aber auch ungemessene Wahrheiten, bloß beobachtete. Ich habe z.B. dreißig Jahre lang Waldlawinen beobachtet – von meinem Bett aus sehe ich einen Berg vor der Nase – und da habe ich gesehen, wie sich die Beziehung Schnee – Wald abspielt. (...) Und dann hat mir einer von der Forschungsstelle am Weissfluhjoch geschrieben 'es wird sehr sehr lange Zeit verstreichen, bis die Wissenschaft imstande ist, deine Annahmen zu bestätigen'. Er behauptete, das seien Annahmen! Aber das sind nicht Annahmen, sondern das sind Beobachtungen!"

Sicher müssen in der Praxis nicht die gleichen Rechtfertigungskriterien gelten wie in der Wissenschaft. Die Leute verfügen hier auch über keine vergleichbare Forschergemeinschaft für Falsifikationsversuche. Und sollten sie an die Wissenschaft Anschluß suchen, so mag dies dadurch erschwert werden, daß die von ihnen verwendeten Kategorien ganz persönliche sein können (oder ganz situationsspezifische) und mit jenen der Wissenschaft nicht übereinstimmen. Dadurch unterliegt die Induktion von Praktikern einer wichtigen Grenze: ihr Wissen kann einerseits nur von ihnen selbst (oder wenigen anderen) korrigiert werden und kann andererseits nicht ohne weiteres dazu dienen, das Wissenssystem der Wissenschaft zu korrigieren. Dies allein würde vermehrte Bemühungen um einen Dialog zwischen Wissenschaft und Praxis schon für beide Seiten attraktiv machen.[39]

---

tiert. "Begründung" – wie ich den Begriff im vorliegenden Text genauer zu verwenden versuche – ist jedoch bereits eine spezielle Art von Rechtfertigung, eine logisch ableitende. Ich glaube jedoch, daß bei den Interviews auch von meinen GesprächspartnerInnen hier beide Begriffe lockerer und daher synonym verwendet wurden.

39 Hinzu kommen noch viele andere Gründe für beide (vergl. die Abschnitte zum Wissenschaft-Praxis Verhältnis in diesem Buch) und z.B. für die "Praktiker" der, daß sie für einige heute wichtige "Beobachtungen" (ich denke an unüberblickbar großräumige, winzig kleine oder sich latent akkumulierende Phänomene) auf den weiten

Welche Kriterien aber gelten in der Praxis für die Rechtfertigung? Wie belegen Ingeborg Steiner oder Nicolin Bischoff die Gültigkeit ihrer Aussagen? Spielt "rechtfertigen können" in ihrerem Bereich überhaupt eine Rolle oder genügt es, wenn sie als Person für ihre Aussagen einstehen? Reicht es aus, auf die eben erwähnten langjährigen Beobachtungen und gemachten Erfahrungen zu verweisen oder müssen diese noch zusätzlichen Anforderungen gerecht werden, um glaubwürdig zu sein? Zunächst Nicolin Bischoff:

"N: Also ich halte sehr viel von dem sogenannten Götterblick der Förster, weil sie eigentlich eben mit den Sinnen und mit ihrem Gespür versuchen, in die komplexen Zustände des Waldes einzufühlen, und dann Entscheide treffen.
Dritter: Sie können sie aber nicht begründen.
N: Sie können sie auch begründen!
Dritter: Nicht faktisch begründen...
N: Ja, aber der Götterblick ist natürlich etwas, das nicht wiedervollziehbar ist. Aber die Forderung nach Wiedervollziehbarkeit in der Wissenschaft ist eine übertriebene Forderung. Im sich immer wieder Verändernden des Waldes können wir eben diese Wiedervollziehbarkeit nicht aufrecht erhalten. Das ist eine Forderung, um Wissenschaftlichkeit zu begründen. Wir müssen sie aber fallen lassen und vielleicht eben nur dann Wiedervollziehbarkeit fordern, wenn wir analytisch vorgehen."

Nicolin Bischoff hält "gefühlsmäßig" getroffene Urteile für durchaus zu rechtfertigen, jedoch auf andere Weise. Dabei versteht er, wie er mir später sagte, unter der mangelnden "Wiedervollziehbarkeit", die eine andere Rechtfertigung hier gar nicht möglich machen würde, die Unwiederholbarkeit des Phänomens (Einzigartigkeit der Situation). Neben der fehlenden Forschergemeinde ist dies die zweite Schwierigkeit, die einer Nachprüfung (wie für Falsifikationsversuche nötig) hier im Wege stehen würde. Um welche andere Weise von Rechtfertigung handelt es sich hier? Auch Ingeborg Steiner beansprucht sie:

"D: ... Und wenn du dann so zu einer Überzeugung kommst, so und so ist es: Kannst du das dann begründen?

Beobachtungshorizont und die Beobachtungsinstrumente der Wissenschaft angewiesen sind.

I.S.: Ja! Weil ich beobachte, kann ich es begründen.
D: Das finde ich spannend, denn von Seiten der Schulmedizin kommt ja manchmal der Vorwurf "Die massieren da so ein bißchen intuitiv herum, aber...
I.S.: ... aber sie können es nicht begründen. Also ich würde sagen, ich kann es besser als sie, eigentlich. Weil ich es auch gerade sichtbar machen kann. Also wenn ein Kind, das bislang als "Bleichmaus" galt, plötzlich rosig und belebt wirkt, ist das ja kein Zufall. (...)
Ja, und die Medizin kann gar nicht alles begründen. Frag sie einmal, was Rheuma ist, frag sie mal, wo ein hoher Blutdruck herkommt... Das ist alles sehr wackelig. Sie müssen nur tun, als wüßten sie es. (...) Aber ich meine: Wie kann eine Medizin wissenschaftlich exakt sein, wenn wir nicht alle gleich sind. Das würde funktionieren, wenn wir alle genau gleich wären. Aber wir sind ganz verschiedene Menschen. Wenn man mit uns allen gleich verfährt, ist die Wirkung je nach Typ, Lebenssituation und Verfassung völlig verschieden."

Auch Ingeborg Steiner führt als Grund für ihren Zweifel gegen wissenschaftliche Rechtfertigungsweisen die Einzigartigkeit der Situation an. Auch sie meint, ihre Urteile rechtfertigen zu können und tut dies durch Verweis auf ihre Beobachtungen. Daneben betont sie etwas, das ich als die Möglichkeit zu treffender Vorhersage verstehe ("etwas gerade sichtbar machen können"). Ist es das, worauf in der Praxis die Rechtfertigung beruht? Oder hat es auch noch mit der stimmigen Einbettung in einem Gesamtbild zutun, auf das Ingeborg Steiner oben hinwies, als sie davon sprach "alle Aspekte zusammenbringen zu müssen, bis sie sich klären"? Auf die Frage, welche Kriterien in der Praxis für die Rechtfertigung gelten, habe ich noch keine wirkliche Antwort, ja ich bin mir nicht einmal sicher, ob "rechtfertigen können" in der Praxis selbst überhaupt ein wichtiges Kriterium ist (Vertrauen spielt hier eine wichtige Rolle!) oder nur ein importiertes Kriterium zur Verteidigung gegen eine machtvoll daneben stehende, gerechtfertigte Wissenschaft.

Wenn ich nun zusammenfasse: Welche Qualitäten habe ich aus den Gesprächen "vor Ort" für mein [redacted] gewonnen?

Dieses Wissen ist ein "wissend sein" und kein personenunabhängiger Bestand, nicht etwas in Büchern o.ä. Niedergelegtes, sondern eine Lebensweise von Menschen. Es ist die Art, wie sie sich zur Welt stellen, ihre Haltung. Diese ist von Werten geleitet. Großes

Wissen bedeutet hohe Vertrautheit mit einer Welt. Es ergibt sich aus einer offenen und einfühlsamen Haltung zu sich und zu dieser Welt und drückt sich in einer solchen auch aus.

Dieses Wissen geht von gelernten Grundkenntnissen aus (viele davon muß man selbst unmittelbar wahrgenommen haben) und entwickelt sich durch ihre häufige Beobachtung in vielfältigen Zusammenhängen immer weiter (sehen-denken-sehen). Dabei macht man sich "ein Bild". Freude und Interesse spielen dabei eine wichtige Rolle.

Aufgrund dieses Wissens ist man dazu fähig, in sogenannt "komplexen" Situationen eine einfache Ordnung zu sehen (dies sollte nicht als Fähigkeit zu Synthese, sondern als Fähigkeit zu Induktion bezeichnet werden). Wie im konkreten Fall ein Urteil entstanden ist, kann nachträglich nur ansatzweise angegeben werden.

Dieses Wissen ist nichts, das man schon fertig "gespeichert" hätte. Es besteht in einem "ordnen können" und nicht im Abrufen einer klar definierten, vorgefertigten Ordnung (man ist von sich selbst überrascht). Dadurch kann man immer spezifisch situationsangemessen entscheiden und die Bedeutung von Einzelphänomenen nicht isoliert, sondern in relativer Abhängigkeit von der Gesamtsituation erkennen.

Dieses Wissen ist dynamisch in dreierlei Hinsicht: 1. Es entwickelt sich immer weiter. 2. Es ist eine Lebensweise, d.h. nicht etwas, das "ist", sondern etwas, das gelebt wird. Und 3. Es äußert sich nicht in allgemein definierbaren Ordnungen, sondern immer wieder neu in einem Ordnen-können.

Soweit die Qualitäten von ■, wie ich aus den Gesprächen mit Menschen herausgehört habe, die dieses von mir Gesuchte verkörpern.[40] Doch mit ihnen über ihr Wissen zu reflektieren, ist nur

40 Nachdem ich eine rohe Fassung dieses Kapitels geschrieben hatte, sandte ich es meinen GesprächspartnerInnen zur Korrektur. Sie waren im großen und ganzen damit zufrieden und schlugen nur einige klärende Reformulierungen in den zitierten Aussagen vor. Rudolf Högger und Ingeborg Steiner legten noch einige weitere Gedanken zu "meinem" Kapitel bei, die ich hier wiedergeben möchte:

Rudolf Högger: "Ich habe für mich selber zum Schluß zu formulieren versucht, worum es möglicherweise geht: n als innerer Raum, als Bereitschaft - oder Erlaubnis an mich selber - mich mit allen meinen sich auch widersprechenden Sinnes-, Fühl-,

ein Weg, [redacted] kennenzulernen. Ein anderer, mindestens ebenso wichtiger, besteht darin, sich selbst auf seine Entwicklung einzulassen. Die Beschreibungen meiner GesprächspartnerInnen können diesen Weg zwar unterstützen, ersparen können sie ihn mir jedoch nicht.

---

und Denkmöglichkeiten gleichzeitig in Bezug zu setzen zu all dem, was von außen und innen andrängt."

Ingeborg Steiner: "Ein Satz von F. Capra begleitet mich hilfreich in meinem Alltag: "Das neue Zeitalter wird vom 'Fußvolk 'aufgebaut werden." Das berührt mich, die ich mit Füßen arbeite, besonders, geht aber selbverständlich viel weiter. Nämlich dahin, daß jeder Mensch mit seinen besonderen Fähigkeiten zum großen Ganzen einen Beitrag leistet. Über die Not der heutigen Zeit in der ganzen Welt werden die Wissenschaftler eines Tages mit der einfachen, lebendigen Erfahrung des weniger gebildeten Menschen ihr starres Gebäude ausweiten können. Das ist meine Hoffnung."

EIN PROZESS DER WISSENSCHAFT

Suche nach einer Wissenskonzeption in sich selbst

Ursina Steinemann

> *The experience gained in darkness sheds light on the whole being and through this experience we are irrevocably changed and empowered.*
> *(Tsultrim Allione)*

In vorliegendem Aufsatz möchte ich meine Schwierigkeiten mit der Hochschulwissenschaft klären und gleichzeitig den Wesenszügen von Erfahrungswissen auf die Spur kommen. Ich versuche, mich mit Hilfe der biblischen Geschichte von Hiob und dem Roman *der Prozeß* von F. Kafka dem Ort anzunähern, wo Wissen ensteht, und dort seine Bedingungen, gewissermaßen seine Anatomie von innen her, zu studieren. Ein in der Wissenschaft ungewohntes Vorgehen. Ein Versuch, eine Annäherung.

Es gibt Ereignisse im Leben, die man irgendwie als symbolhaft empfindet. Begebenheiten, die wie eine Zusammenfassung, ein Konzentrat eines Stück Lebens erscheinen, bedeutungsvoll, sowohl für unsere Vergangenheit als auch für unsere Zukunft. Der Stoff, aus dem Geschichten gewoben sind.

Eine solche Geschichte spielte sich für mich in einer Psychologiestunde im Seminar ab: Ich mußte der Klasse einen Text von Freud laut vorlesen. Er war aber so kompliziert, daß ich kein Wort verstand. Nichtsdestotrotz versuchte ich, meine Sache gut zu machen. Ich ließ mich auch durch zunehmendes Kichern meiner Klassenkameraden nicht aus meiner angestrengten Konzentration bringen. Schallendes Gelächter empfing mich, als ich von meinem Blatt auftauchte: Im Text ging es um den Begriff des Über-Ichs. Ich hatte, ohne mich daran zu erinnern – Freud läßt grüßen –, jedes einzelne *Über-Ich* als *Übergewicht* gelesen, laut und öffentlich.

Die zweite Geschichte ereignete sich in der Stoßzeit im Kiosk Haupteingang im Hauptbahnhof von Zürich, wo ich während des Studiums als Aushilfsverkäuferin arbeitete. Kurz vor jeder vollen Stunde saugt sich der Bahnhof voll mit Menschen, um sie dann mit den großen Schnellzügen in alle Richtungen wieder auszustoßen. Zeit: kurz vor 6 Uhr, Feierabend. Vor der Auslage eine Traube eiliger, müder Menschen. Nach menschlichem Ermessen eine Sache der Unmöglichkeit, diese Leute in so kurzer Zeit zu bedienen, daß sie alle den Zug noch erwischen. Ich liebte diese Momente. Denken und Überlegen waren jetzt viel zu zeitaufwendig. Alle Handlungen mußten gleichzeitig geschehen. Meine Hände, mein Körper arbeiteten autonom. Ich konnte nicht mehr eine einzelne Tätigkeit kontrollieren, sondern mußte mich in ein Vertrauen fallen lassen, daß alles richtig zusammenspielte. Wenn ES funktionierte, war es wie ein Fluß, ein Tanz. Auf einer einzigen Welle durch die Rush Hour zu surfen, das war mein Sport. Manchmal gab es Brüche, wie an jenem Abend. Ein Filmriß. Für einen Moment erstarrte der Fluß der fortwährend sich zu- und wegbewegenden Menschen. Für einen Moment wußte niemand, wer jetzt an der Reihe war, bedient zu werden. Stille, alle Blicke auf mich gerichtet. Ich versuchte, das Boot wieder flottzukriegen und wollte fragen: "Wer ist dran?" Aber statt dessen setzte ich in diese Zeitlücke laut und öffentlich die Frage: Wer ist schuld? Diesmal hörte ich es selber. Noch ein Moment der Stille, keine Antwort, dann ging der Film weiter.

Während meiner Arbeit über Erfahrungswissen sah ich plötzlich einen Zusammenhang zwischen diesen beiden Geschichten.

Offenbar waren das zwei Pfeiler meines Verständnisses vom Leben, die sich da so überraschend aus der Tiefe meines Unbewußten in die Öffentlichkeit gedrängt hatten: Ein übergewichtiges Über-Ich schien dauernd eine Schuldige zu suchen. Damit war in mir eine Art Suchbild geboren. Von nun an begegnete ich diesem Muster auf Schritt und Tritt. Sowohl auf der psychischen Ebene, in zwischenmenschlichen Kontakten als auch auf gesellschaftlich/politischer Ebene scheinen wir Konfliktsituationen oft nach diesem Prinzip zu lösen zu versuchen: Wenn sich etwas nicht wunschgemäß[1] verhält, dann muß irgend etwas daran schuld sein: Andere (die Eltern, Nachbarn, Vorgesetzte...), die Gesellschaft, die Zeit, die Umstände, die Strukturen oder man selber. Unter schuldig sein verstehe ich hier, aufgrund einer Unvollkommenheit der Person oder des Handelns die Ursache zu sein für einen Zustand, der nicht dieser allgemeinen Vorstellung von richtig, gut, erlaubt entspricht. Da sich Unvollkommenheit immer irgendwo finden läßt, sind wir permanent damit beschäftigt, Schuld zuzuweisen, selber schuldig zu sein oder Schuld abzuwehren, bzw. uns zu rechtfertigen. Auch hinter subtileren Vorgängen wie Vergleichen oder Kritisieren mit dem Ziel zu beweisen, wer recht hat oder was besser ist, auf- oder abzuwerten, zu be- oder verurteilen steckt diese gleiche Frage nach der Schuld. Möglich, daß die ausgeprägte Kritikkultur, wie sie, nicht nur an den Hochschulen oder in der Politik gepflegt wird, hauptsächlich den Zweck hat, die Schuld an der Unvollkommenheit wie eine heiße Kartoffel herumzuschieben, und erst in zweiter Linie dem eigentlichen Erkenntnisgewinn dient.

Im Zusammenhang mit meiner Krankheit hatte mich schon immer die alttestamentarische Geschichte des Hiob fasziniert. Ähnliches schien uns zu kratzen. Hiob, ein frommer, gottesfürchtiger, angesehener Mann, der "dem Bösen feind"[2] ist, – laut Bibel gibt es seinesgleichen keinen mehr auf Erden, er ist "größer als alle Söhne des Ostens"[3] - wird zum Gegenstand einer Wette zwischen Gott und dem Satan. Letzterer behauptet, es sei leicht, gottesfürchtig zu sein, solange man gesund, glücklich, angesehen und wohlhabend ist. Darauf überläßt Gott dem Satan Hiob, welcher nun in einer schrecklichen Unglückserie sein gesamtes Gut, seine Familie und schließlich seine Gesundheit verliert: "Da ging der Satan (....) und schlug Hiob mit bösem Geschwür von der Fußsohle bis zum Scheitel. Und er nahm eine Scherbe, sich damit zu kratzen, während

---

1 Oft ist uns nicht bewusst, wer wünscht oder fordert.

2 Hiob 1, 1

3 Hiob 1, 3

er mitten in der Asche saß."[4] Hiob, der vom göttlich/teuflischen Handel nichts weiß, beklagt in langen Psalmen sein Unglück. Drei Freunde kommen, um ihn zu trösten. Verständlicherweise versuchen sie zu begreifen, was Hiob zugestoßen ist. Gemäß ihrem Gottesbild gibt es letztlich nur eine Erklärung: Hiob hat sich in irgendeiner Art und Weise schuldig gemacht. Hiob aber kann mit dem besten Willen keine Schuld an sich finden. Vielleicht sei gerade eben dies seine Schuld, meinen die Freunde: "Ist wohl ein Mensch gerecht vor Gott, vor seinem Schöpfer rein ein Mann? Sieh, seinen Dienern traut er nicht, und seinen Engeln schreibt er Irrung zu."[5] Ihr Gott verträgt also kein Wesen um sich, das nicht grundsätzlich schuldig, also in irgendeiner Art minderwertig ist.

René Girard zeigt in seinem Buch *Hiob, ein Weg aus der Gewalt*[6] auf, daß Hiob in der öffentlichen Meinung unversehens von einem verehrten Herrscher zum Sündenbock geworden ist. Unter Sündenbock versteht er das unschuldige Opfer, das den Haß der Allgemeinheit auf sich zieht.[7] Eine Gemeinschaft ist vor allem dann gefährdet, Sündenböcke zu produzieren, wenn sie sich von unlösbar scheinenden Konflikten oder Krisen bedroht sieht, die bisherige allgemeingültige Werte in Frage stellen. Dann projiziert sie, um sich zu stabilisieren, die Spannung dieses Konfliktes als Schuld auf das schwächste Glied der Gesellschaft. Dieser Sündenbock wird dann kollektiv verurteilt und ausgegrenzt. Damit ist die bedrohliche Sprengladung des Konfliktes zumindest für eine Weile entschärft. Auf der gesellschaftlichen Ebene kreieren wir so Randgruppen, wie ethnische und soziale Minderheiten, Behinderte, Kranke.

Das Besondere nun an Hiob ist, daß er als Sündenbock, das heißt aus der Opferposition heraus, diesen gewalttätigen Mechanismus bricht, indem er sich weigert, eine Schuld zu behalten, die er nicht sehen kann, diese aber auch niemandem sonst weiterreicht. Es bliebe sowieso nur Gott übrig. Seine Frau schlägt ihm diese Lösung vor:

---

4 Hiob 2, 7/8

5 Hiob 4, 17/18

6 Girard, 1985

7 Girard, 1982

"Fluche Gott und stirb".[8] Hiob aber ruft Gott selber zum Anwalt gegen das alte Gottesbild auf. Er traut Gott mehr zu, als bisher von ihm bekannt war, und ermöglicht damit, daß die alte Vorstellung vom Gott der Starken um den Aspekt eines Gottes der Gerechtigkeit für alle erweitert wird. Am Ende dieses Prozesses schaut Hiob dieses neue größere Gottesbild, dem er soeben zur Geburt verholfen hat: "Ich habe erkannt, daß du alles vermagst;[9] Vom Hörensagen hatte ich von dir gehört; nun aber hat dich mein Auge gesehen".[10] Er bekommt recht, und seine Freunde werden gerügt: "...ihr habt nicht recht von mir geredet wie mein Knecht Hiob....".[11] Sie bedürfen nun sogar der Fürbitte Hiobs, um Gott zu versöhnen. Hiob wird dadurch zum Wegbereiter für den Gott der Liebe, den Anwalt der Schwachen, wie er im Neuen Testament erscheint.

Wir haben dieses alte Gottesbild noch nicht wirklich überwunden. Es bestimmt immer noch viele gesellschaftliche aber auch innerpsychische Prozesse. Um die Spannung, die ich in meiner Arbeit an der Hochschule empfand, erträglich zu halten, grenzte ich jene meiner Eigenschaften als unvollkommen, als schuldig, aus, die mir im Widerspruch zu meiner inneren höchsten wissenschaftlichen Autorität, meinem wissenschaftlichen Gottesbild, zu stehen schienen. Eine ständige Gerichtsverhandlung, ein kafkaesker Prozeß spielte sich dauernd in mir ab. Wortführender Gerichtspräsident war das alte patriarchale Prinzip, das mit dem Spiel "Wer ist schuld?" geschickt von seinem Unvermögen ablenkte, Eigenschaften, die nicht seinem Vollkommenheitsideal entsprachen, zu integrieren. Er hielt mich mit dem Aufspüren meiner Unzulänglichkeiten so beschäftigt, daß ich nicht dazu kam, überhaupt hinzuschauen, was er denn als unzulänglich bewertete.

Vielleicht wurde das Image der Unfehlbarkeit der Wissenschaft in den letzten Jahren ein bißchen angekratzt, aber sie genießt noch im-

8 Hiob, 2, 9

9 Hiob, 42, 2

10 Hiob, 42,5

11 Hiob, 42,7

mer den Nimbus einer unbestrittenen Autorität: "Wissenschaftlich bewiesen" gilt nach wie vor als das gewichtigste Argument im Kampf um Glaubwürdigkeit. Mein Idealbild von Wissenschaft und Wissenschaftlichkeit hatte bis jetzt persönliche Erfahrung, Gefühle, Betroffenheit, Schwäche, Intuition, Komplexität, Subjektivität als für die Wissenschaft zu unvollkommen, als unwissenschaftlich ausgegrenzt. Aber gleichzeitig war ich überzeugt davon, daß sie dadurch ihr tiefstes ursprüngliches Ziel, nämlich unsere Existenz auf dieser Erde zu verstehen und eine lebenswerte Zukunft für alle zu schaffen, verfehlt. Ich mußte also lernen, meinem "Gott der Wissenschaft" die Fähigkeit zur Integration dieser "Unvollkommenheiten" zuzutrauen. Aber allein der Gedanke daran, in einer wissenschaftlichen Arbeit meine persönliche Erfahrung ernst zu nehmen, im Notfall sogar ernster als das, was in Büchern geschrieben stand, und sie zu äußern, provozierte in meinen inneren Gerichtsverhandlungen eine Aufruhr und bewirkte eine erneute Verurteilung meiner Person in Form von quälenden Selbstzweifeln, Schreibstaus und Fluchtreaktionen. Mein alter Wissenschaftsgott fühlte sich aufs äußerste bedroht. Die Beschäftigung mit Erfahrungswissen rührte offensichtlich an ein Tabu in mir drin. Die eigenen Grenzen zu überschreiten ist eine harte Arbeit. Besonders, wenn man sie so lange für "gottgezogen" gehalten hatte.

Ich habe für meine spannungsreiche Beziehung zur Hochschule viele Erklärungen ausprobiert. Rückblickend erweisen sie sich alle als verschiedene Varianten des "Wer-ist-Schuld-Musters". Einmal waren meine Eltern der Sündenbock, weil sie mir zuwenig Selbstvertrauen mitgegeben hatten, dann war es die Schule, die meine kreativen Fähigkeiten zuwenig förderte, dann die Männer, die vorgeben, alles besser zu wissen, oder die patriarchale Struktur der Gesellschaft im allgemeinen und die der Hochschule im speziellen, die a priori keine Macht für Frauen vorsieht. Wohl fand ich mit jedem Erklärungsansatz Menschen oder Theorien, die mir ein Stück weit recht gaben, aber weder bei den Psychologen noch bei den Feministinnen oder den Hochschulverweigerern fand ich längerfristige Linderung. Alle diese Erklärungsversuche richteten sich letztendlich als Abwertung gegen mich selber, indem sie mich als zu wenig selbstbewußt, zu wenig kreativ, zu wenig wissend und zu wenig mächtig beurteilten, und damit die Spannung nur vergrößerten. Ich schaffte es nicht wirklich, die Schuld loszuwerden. Sie landete bei mir. Was sollte ich jetzt mit ihr anfangen? Ich war für mich selber zum Sündenbock geworden.

Wenn wir eine Person nach ihrem Erfahrungswissen fragen, dann wollen wir nicht wissen, was die Gesellschaft, die Wissenschaft oder der Papst zu dem Thema meint, es interessiert uns nicht die Meinung irgendeiner allgemein anerkannten Autorität, sondern wir wollen das persönliche, vom Subjekt er-lebte Wissen hören, das, was genau diese Person in ihrem Leben zu dem Thema zusammengemischt hat. Fragen wir uns selber nach unserer eigenen Erfahrung, dann erkundigen wir uns also nach einer subjektiven Wirklichkeit, nach der Meinung einer inneren Instanz, die von jeder anderen Autorität unabhängig ist.

Es dauerte eine Weile, bis ich die Merkwürdigkeit realisierte, daß ich von der gleichen Hochschule, die bis jetzt von mir verlangt hatte, große Teile meiner Persönlichkeit auszuklammern, um objektiv sein zu können, nun dafür bezahlt wurde, in eben dieser Persönlichkeit nach Erfahrungswissen zu forschen. Ich war offenbar in ein ähnlich göttlich/teuflisches Spiel hineingeraten wie Hiob: Der gleiche Gott, der ihn dem Satan ausgeliefert hatte, erlaubt hatte, daß ihm seine ganze Stärke genommen wurde, der in langen Psalmen nicht müde wird, seine eigene imposante Allmacht vor dem zerschmettert am Boden liegenden Hiob auszubreiten, verlangt, erwartet von ihm, seinem Opfer, schlußendlich die Stärke, ihn zu überwinden.

Kafkas Parabel vom Türhüter[12] beschreibt diese Zwickmühle:

"Vor dem Gesetz steht ein Türhüter. Zu diesem Türhüter kommt ein Mann vom Lande und bittet um Eintritt in das Gesetz. Aber der Türhüter sagt, daß er ihm jetzt den Eintritt nicht gewähren könne. Der Mann überlegt und fragt dann, ob er also später werde eintreten dürfen. 'Es ist möglich', sagt der Türhüter, 'jetzt aber nicht'. Da das

12 Kafka, 1935

Tor zum Gesetz offensteht wie immer und der Türhüter beiseite tritt, bückt sich der Mann, um durch das Tor in das Innere zu sehen. Als der Türhüter das merkt, lacht er und sagt: 'Wenn es dich so lockt, versuche es doch, trotz meinem Verbot hineinzugehen. Merke aber: Ich bin mächtig. Und ich bin nur der unterste Türhüter. Von Saal zu Saal stehen aber Türhüter, einer mächtiger als der andere. Schon den Anblick des dritten kann nicht einmal ich mehr vertragen.' Solche Schwierigkeiten hat der Mann vom Lande nicht erwartet, das Gesetz soll doch jedem und immer zugänglich sein, denkt er, aber als er jetzt den Türhüter in seinem Pelzmantel genauer ansieht, seine große Spitznase, den langen, dünnen, schwarzen, tartarischen Bart, entschließt er sich doch, lieber zu warten, bis er die Erlaubnis zum Eintritt bekommt. Der Türhüter gibt ihm einen Schemel und läßt ihn seitwärts von der Tür sich niedersetzen. Dort sitzt er Tage und Jahre. Er macht viele Versuche, eingelassen zu werden und ermüdet den Türhüter durch seine Bitten. (.......) Vor seinem Tode sammeln sich in seinem Kopfe alle Erfahrungen der ganzen Zeit zu einer Frage, die er bisher an den Türhüter nicht gestellt hat. Er winkt ihm zu, da er seinen erstarrenden Körper nicht mehr aufrichten kann. Der Türhüter muß sich tief zu ihm hinunterneigen, denn die Größenunterschiede haben sich sehr zuungunsten des Mannes verändert. 'Was willst du denn jetzt noch wissen?' fragt der Türhüter, 'du bist unersättlich.' 'Alle streben doch nach dem Gesetz', sagt der Mann, 'wie kommt es, daß in den vielen Jahren niemand außer mir Einlaß verlangt hat?' Der Türhüter erkennt, daß der Mann schon am Ende ist, und um sein vergehendes Gehör noch zu erreichen, brüllt er ihn an: 'Hier konnte niemand sonst Einlaß erhalten, denn dieser Eingang war nur für dich bestimmt. Ich gehe jetzt und schließe ihn.'"

Auch hier wieder diese merkwürdige Situation, daß die gleiche mächtige Autorität, die den Zutritt zur Erkenntnis verweigert, ihre eigene Überwindung verlangt.

Hiob ist nicht vor der verbotenen Tür sitzen geblieben. Er hat nicht, wie der Mann vom Lande, ergeben auf eine in unbestimmter Zukunft liegende Gnade gewartet. Er stritt mit dem alten Gottesbild, dem Türhüter des Gesetzes. Er war unbeugsam gegenüber der höchsten, ihm bekannten Autorität.

Die Schwierigkeit in diesem Konflikt liegt daran, daß wir uns aus unserer dualistischen Auffassung heraus für diesen Streit mit einer Autorität nur zwei Lösungen vorstellen können: Entweder findet Hiob einen andern, einen bessern, einen Siegesgott, der den alten zerschmettert hätte, oder er wäre im Falle einer Niederlage vom alten Gott zerstört worden. Viele gängige Auslegungen der Hiobgeschichte sind noch etwas abgemilderte Varianten dieser zweiten Verliererversion. Auch Ovid hatte diese Weltsicht, wenn er Arachne ihre Frechheit, die Göttin mit ihrer eigenen Kompetenz herauszufordern, mit der Verwandlung in eine Spinne büßen läßt.

Deshalb fürchtete ich den Zorn des Wissenschaftsgottes, wenn ich sozusagen nach einer noch höheren, noch mächtigeren Instanz, einer Gegengöttin der Erfahrung suchte. Zu oft schon war ich aus solchen Aus-einander-setzungen als Spinnerin hervorgegangen.

Auch in diesem Projekt haben wir immer wieder nach diesem *Anderen* gesucht. Nach einer *andern Spezies* von Wissen, einem *Gegenwissen,* das die Bauern, die Praktiker, die Frauen haben. Damit konstellierte sich aber unmittelbar das ungemütliche Spannungs- und Kampffeld: Praxis gegen Wissenschaft, weiblich gegen männlich, rational gegen emotional, intellektuell gegen intuitiv usw., aus dem wir ja herausfinden wollten.

Hiob hat keinen zweiten Gott gefunden. Er hat nur seine beschränkte Wahrnehmung so ausgeweitet, daß ihm von Gott mehr sichtbar wurde. Er ist damit in einen nächsten Raum gelangt, näher an das Gesetz, an die Wahrheit heran. Er schaut hier einen Gott, jenseits der Dualitäten Sieger / Verlierer, recht / falsch, klein / groß, gut / schlecht.

Wir ahnten das Dritte, über oder unter den Dualitäten Stehende. Und wir begannen, unsere "Katze in der Kohlenkiste" neu zu verstehen. Nicht als Gegenwissen zu einem Hochschulwissen, sondern als Haltung, als Weltverständnis, in der rational und emotional, persönlich und objektiv sich nicht mehr als Gegensätze ausschließen.

Das ist schnell geschrieben und leicht eingesehen. Warum besteht dann diese Trennung zwischen Praxis und Wissenschaft weiterhin? Warum waren meine Zweifel, ob ich denn "gut genug" war, um in einem wissenschaftlichen Forschungsprojekt mitarbeiten zu dürfen, damit nicht beseitigt?

Ich hatte optimale Arbeitsbedingungen. Keine Hochschulgottinstanz hat mich von außen bedrängt. Es war kein äußerer Grund gegeben für meine Zweifel, meinen Kampf. Im Gegenteil, die Ermutigungen, die ich bekam, die freudige Erwartung, mit der unsere Arbeit von allen Seiten begleitet wurde, hätte mich zu Höchstleistungen beflügeln können. So kam ich nicht umhin zu erkennen, daß der Türhüter, der mich daran hinderte, diese Integration von Intuition und Intellekt, rational und emotional, objektiv und subjektiv usw. zu vollziehen, tief in mir selber saß und überwunden werden wollte.

In Briefen und Tagebuch rang ich um meinen Platz, um eine Rollenklärung, um ein Selbstverständnis, das meine Mitarbeit hätte erleichtern können. Wenn ich sie heute durchschaue, dann kann ich die verschiedenen inneren Persönlichkeiten, die sich bekämpften, identifizieren: Da waren auf der einen Seite die *angestrengt strebsame Wissenschaftlerin*, das *Kind,* und eine *ziemlich eingeschüchterte Feministin.* Auf der andern produzierten sich der *übergewichtige Gerichtspräsident als Türhüter des Gesetzes* und sein emsiger Diener, der *Schuldsucher.*

Die Entdeckung dieser vielen inneren Stimmen verwirrt zunächst einmal. Wen meinen wir überhaupt, wenn wir *Ich* sagen? Ich, der Politiker? Ich, die Naturwissenschaftlerin? Ich, das Eltern Über-Ich? Ich, das Kind?

Mit der Zeit lernte ich diese inneren Stimmen genauer kennen. Und zwischendurch begann ich, durch das Stimmengewirr hindurch die Stille dahinter zu hören. Aus dieser Stille ist eine andere Art des Ichs aufgetaucht, die nicht aus vielen Stimmen besteht. Sie gibt mir das Gefühl, mehr denn je, ich zu sein und gleichzeitig mit allen andern Menschen und mit der Welt verbunden zu sein. Es ist Ich, und es ist auch größer als ich. Ich nenne es hier die *Stimme der Mitte.* Ihre Beiträge kamen mit jener "schockartigen Überraschung"[13] zu

13 "Also, wenn wir schreiben, schreiben wir; und die Dinge, die wir wissen, fliessen unseren Arm hinunter und werden auf dem Papier sichtbar. Noch kurz bevor wir sie schrieben, wußten wir eigentlich gar nicht, dass wir sie wissen; wenn sie in unserem

mir, von der Gertrude Stein spricht. Sie kontrastierte die Überzeugungen, mit denen ich mich bisher identifiziert hatte, mit solcher Schärfe, daß mir manchmal richtig schwindlig wurde. Sie schien mehr zu wissen, als die bisherigen Hauptakteure. Mehr und mehr begann, ich ihr zu vertrauen, und ich suchte immer öfter ihren Rat. In Momenten, in denen ich mit meinen drängenden Fragen nicht mehr weiter wußte, bot sie mir Antworten mit einer so überraschenden Klarheit und Sicherheit, daß ich mich erst nicht damit zu identifizieren wagte. Wenn ich sie nachträglich reflektierte, erschien sie mir doch sinnhaft, sodaß ich sie nicht mehr überhören wollte. Ein intensiver Dialog entspann sich. Die innere Gerichtsverhandlung wandelte sich nach und nach in einen Lernprozeß, von dem ich hier ein paar Ausschnitte wiedergeben möchte:

Tagebuch, 3. April, 1994
Ja, was mir gestern so deutlich geworden ist, ich muß mir klar werden, was für mich wissenschaftlich ist. Daß ich ein Diplom vorweisen kann, das reicht offensichtlich nicht, sonst hätte ich keine Skrupel. Wenn mich jemand fragt, ob ich eine Naturwissenschaftlerin sei, antworte ich zögernd, ich habe eine Ausbildung gemacht, aber ich bin keine praktizierende Naturwissenschaftlerin. (Ich bin auch keine "praktizierende" Christin.) Fragt man mich, ob ich eine Forscherin sei, antworte ich ja, freudig und unmittelbar. Für eine Naturwissenschaftlerin habe ich zu wenig definiertes Wissen und spezifische Fertigkeiten, ich beherrsche das Handwerk nicht. Forscherin ist eine ungeschützte Berufsbezeichnung, so wie Künstlerin, Schriftstellerin. Irgendwo zwischen diesen drei Bezeichnungen möchte ich mich eigentlich gerne einnisten. Kompetent im Sinne, daß ich bewußt in einem Lernprozeß stehe, den ich als sinnhaft und gerichtet wahrnehme, empfinde ich mich eigentlich nur im Bereich "Lebenserfahrung". Hier kann ich sagen, was ich bin, hier bin ich, was ich sage, und das ist dann auch wahr.

Was kann dann mein Beitrag zu unserem Projekt sein?

Jetzt habe ich gerade entdeckt,

Kopf als Wörter geformt sind, dann ist das ganz falsch, und sie werden wie tot herauskommen; aber wenn wir bis zum Augenblick des Schreibens nicht wußten, daß wir sie wissen, dann kommen sie mit schockartiger Überraschung zu uns." G. Stein, 1985.

daß man ja auf dem Computer den ganzen Text
aus der Mitte heraus
schreiben kann.
Könnte es das sein?
Links und rechts
verbinden?
Aus der Mitte heraus,
die ich bin.
Das ist mein Thema.
Das ist unser Thema.
Ich empfinde mich in religiösem Sinne dazugehörig.
Wesentlich.
Ich darf die Frage (nach meinem Beitrag) nicht stellen.
Es ist so.
Der Baum fragt nicht:
Welchen Beitrag leiste ich?
Er ist.

4. April 94
Ist es billig, was ich da hingeschrieben habe? Muß ich es mir nicht doch besser überlegen? Wenn mich meine "männliche" Seite nach meiner Berechtigung zur Teilnahme an dem Forschungsprojekt fragt, dann schwanke ich, zweifle, bin sofort zum Rückzug bereit. Sie fragt nach meinen ausgewiesenen Leistungen, abrufbaren Fertigkeiten, nach meiner Showfähigkeit. Die habe ich (noch) nicht sicher integriert. Sie sind noch nicht in der Öffentlichkeit erprobt und gehärtet. Für eine andere Seite in mir ist es selbstverständlich, klar und unbestritten, daß ich an dem Ort bin, wo ich hingehöre und daß mein Beitrag ein wichtiger und einzigartiger ist, das heißt, an dem Ort kann nur ich ihn leisten, und es ist gut, wenn ich es tue.

Hinein, hinaus,
zurück, nach vorne,
das Spiel, der Tanz,
soll beginnen,
mit Achtsamkeit und mit Lust.
Ich rufe meinen Schutzengel herbei.

8. Mai 95
Meine Arbeit ist unseriös.
Sie hat keine klare Richtung.
Sie ist nicht konsequent und geht nach dem Lustprinzip.
Ich denke über das Leben nach, stehe in einem Prozeß der

Veränderung, wandle mich, aber ich untersuche diese Veränderung nicht systematisch.
Systematisch, das ist ein Schlüsselwort. Aber was heißt das ?
Ist das nicht ein anderes Wort für "möglichst viele Daten sammeln"?
Mein Wunschbild von Wissenschaft ist ...... es gibt sie eigentlich gar nicht mehr. Sie löst sich auf. Es gibt dann keine Theologinnen und keine Mönche, keine Musikerinnen und keine Naturwissenschaftler mehr. Es gibt einfach Menschen.
Nein, so einfach geht's irgendwie auch nicht.
Aber ich möchte, daß etwas wieder Platz hat in der Naturwissenschaft, und das ist der stinknormale Alltag.

20. Mai 94
Ich funktioniere nicht mehr. Ich hühnere an der Peripherie herum. Es ist mir alles zuviel, wächst mir über den Kopf. Ich weiß nicht mehr, was wichtig ist.

Wo ist die Ruhe?

Du bist wichtig, und daß ich Dich hören kann.

Du hörst mich immer
Hab keine Angst.

Ich will nicht wie üblich forschen. Ich kann nicht.

Forschen heißt leben,
mit Hingabe leben.
Fürchte den ETH-Feind nicht,
da sind viele Freunde.

Was kann ich sagen, erzählen? Was ist mein Resultat?

Du bist das Resultat.

Ich arbeite ja gar nicht.

Wenn du "arbeitest"
bist du blind und taub
und machst viel Lärm.

Ich habe nichts Sicheres vorzuweisen.

Der Ton verklingt,
kaum daß er entstanden ist.
Ein neuer Ton hat Platz.
So entsteht Musik.

Wozu bin ich denn an der ETH?

Lerne, kein Ziel zu haben!
Nimm die Geschenke an.
Lasse Dich führen,
an alten Verbotstafeln vorbei
und über Grenzen hinweg.

Und wenn ich nicht verstanden werde?

Kümmere Dich nicht um die Frucht!
Das ist nicht
deine Aufgabe.
Sie fällt, wohin sie fallen muß.
Hab keine Angst!
Alles wird gut!

Diese Tagebuchreflexionen, die Beobachtung des Dialoges dieser inneren Stimmen halfen mir weiter. Werte, wie Leistung, Aktivität, Sicherheit, Zielgerichtetheit, Kontrolle, aus denen ich bisher meine Daseinsberechtigung an der Hochschule abgeleitet hatte, wurden durch diese Stimme der Mitte plötzlich relativiert. Ich wurde Zeugin eines Paradigmenwechsels, einer Metamorphose meines Gottesbildes. Ich weiß nicht, ob das für Sie als LeserIn nachvollziehbar ist, bei mir lösten die Beiträge der Mitte eine körperliche Reaktion aus, ein Entspannung. So, wie wenn ich lange gegen eine Wand gerannt bin und plötzlich an einem ganz unvermuteten Ort einen Durchgang finde. Was treue Freunde, gute Bücher und Psychotherapie in langen Jahren versucht hatten, erreichte nun mein eigenes inneres Wissen: Die Autorität des alten Über-Ichs begann wegzuschmelzen, die "Größenverhältnisse des Türhüters" begannen sich zu meinen Gunsten zu verändern. Ich hatte die "für mich bestimmte Tür zum Gesetz" gefunden. Es war, als ob das Wissen, daß ich, so, wie ich bin, als ganze Person forschen darf, nun auch von meinem Körper geglaubt wurde. Ich spürte, Stück für Stück, wie sich dieses Wissen in meinen Körper hineinsenkte, sich verkörperte. Und eine neue, bisher unbekannte Sicherheit begann zu wachsen. Ein "Ich weiß", das so selbstverständlich ist, daß sich in seinem Umkreis die Stimmen des Zweifels auflösen.

Ich denke, daß dieser Vorgang typisch ist für Erfahrungswissen. Hier geschieht eine Integration, eine Verkörperung eines Wissensinhaltes, und diese Verinnerlichung bringt gleichzeitig die selbstverständliche Gewißheit, daß *es so ist.*

10. April, 96
Ich meine, daß ich tun muß, arbeiten und mich anstrengen. Ich kann immer noch nicht glauben, daß alles so leicht gehen soll und darf. Ich habe gelernt, daß Leben Leiden ist und ein Chrampf, ein Durchstehenmüssen mit ein paar glücklichen Lichtblicken dazwischen, aus unverständlicher Gnade geschenkt, damit ich nicht ganz schlappmache. Du lehrst mich die Entspannung, das Loslassen und zu dem zu finden, was dann da ist. Freigelegt unter der Anspannung. Es stimmt schon, wenn ich nicht dauernd beurteile, was ich eben geschrieben habe, wenn ich es nicht sofort bewerte, dann ist alles viel weniger anstrengend.

Alle "ich sollte", alle "ich müßte", alle "aber" sind Zweiheit.
Sie werden mehr und mehr verschwinden.
Keine Ver-zwei-flung mehr..
in allem, was du machst.
Laß dich führen.
Studiere nicht.
Nicht mit dem Kopf voraus,
mit dem Herzen voraus.
Laß die Absicht los.

Ein leerer Raum sei dein Kopf.
Kein aufgestapeltes Wissen.
Ein Meditationsraum.

25.4.96
Die Einwände von Stefan bezüglich unseres Erfahrungskonzeptes verunsichern mich.

Du willst festhalten.
Gehört dir nichts,
dann kann dir nichts genommen werden,
dann kannst du nichts verlieren,
keine Glaubwürdigkeit, keine Wahrheit.
Behaupte nicht,
und du bist frei.

Deine Anstrengung verhindert.

Eine Wissenschaft des Herzens? Absichtslosigkeit im Forschen? Denken mit einem leeren Kopf? Wissenschaft ohne Behauptungen, ohne Anspruch, *die* Wahrheit zu sein? Rätsel, die mich noch ein paar Jahre beschäftigen werden.

Vorerst wollte ich doch noch gerne auch mit meinem Verstand begreifen, was den Türhüter dazu gebracht hatte, mich durchzulassen. Und herausfinden, ob das möglicherweise etwas mit dem Grund zu tun hat, der Hiob so unvermittelt den erst "vom Hörensagen" bekannten Gott schauen ließ?

In seinem Buch *Antwort auf Hiob*[14] beschreibt C.G. Jung die Vollkommenheit als ein männliches Desideratum, während die Frau Vollständigkeit anstrebe. Er sagt, daß der Mann auch heute noch besser und auf längere Zeit relative Vollkommenheit aushalte, während sie der Frau in der Regel nicht gut bekomme oder sogar gefährlich werden könne.[15]

Jung führt nirgends explizit aus, was er unter Vollkommenheit und Vollständigkeit genau versteht. Er schreibt ihnen die Attribute männlich-weiblich zu, eine Gegenüberstellung, die immer wieder zu Mißverständnissen und Polarisierung führt. Ich fülle den Begriff der Vollkommenheit mit den Idealen von Transparenz, Klarheit, Rein-

---

14 C.G. Jung: Antwort auf Hiob.

15 Nach meiner Beobachtung empfinden Frauen die Ausgrenzung der Alltagswelt stärker als Männer. Sie erleben die Laborforschung, die Reduktion eines komplexen Forschungsgegenstandes auf einen oder wenige auszuwählende Parameter oft als starr, steril, dem Forschungsgegenstand nicht gerecht, als lebensfremd, ja lebensfeindlich. Viele Frauen, die ich kenne, nennen dies als einen wichtigen Grund, der sie von einem naturwissenschaftlichen Studium abgehalten hat.

heit, Widerspruchsfreiheit. Diese Ansprüche sind in unserer unvollkommenen Welt nur partiell zu verwirklichen. Wir können sozusagen Vollkommenheitsinseln schaffen. Hier können zugunsten der Widerspruchsfreiheit und der Allgemeingültigkeit "Spezialfälle" ausgegrenzt werden. Hier gelten in möglichst geschlossenen Systemen klar definierte Zulassungskriterien. Es wird eine Ordnung errichtet, die eine Berechenbarkeit der Ereignisse innerhalb eines bestimmten Rahmens zuläßt. Veränderungen werden möglichst langsam und kontrolliert einer Absicht entlanggesteuert.

Für die Vollständigkeit ist der Einbezug aller Gesichtspunkte wichtiger als die Widerspruchsfreiheit und Einheitlichkeit des Ganzen. Die Gesamtschau toleriert unperfekte Details. Die zentrale Kontrolle wird ersetzt durch das Vertrauen in die selbstregulierenden Kräfte des Systems.

Jung leitet das "Prinzip" der Vollständigkeit aus der griechischen Figur der Sophia oder sapientia her. Er zeigt, wie die Idee dieses ursprünglich gleichberechtigten, dann aber aus dem Himmel verdrängten weiblichen Gottesaspektes in der Zeit, in der das Hiobbuch geschrieben wurde, aus der griechischen in die jüdische Kultur eingeflossen ist. Die Texte, die von ihr berichten, wurden zwar bezeichnenderweise nicht in die Bibel aufgenommen. Jung meint aber, daß etwas von ihrem Geist das Hiobbuch ermöglicht habe, und daß diese Entwicklung dann im neuen Testament fortgesetzt werde, wobei aber auch hier die Vollständigkeit nicht den vollen Durchbruch zur Anerkennung schafft: Maria darf zwar Gottesmutter werden, aber nur, wenn sie etwas reiner, also etwas vollkommener ist, als gewöhnliche Frauen.

Auch heute haben noch viele Menschen Mühe mit der Vorstellung einer personenhaften Vertretung des weiblichen Aspektes in unserem Gottesbild. Die feministische "Forderung" nach einer Gottmutter ruft in vielen noch immer Befremdung hervor. Wenn wir davon ausgehen, daß unser Gottesbild eine Projektion unserer "tiefsten oder höchsten, ersten oder letzten, letzthinnigen"[16] Ideen ist, spiegelt unsere eingeschlechtliche personelle Besetzung des Himmels unsern

16 C.G.Jung, Antwort auf Hiob, S. 106

verdrängenden Umgang mit dem Bedürfnis nach Vollständigkeit.

Die Vorherrschaft des Vollkommenheitsprinzipes scheint also in archetypischen Tiefen in uns eingeschrieben zu sein. Kein Wunder, daß sie nicht so einfach zu überwinden ist.

Die Hochschule war für mich zur sterilen Vollkommenheitsinsel, zum elfenbeinernen Turm geworden. Und dies hatte für mich tatsächlich bedrohliche Auswirkungen. Meine kranke, verhornte Haut wurde mir zum Symbol für den Widerstand gegen die gleichberechtigte Anerkennung der Vollständigkeit.

In meinem Tagebuch hatte ich es so formuliert:

28.4.96

Heilung.
Ganz werden.
Ein kreativer Prozeß
des ständigen Integrierens
von Fremdem.
Integration, Integrität.
Ich bin, was ich bin.
Ich bin, was ich fühle.
Ich bin, was ich sage.
Ich bin mein Tun.
Aus der Mitte heraus sein.
Erkennen heißt, Fremdes so verstehen,
daß ich und der erkennende Gegenstand
für einen Moment eins werden.
Ich bin im Mittelpunkt meiner Welt.
Für einen Moment bin ich vollkommen.

Dann begegne ich einer neuen Fremdheit.

Sie taucht auf
an den Grenzen meiner Vollkommenheit.
Aha, die Welt ist noch größer?
Ein Moment des Bedauerns?
Weil mein Gott der Vollkommenheit soeben gestorben ist?
Ich opfere ihn der Göttin der Vollständigkeit.
Mit Gewalt kommt sie und überschwemmt das Land

Zerstört, gräbt um, düngt ein,
damit er neu und strahlend ersteht
um wieder zu zerfallen.
Ich fange wieder an:

Willkommen
du Fremdes,
du Zögern, du Zweifel, du Angst,
Wir tanzen den Tanz des Erkennens.
und immer mehr von der Welt
findet in meinem Herzen seinen Platz.

Die Berührung mit dem Fremdem wagen. Das, was wir verdrängt, aus unserer Welt hinausgekippt haben, um in einer bestimmten Welt besser funktionieren zu können, wieder in die Grenzen dieser scheinbaren Vollkommenheit integrieren. Dieser Vorgang scheint unserem Erfahrungsbegriff zu entsprechen. Je größer diese Integrationsfähigkeit, je weniger als fremd ausgeschlossen werden muß, desto größer die Erfahrung.

Die Vollkommenheit wird ständig durch die Vollständigkeit bedroht. Und gleichzeitig kann sie ohne sie nicht wachsen. Die Vollkommenheit einer wissenschaftlichen Theorie wird durch den Einbruch eines bisher ausgegrenzten Gesichtspunktes zerstört und dann mit einer umfassenderen Theorie wieder errichtet. Insofern sind sich alle einig, über die Notwendigkeit beider Prinzipien zur Ausweitung unseres Verständnisses von der Welt.

Die Vorstellung, daß das Göttliche, also mein höchstes Ideal, nicht nur vollkommen, sondern auch vollständig sein darf, daß also alles, was es in mir an Unvollkommenheiten gibt und alles, was außerhalb meiner "Hoch-schule" existiert, als ebenso wertvoll und achtenswert dazugehört, bewirkte eine Erleichterung und eine Entspannung ganz tief in mir drin. Endlich hatte ich die innere Erlaubnis, meine Gefühle, meine körperlichen Reaktionen, meine "unlogischen" Assoziationen und inneren Bilder, meine Intuition auch innerhalb der wissenschaftlichen Arbeit ernst und zu Hilfe nehmen zu dürfen und sie in einer persönlichen Sprache auszudrücken. Eine ungeahnte Kraftquelle hat sich damit erschlossen. Das erste Mal in meiner

Hochschullaufbahn begegnete ich dem Glücksgefühl, das entsteht, wenn man kreativ arbeitet. Der furchtbare Druck, "gut /noch besser / anders sein zu müssen" ließ nach, und es wurde mehr und mehr Platz frei für das spannende Suchspiel: Was ist noch in meinem Dunkeln als scheinbar fremd versteckt? Ich begann, innere und äußere Konfliktsituationen wie zum Beispiel meine Krankheit oder Auseinandersetzungen in der Gruppe nicht mehr als leidige Zeichen der Mangelhaftigkeit der betreffenden Personen oder Situationen möglichst schnell zu übergehen oder verschämt zu verstecken, sondern ich betrachte sie nun als Lebenszeichen bisher verdrängter, für alle Beteiligten wichtiger Informationen und kreativer Kräfte. Das Gefühl, als Opfer unverständlichen Vorgängen passiv ausgeliefert zu sein, wurde seltener. Ich wurde freier, mich aktiv in den Forschungs- und Erfahrungsprozeß hineinzubegeben. Die Entspannung wurde auch in meinen Träumen spürbar:

17. 5. 96, Traum
Es geht um unseren Schlußbericht. Im Flughafen findet eine Lesung statt. Dagmar hat alles organisiert. Patricia und ich stehen eher außerhalb, aber wir sind guter Laune. Dagmar hält den Vortrag.
Ich stehe draußen vor der Tür. Da spielen zwei Künstlerinnen. Die eine, eine kleine Frau, ist in tibetischer, indianischer, schamanischer Art gekleidet. Mit Steinen, Stäben, Federn geschmückt. Am Klavier sitzt eine große Europäerin.
Sie spielen und tanzen synchron zu dem, was im Vortragssaal gesprochen wird. Ich kann ihr Spiel innerlich mitspielen. Hinter mir steht ein Klavier, manchmal treffe ich die richtigen Töne einfach mit.
Die Tibeterin tanzt und singt einen wunderbaren Tanz. Sie bewegt sich im vollkommenen Einklang mit allem um sie herum, sie spielt synchron zu dem, was im Vortrag gesagt wird. Manchmal verdoppelt sie sich. Es ist ein zutiefst heiliger Tanz.
Nachher frage ich sie, ob die Musik aus dem Tibet käme. Sie, oder ist es jetzt ein Er? antwortet erst, als ich auf englisch frage. "No, it's my own Geography I play"
Ich sage, daß ich das gedacht hätte. Darauf steht er auf und tanzt/spielt für mich.

2.6.96 Tagtraum:
Eine Feder, weiß, schwebend, zitternd wird mir in die Hände gelegt.

Schreiben? Ein kleines Modell der Uni auf meiner Hand jetzt, und die Feder beginnt einen wirbelnden Tanz darum herum. Das Modell beginnt zu zittern, zu glühen, und mit einem kleinen Knall explodiert's und wirbelt in einer Staubwolke auf. Eine rote Perle bleibt auf meiner Hand zurück. Ich esse sie. Weiß der Teufel, warum ich das tue, aber es ist so. Bin ich jetzt die Hochschule?

Sapperlott,
das Boot ist flott.
Der alte Schrott
fliegt fort.

Jetzt kann ich mit Schreiben beginnen.

Prozeß kommt vom Lateinischen *procedere*, was soviel heißt wie *fort-, vorwärtsschreiten, hervortreten, vorrücken (auch im militärischen Sinn), erscheinen.* Unter Prozeß steht im Duden: 1. Verlauf, Entwicklung. 2. Gerichtsverhandlung, Durchführung von Rechtsstreitigkeiten.

Kafka hat in seinem Roman *Der Prozeß* [17] diese Doppelbedeutung aufgenommen und durchgearbeitet. Die Hauptperson, ein gewisser K., wird unvermittelt in ein rätselhaftes Gerichtsverfahren verwickelt, in dem er von Anfang bis zum Ende nicht weiß, worum es eigentlich geht. Der ganze Prozeß scheint ein Mißverständnis zu sein, aus dem er jederzeit aussteigen könnte. Der Instanz, die ihn angeklagt hat, begegnet er nie. Bis zum Schluß erfährt er keine Anklagepunkte. Er hat es immer nur mit irgendwelchen ausführenden Beamten des Gesetzes zu tun, die ihm über nichts Auskunft geben können. Er weiß, daß er sich nichts hat zuschulden kommen lassen, was einen solchen Prozeß rechtfertigen würde, und doch verwickelt er sich immer tiefer in das Geschehen, bis es sein ganzes Leben durchdrungen hat und ihn am Schluß zu dem Punkt führt, an dem er sich widerstandslos dem Todesurteil ergibt.

Ich hatte mich immer gewehrt gegen diese fürchterliche, unerbittliche, unverständliche Unausweichlichkeit, mit der Kafkas Figuren, in den Tod laufen. Sie scheinen gefangen in einem unsichtbaren Netz, das sich gemäß einer versteckten Gesetzmäßigkeit immer en-

17 Kafka, 1983

ger zuzieht. Mit der Erfahrung des 3-jährigen Prozesses unserer Forschungsarbeit verstehe ich Kafkas Roman auf eine neue Art. Wenn ich heute unsere Erfahrungen mit Erfahrungswissen aufschreibe, geschieht dies als Rückblick, die Erfahrungen während des ganzen Zeitraumes des Projektes überschauend, vom Ergebnis her interpretierend, sozusagen vom hohen Roß der "Wissenden" herunter. Dabei geht gerne vergessen, wie sich das Erfahrungmachen im Moment, von innen her, aus der Froschperspektive der "noch Unwissenden" angefühlt hat. Kafkas Roman ist eine präzise Beschreibung des Lebensgefühls aus der Froschperspektive heraus: Das Tappen in einem unstrukturierten, nebligen Raum, in dem Ereignisse scheinbar zusammenhangslos und beliebig aus einem undefinierten Nichts auftauchen, das Gefühl von nicht verstehen, von ausgeliefert sein, kein Ziel sehen, keine Absicht wahrnehmen und gleichzeitig die Empfindung von geheimnisvoller Sinnhaftigkeit, Eingebundensein als Spielfigur in einem größeren Spiel, dessen Spielregeln und Drahtzieher unerkannt sind. Kafka deckt das Spiel am Schluß nicht auf. Sein K. stirbt, ohne in den nächsten Raum des Gesetzes hineingelangt zu sein.

Auch als Gruppe haben wir in unserer Arbeit immer wieder Momente erlebt, wo wir dachten: Jetzt geht's nicht mehr weiter, jetzt geben wir auf. In diesen Momenten des Aufgebens, sich Ergebens, nicht mehr Kämpfens, geschah eine Art Durchbruch. Indem eine alte Vorstellung, – wirksam als Absicht, Intention – von uns gestorben war, eröffnete sich überraschend ein neuer Raum, eine bisher verschlossene neue Sicht. Rückblickend erkennen wir in unserer scheinbar chaotischen Arbeitsweise eine große Konzentration und Zielgerichtetheit.

Wir habe viele alte Vorstellungen von "Wissenschaftlichkeit" losgelassen, z.B. die, daß man nicht genaue wissenschaftliche Arbeit machen könne, wenn man das Ziel nicht schon genau beschreiben könne. Oder daß die Qualität einer Arbeit etwas mit der Menge der studierten Literatur oder der gesammelten Daten zu tun habe.

Im Zusammenhang mit Erde haben wir viel von Schichten gesprochen. Mir kommt's so vor, als hätten wir in unserer Zusammenarbeit viele Schichten solcher alter Vorstellungen durchschritten, uns an Türhütern vorbei gewagt und immer wieder mehr oder weniger schmerzhafte oder dramatische Schichtübergänge bewältigt, jedesmal ein kleiner Tod und eine kleine Geburt, ein Stück Erwachen in einen größeren, freieren Raum.

Je stärker wir an revisionsbedürftigen, inneren Vorstellungen festhalten, desto mehr gestaltet sich der betroffene Lebensbereich als Gerichtsverhandlung. Je schneller wir beengende Prägungen und Vorstellungen erkennen und verändern, desto mehr entfaltet sich der Entwicklungs- und Fortschreitungsaspekt des Prozesses.

Girard untersucht verschiedene mythologische Texte in bezug auf seine Sündenbocktheorie.[18] Er stellt fest, daß sich in den Mythen der Sündenbock in den Befreier verwandelt, der die destabilisierte Gesellschaft aus der alten Ordnung in eine neue führen kann (Hiob, Ödipus, Jesus). So wie die Gesellschaft ihm anfangs zugeschrieben hat, Ursache für alles Böse (Pest, Mißernten, Weltkrieg) sein zu können, so traut sie ihm nun die Kraft zu, aus eben diesen Schwierigkeiten herauszuführen. Diese umgepolte Erwartungshaltung setzt einen Heilungsprozeß in Gang. Ich denke, daß dies auch auf psychische und zwischenmenschliche Vorgänge übertragbar ist. Genau die Seiten in uns, die wir ausgegrenzt haben, die Opfer geworden sind von einem Über-Ich, bergen die Kraft in sich, uns aus Konfliktsituationen zu führen, wenn wir sie nicht mehr als schuldig, also unglückbringend, sondern als potentielle Erneuerer und Befreier behandeln. Wir können in unserem Alltag als gewöhnliche Menschen die Wahrheit dieser Mythen in die Praxis umsetzen. Wo immer wir uns als Opfer äußerer Umstände empfinden, können wir versuchen, aus der Opferhaltung aus-, und aktiv in einen Veränderungsprozeß einzusteigen.

So hat sich der Prozeß, den wir der Wissenschaft halten wollten, gewandelt in ein tieferes Verständnis, über den Prozeß, in dem wissenschaftliche Erkenntnis entsteht. Und gleichzeitig stehen wir wohl mit unserer Arbeitsweise und Darstellungsform auch für ein in Wandlung sich befindendes, wissenschaftliches Selbstverständnis.

18 Girard, 1982

ERFAHRUNGSWISSEN

Patricia Fry, Dagmar Reichert und Ursina Steinemann

> *"'Die Menschen denken manchmal.' Wie habe ich gelernt, was 'denken' heißt? – Es scheint, ich kann es nur gelernt haben, indem ich mit Menschen lebte. – Man könnte freilich denken, daß Einem das Leben der Menschen im Film vorgeführt würde, oder daß er das Leben nur beobachten dürfte, ohne mitzutun. Er würde ihr Leben dann etwa verstehen, wie wir das Leben der Fische verstehen, oder gar der Pflanzen. Von Lust und Leid etc. der Fische können wir nicht reden."*
> *(L. Wittgenstein, 1989, II, par. 29).*

Was wir, motiviert durch unsere persönlichen Bedürfnisse und die Erfahrungen in unseren jeweiligen Arbeitsgebieten, in diesem Forschungsprojekt suchten, war ein erweitertes Wissenskonzept, ein neues Selbstverständnis von Wissen: eines, in dem zwei Seiten wie Denken und Fühlen, Alltagsleben und Kontemplation, Fremdes und Bekanntes, "Reines" und "Schmutziges", Wissenschaft und Praxis fruchtbar miteinander in Kommunikation treten und keine Seite ausgegrenzt wird, eines, das Lebendigem, so wie wir es empfinden, entsprechen kann, das Lebendigkeit nicht zerstören muß, sondern fördern kann – und zwar sowohl die der Forschenden wie auch die des/der von ihnen Erforschten.

Durch die Arbeit an den drei vorhergehenden Kapiteln, der Suche nach einem Wissenskonzept in der Literatur, der Suche – quasi "vor Ort" – mit Hilfe von Menschen, bei denen wir solches Wissen spürten, und mit dem Aufspüren dieses Wissens in uns selbst, versuchten wir, diese Konzeption von Wissen zu klären und der "schwarzen Katze" ■ auf die Spur zu kommen. Diese Kapitel sind jedoch noch stark von einem *Reden über* geprägt und wären einseitig geblieben, hätten wir in unseren Gruppendiskussionen nicht begonnen, uns selbst auf das Erproben anderer Wissens- und Forschungsweisen einzulassen. Im Zuge dieses "nicht nur darüber Reden sondern auch selbst Tun" kristallisierte sich für das von uns gesuchte Wissen, für ■, die Bezeichnung "Erfahrungswissen" heraus. "Erfahrungswissen" nennen wir die "schwarze Katze", die wir aus den verschiedenen Bewohnern der "Kohlenkiste" herausgefunden haben und die wir in diesem Kapitel aus dieser Kiste: ■ ans Tageslicht holen.

Stand "Erfahrungswissen" für uns – wie übrigens auch in anderen Diskussionszusammenhängen (Entwicklungszusammenarbeit, Umweltdiskusion) üblich – zuerst für das *Andere* des wissenschaftlichen Wissens, so entwickelte es sich bald zu einem Überbegriff, zur Bezeichnung für ein Selbstverständnis von "Wissen", das über den Gegensatz Wissenschaft-Praxis hinausreicht und mit seinen spezifischen Qualitäten beide unter sich versammeln kann. Es ist sehr wichtig, dies zu bemerken. Mit dem Selbst-Verständnis von Wissen als Erfahrungswissen wollen wir das bisherige, wissenschaftlich geprägte Verständnis von Wissen mit dem ergänzen, was zuvor von ihm ausgeschlossen wurde. Ihre eventuelle Spannung wird damit in ein einziges Wissenskonzept aufgenommen und dort nicht harmonisch aufgehoben, sondern zur Verantwortung bewahrt.

Was meinen wir mit "Erfahrungswissen"? Dies darzustellen, hat jede von uns, unabhängig von den anderen, eine Beschreibung ausgearbeitet und dann vorgestellt. Wir hatten zwar über lange Zeit gemeinsam über Erfahrungswissen diskutiert, betrachteten es aber doch vor dem Hintergrund sehr verschiedener Ansprüche und Interessen, und so waren wir überrascht, wie viel Gemeinsames wir in unseren Beschreibungen des Begriffes nun fanden. Dies, obwohl jede von ihnen in völlig anderem Stil verfaßt war. Sollten wir dieses Gemeinsame nun in einem allgemeinen Text zusammenfassen? Wir entschieden uns dagegen. Vielleicht können die drei verschiedenen Schreibweisen – Ursinas "Bildbeschreibung", Patricias "Entstehungsgeschichte", Dagmars "Systematisierungsversuch" – den LeserInnen drei idealtypische Zugangsweisen zu unserem neuen Wissenskonzept bieten, Zugangsweisen, die einander gut ergänzen.

Hier also unsere Beschreibungen von Erfahrungswissen:

Patricias Entstehungsgeschichte:

Das Konzept Erfahrungswissen oder weshalb Wissen prozeßhaft ist

Erfahrungswissen – oder lebendiges Wissen – wie wir es am Anfang nannten, stellte ich mir als eine Wissensart vor, die sich von Bücherwissen, theoretischem Wissen und naturwissenschaftlich-analytischem Wissen unterscheidet. Dieses Erfahrungswissen wollten wir suchen, sei es in der Literatur oder in Gesprächen mit erfahrenen Leuten. Wir wollten verschiedene Wissensformen unterscheiden und so definieren, welche Wissensart dem Erfahrungswissen am besten entsprechen würde. Dabei schälte sich immer mehr heraus, daß es nicht um eine Unterscheidung oder Definition verschiedener Formen geht, sondern daß Erfahrungswissen eher als übergeordnetes Konzept von Wissen verstanden werden kann.

Heute verbinde ich mit dem Begriff "Erfahrungswissen" eine bestimmte Vorstellung davon, wie Wissen entsteht und welche Eigenschaften es hat (ein erkenntnistheoretisches Konzept). Dieses Konzept von Wissen hat für Bauern/Bäuerinnen und NaturwissenschafterInnen gleichermaßen Gültigkeit, es trennt sogenannt lokales Wissen nicht prinzipiell von analytischem Wissen.

Den ersten Anstoß, die scharfe Trennung zwischen Erkenntnisprozessen in der Wissenschaft und in der Praxis zu hinterfragen, erhielt ich von der erstmals 1935 (!) veröffentlichten Studie "Entstehung und Entwicklung einer wissenschaftlichen Tatsache" von Ludwik Fleck[1]. Er schildert darin seinen Forschungsprozeß bei der Entdeckung eines neuen Bakterienstammes im medizinischen Labor. Daß Wissen oder Erkenntnis nicht plötzlich da ist, sondern sich entwickelt – am Anfang eines Forschungsprozesses sogar ein Chaos herrschen kann – , eröffnete für mich eine neue Perspektive. Aufgrund der Erfahrungen, die man dabei während einer oft mühsamen

1 Fleck 1980

Suche macht, bildet sich langsam eine neue Sicht auf das Forschungsthema heraus. Verschiedene kulturelle, soziale und psychologische Einflüsse wirken auf den Forschungsprozeß, oder allgemeiner, auf den Erkenntnisprozeß ein. Es sind z.B. Gefühle, fördernde und hemmende Gespräche, Erinnerungen aus der Erziehung und Ausbildung, Gedanken aus Büchern, Überlegungen und eben eigene Erfahrung. Die bedeutende Rolle, die die Erfahrung für das Wissen spielt, bringt ein logisch nicht erklärbares Element in den Erkenntnisprozeß ein. Dies gilt für WissenschafterInnen wie für Bauern/Bäuerinnen gleichermaßen: Eine erfahrene Spezialistin für Variabilitätserscheinungen von Bakterien wird sich durch verschiedene Ausprägungen der Kolonien nicht irritieren lassen. Sie wird nicht bei den unwichtigen Differenzen stehen bleiben, sondern sofort, ohne jede Analyse oder Hypothese, die verschiedenen Arten der Kolonien sehen.[2] Genauso wie ein Bauer, der anhand der Blattfärbung einen Manganmangel erkennt und diesen von einem Stickstoffmangel zu trennen vermag, obwohl beide eine gelbliche Verfärbung der Blätter beinhalten. Diese Unterscheidungen basieren auf praktischen Erfahrungen, welche sich nicht explizit formulieren lassen.[3]

Der zweite wichtige Anstoß für mein Verständnis von Erfahrungswissen kam von Michael Polanyi's Konzept des "tacit knowing"[4]. Warum praktische Erfahrenheit nicht formulierbar ist, wird durch seine Vorstellung verständlich, denn er meint, daß kein Urteil aus den Ausgangsdaten zusammengesetzt werden kann. Die Ausgangsdaten verändern sogar ihre Bedeutung, wenn man sie isoliert betrachtet. Zusammen mit seinem prozeßhaften Verständnis von Wissen – ein Prozeß, bei dem verschiedene Einflüsse zusammenwirken –, hilft dies, die künstliche Trennung und unterschiedliche Bewertung von Gefühl und Verstand, innen und außen, subjektiv und objektiv usw. aufzuheben. Die Dualitäten lösen sich auf. Ein Wissen, das über verschiedene Einflüsse und Auseinandersetzungen

---

2 Fleck 1980, S. 119

3 Fleck 1983, S. 20

4 vgl. Polanyi und Prosch 1975, sowie Kapitel "Kohlenkiste"

prozeßhaft entsteht, hat eine andere Qualität als die einzelnen Ausgangsdaten oder Beobachtungen. Es ist dadurch auch an die Person gebunden. Man kann es nicht einfach übernehmen oder abfragen, man kann höchstens andere dazu anleiten.

Zusammenfassend kann ich sagen: Das Konzept Erfahrungswissen bietet eine Möglichkeit, ganzheitliches Denken in den Naturwissenschaften zu fördern und verspricht, komplexe Zusammenhänge z.B. im lebendigen Wirkungsgefüge des Bodens, besser zu verstehen.

Ursinas Bildbeschreibung:

Grenzgeschehen: Nach-denken über Boden und Erfahrungswissen

Boden
entsteht an der Grenze,
wo Wind, Wasser, Hitze und Kälte
das Muttergestein zu Staub verwittern.
In dieser Reibungszone
ergeben sich interessante Bedingungen
für Bakterien, Pflanzen, Tiere und Menschen.
Im dauernden ab- und aufbauen, ablagern, überlagern und umschichten,
auflösen und neu kristallisieren, zersetzen und wieder organisieren
werden Lebewesen
in die Erde eingearbeitet, durchgearbeitet und wieder ausgestülpt,
seit Jahrmillionen
fortwährend die Erinnerungen aus gestorbenen zu neuen Lebewesen umarbeitend,
gewärmt zwischen den Feuern der Erdmitte und der Sonne
entsteht eine fruchtbare Bodenschicht.
Je nach Standort, bildet sich ein bestimmter Bodentyp aus.
Ein gesunder, fruchtbarer Boden enthält viele Mikroorganismen, Kleinlebewesen, und ist gut durchwurzelt. Da ist ein großer Stoffumsatz. *Was darauf abgelagert wird, wird sofort verarbeitet,*

eingezogen, umgesetzt, integriert in ein fortwährend neu sich strukturierendes, zusammenhängendes Ganzes.
Ein kranker, vergifteter, verdichteter Boden entbehrt dieser Verarbeitungskraft. Schichten lagern sich ab und verbinden sich nurmehr langsam oder gar nicht zu einem gewachsenen, fruchtbringenden Boden.
Mit der Erfahrung ist es wohl ähnlich.
Sie geschieht an der Grenze, wo meine Innenwelt der Außenwelt begegnet.
Ihre Qualität ist eine Frage, wie vollständig das, was ich in bezug auf ein Thema erlebe, erfahre, beobachte, mit meiner Person durchgearbeitet, verbunden und wieder integriert werden kann, in das, was ich schon geworden bin. *Wir speichern Erfahrungswissen also nicht als einzelne Daten oder eine Summe davon, sondern als zusammenhängende, sinnhafte, in stetiger Umarbeitung sich befindende Strukturen, die wir gleichzeitig selber sind.* Wenn wir uns erlauben, aus unserem Erfahrungswissen heraus zu handeln, setzen wir in uns einen Prozeß in Gang, der auch äußerst komplexe Situationen verarbeitet und kreative Handlung hervorbringt.
Eine Wissenschaft, die Erfahrungswissen ausgrenzt, erschöpft auf lange Sicht ihre Kapazität, rechtzeitig angemessen auf die sich ändernden Bedürfnisse der Natur und des Menschen zu reagieren.
Und in der biologischen Landwirtschaft beginnen wir heute zu realisieren, daß Bodenfruchtbarkeit auf lange Sicht nur erhalten werden kann, wenn wir den Boden als gewachsenes Ganzes respektieren und pflegen.
Beides ist für unser Leben auf dem Planeten Erde grundlegend.

Dagmars Systematisierungsversuch:

Das Erfahrungswissen-Konzept, das ich jetzt habe

ist ein bestimmtes Selbst-Verständnis dessen, was "Wissen" bedeutet; wie Problemlösung, Erkenntnis oder Urteilsfindung vor sich geht; wie Wissen entwickelt wird; und wozu es einen befähigt. Hier sein Selbst-Verständnis zu wechseln bedeutet nicht, plötzlich etwas anders zu tun, anders zu denken, sondern bei dem, was man immer schon getan hat, auf anderes aufmerksam zu sein und sich dadurch eventuell anders zuverhalten.[5]

Wird *"Wissen" als Erfahrungswissen* verstanden, so *bedeutet* es die Haltung eines Menschen in einem bestimmten Themen- oder Aufgabenbereich. Diese ist nicht immer und nie vollständig sichtbar, sondern zeigt nur in der Begegnung mit bestimmten Fragen oder Problemen einige ihrer Qualitäten. Ausgeprägtes Erfahrungswissen ist von Offenheit und Sensibilität geprägt und ist daran erkennbar, daß die Person mit diesem Bereich vertraut ist, daß sie oder er sich darin geschickt und effizient bewegt und für auftretende Probleme angemessene Lösungen findet. Als Haltung ist Erfahrungswissen immer an einen bestimmten Menschen gebunden und macht ihn zu dem, was er ist.[6] Die Bezeichnung "Haltung" weist auch darauf hin, daß "Wissen" hier nicht als etwas rein geistiges, sondern – davon gar nicht zu trennen – ebenso als körperlich, als verkörpert, erachtet wird.

Entsprechend einem Verständnis von Wissen als Erfahrungswissen *erfolgt jede Problemlösung, Erkenntnis oder Urteilsfindung*, sei es im Themen- und Aufgabenbereich der Wissenschaft, bestimmter organisatorischer oder handwerklicher Tätigkeiten oder sonst im Alltag, sei es eher kognitiver oder eher körperlicher Art (Fertigkeiten)..., im Prinzip auf die gleiche Weise, d.h. ist erkenntnistheoretisch betrachtet gleich: Sie erfolgt als Prozeß des "tacit knowing"[7]. Das Wechselspiel zwischen zwei Aufmerksamkeits-

5 "Etwas anders zu tun" kann ein neues Selbst-Verständnis von "Wissen" nur dort verlangen, wo man sich und seine Erkenntnistätigkeit entsprechend eines eingeschränkten Selbst-Verständnisses diszipliniert hat (wo man z.B. entsprechend der traditionellen Erkenntnistheorie bestimmte Sensibilitäten oder Emotionen verlernt hat).

6 Das Wissen muß wegen dieser Personengebundenheit noch nicht "subjektiv" (im Sinne von allein für diese Person gültig) sein. Gerade durch die Verknüpfung mit der ganzen Person mag man Objektivität (im Sinne von überindividueller Gültigkeit) erreichen.

7 M. Polanyi (1962, 1985, gem. mit H. Prosch, 1975). Siehe auch die Zusammenfassung im Kapitel "Die schwarze Katze in der Kohlenkiste".

ebenen, eine davon das Problem im Auge behaltend und im Moment der Handlung bewußt, die zweite vielfältig wahrnehmend und in diesem Moment unbewußt, ist dafür entscheidend. Es ermöglicht die Emergenz einer neuen Struktur (die Erkenntnis) durch eine Art von Gestaltbildung unter den Wahrnehmungen der zweiten Ebene, bedingt durch ihre Focusierung auf die Sinnvorgaben der ersten.

Während nach der Konzeption von Wissen als Erfahrungswissen der Prozeß des Wissens überall gleich ist, können Menschen diesen Prozeß in bestimmten Bereichen doch ausgeprägter oder weniger ausgeprägt entwickelt haben (hier kann man – jedoch ungenau – von "mehr oder weniger Erfahrungswissen" sprechen). Die *Entwicklung des Wissens*, das Lernen, erfolgt nach dieser Vorstellung durch aufmerksame Beobachtung und engagierte (d.h. neben intellektueller auch emotionale und sensorische) Begegnung mit vielfältigen Problemsituationen. Dafür sind Freude und Faszination am/durch das Thema beinahe unumgänglich, Angst und anderer Streß machen es unmöglich. Wichtig dürfte auch die Einstellung sein, "nicht zu schummeln", Widersprüche nicht zu verstecken und "es sich nicht einfacher zu machen, als es ist". Erfahrene Menschen können bei der Ausbildung von Erfahrungswissen helfen, indem sie ein Beispiel geben und mitmachen lassen, indem sie die Aufmerksamkeit der Lernenden auf bestimmte Dinge lenken und indem sie den Lernenden gezielte Aufgaben stellen. Erfahrungswissen entwickelt man nicht "von außen", sondern nur, indem man sich in ein Themengebiet "hineinbegibt". Vertrauen (sich und anderen gegenüber) ist dafür zentral.

Ausgeprägtes Erfahrungswissen befähigt dazu, im entsprechenden Gebiet rasch, sicher und umsichtig zu handeln und sein Tun den spezifischen Gegebenheiten sensibel[8] anzupassen (richtiges Handeln, angemessene Problemlösung). Es ermöglicht "Umweltverantwortlichkeit" im vollen Sinn des Wortes. Dazu gehört, daß Menschen mit ausgeprägtem Erfahrungswissen ("people who know their job") in sogenannt "komplexen" Situationen eine einfache Ordnung "sehen" können (was damit zusammenhängt, daß sie

8 Hier könnte eine Analyse unter dem Aspekt der Resonanz ansetzen.

Teilphänomene von ihrer Stellung im Rahmen der Gesamtsituation her beschreiben und einschätzen). Dadurch können sie sowohl sehr kontextorientiert handeln als auch allgemeine Gesetzmäßigkeiten erkennen (Induktion). Wozu Wissen, verstanden als Erfahrungswissen, Menschen *nicht* befähigt, ist, ihr Wissen vollständig anzugeben. Es zeigt sich nur in konkreten Situationen, und diese Äußerungen verweisen nicht auf etwas, das als "Bestand" gespeichert wäre, das anzugeben[9], aufzuschreiben oder fertig weiterzugeben wäre. Wissende haben zu ihrem Wissen keine Distanz, sie verfügen zwar über die Gewißheit, mit einer bestimmten Thematik vertraut zu sein und können über ihr Vorgehen reflektieren, sie können sich jedoch mit ihren Problemlösungen oder Antworten selbst immer wieder überraschen.

Bei dieser Beschreibung des Erfahrungswissen-Konzeptes wird deutlich, daß es *nicht* notwendig im Gegensatz zum herrschenden Konzept von Wissen als propositionales Wissen steht, sondern dieses vielmehr erweitert und in seinem Zustandekommen verständlich macht.[10] So erweist sich, daß das, was dort als "Wissen" gilt – Sätze über das, was der Fall ist – im Lichte des Konzeptes Erfahrungswissen lediglich als punktuelle Manifestationen der zugrundeliegenden Haltung und Vertrautheit eines Menschen (des Erfahrungswissens) erscheinen. Sätze über das, was der Fall ist, kann man lesen, hören und "haben", sind sie nicht richtig, so sind sie falsch[11], man kann sie von der spezifischen Person, die sie geäußert hat, lösen, kann sie isoliert diskutieren und in anderen Zusammenhängen prüfen. Doch so wertvoll sie sind, bilden sie doch nicht "Wissen", sondern sind nur punktuell sichtbare oder hörbare *Ausdrücke* des Wissens, das ein Mensch *ist*, das er durch sein lebendig sein manifestiert.

---

9 Und sie sind deshalb auch nicht durch beweisende Ableitung zu begründen.

10 Von einem Gegensatz zwischen den beiden Wissenskonzeptionen kann man nur sprechen, sofern man für das propositionale Wissen den Anspruch "einzig wahres Wissen " stellt und dem den Anspruch des Erfahrungswissens entgegenhält.

11 Wenn "Wissen" mit propositionalem Wissen gleichgesetzt wird, bedeutet nicht-wissen "das Gegenteil dessen, was der Fall ist", meinen, also: "sich irren". Wird "Wissen" als Erfahrungswissen verstanden, so bedeutet nicht-wissen nicht "Irrtum", sondern pure Absenz von Wissen.

VERWANDLUNG

Ausbruch aus der Dunkelheit

Nesa Geschwend

1994
Serie 1 - 8, Mischtechnik auf Papier je 30 x 40cm

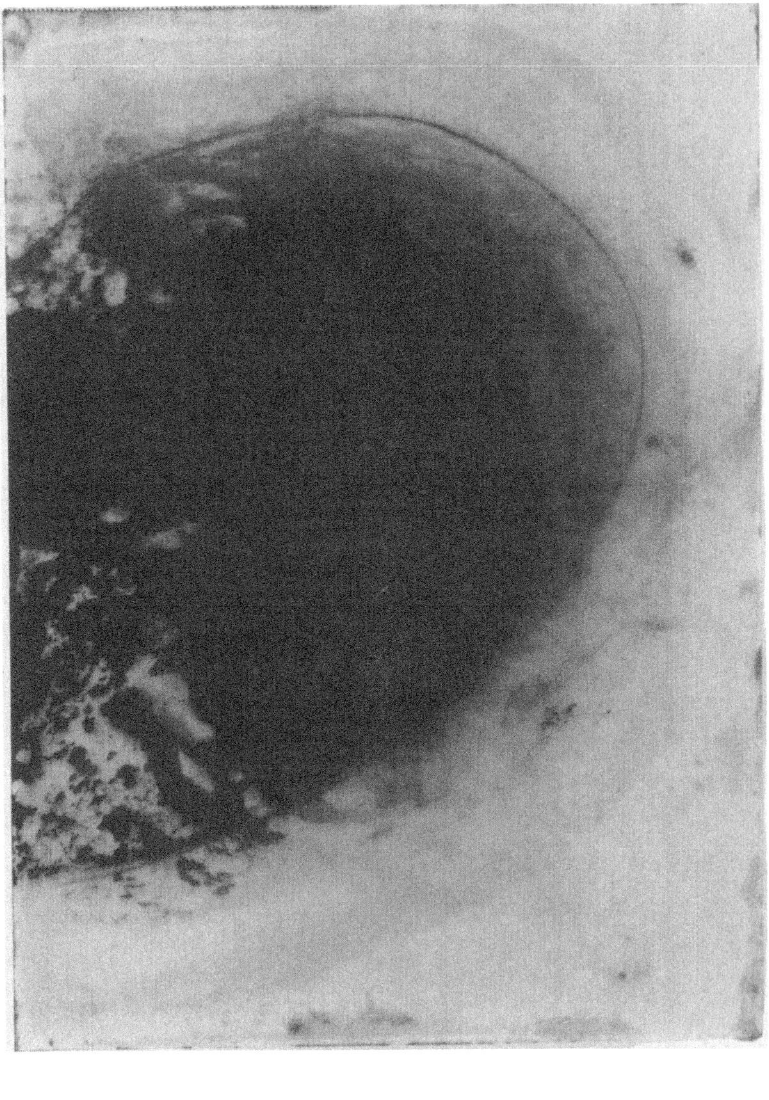

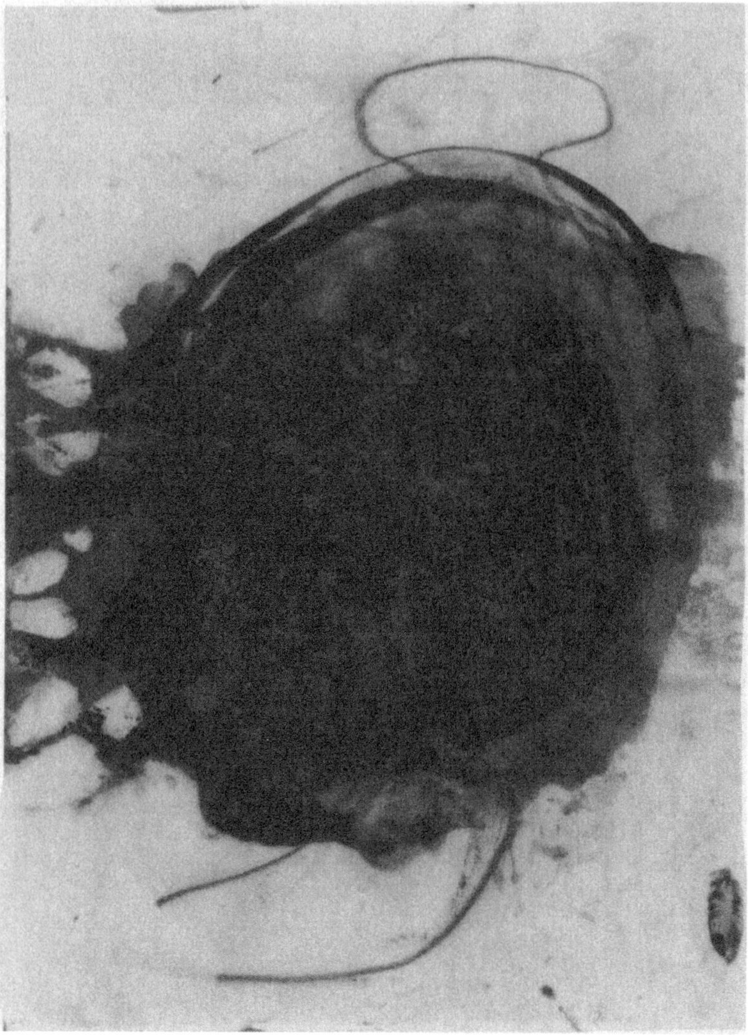

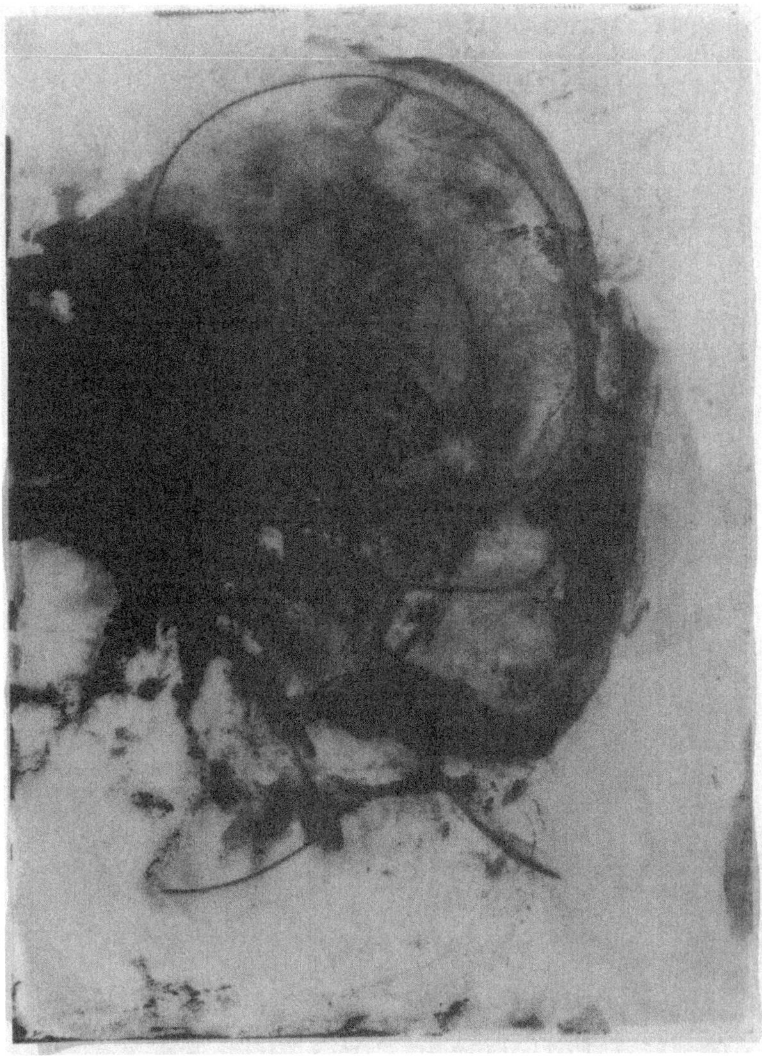

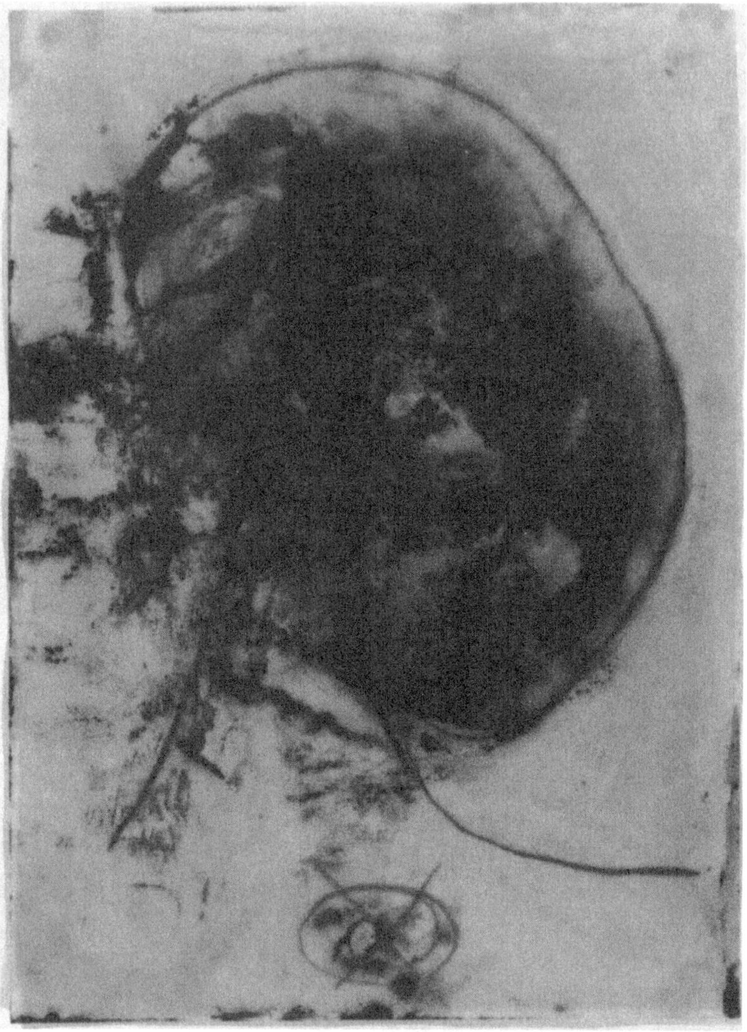

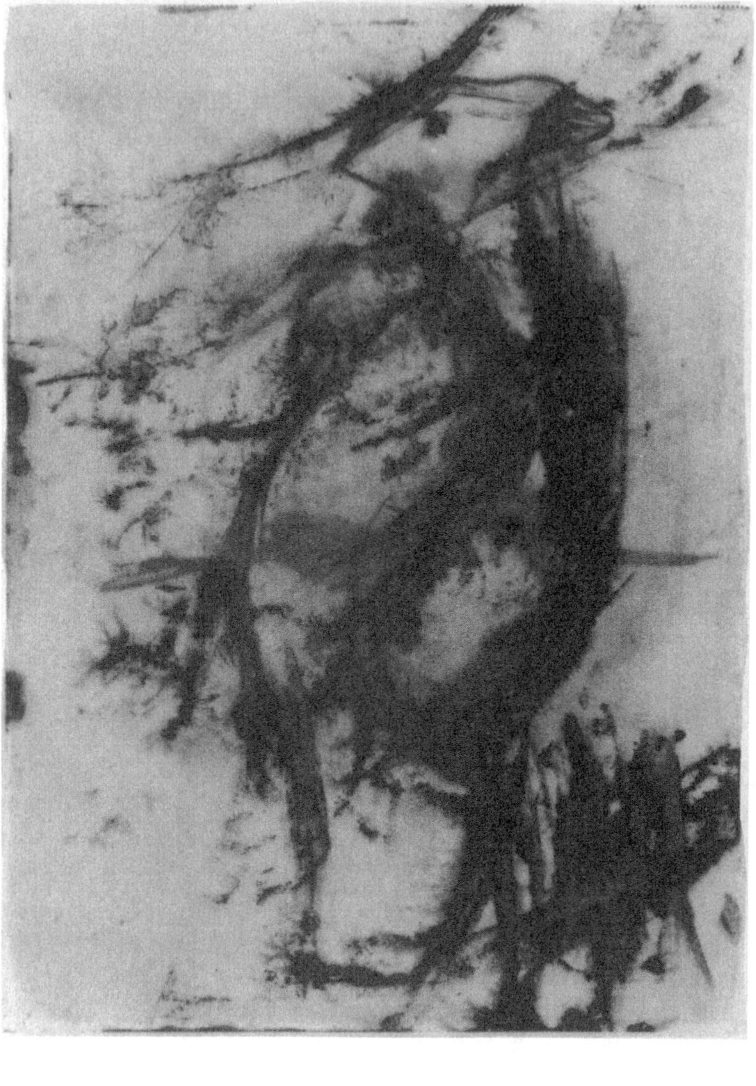

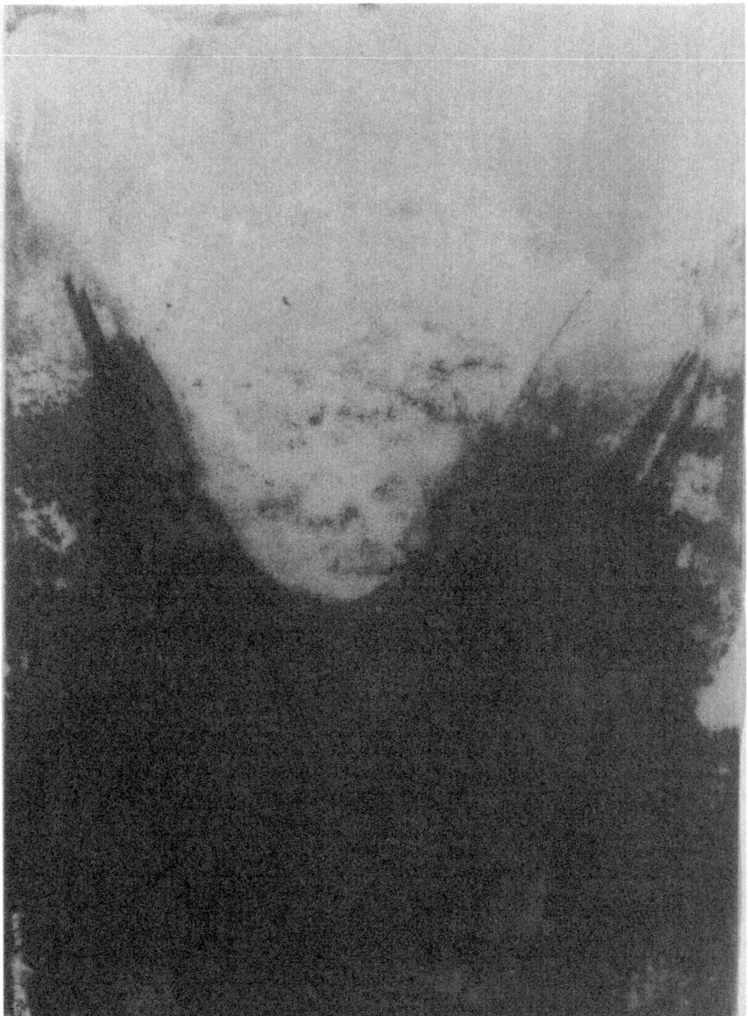

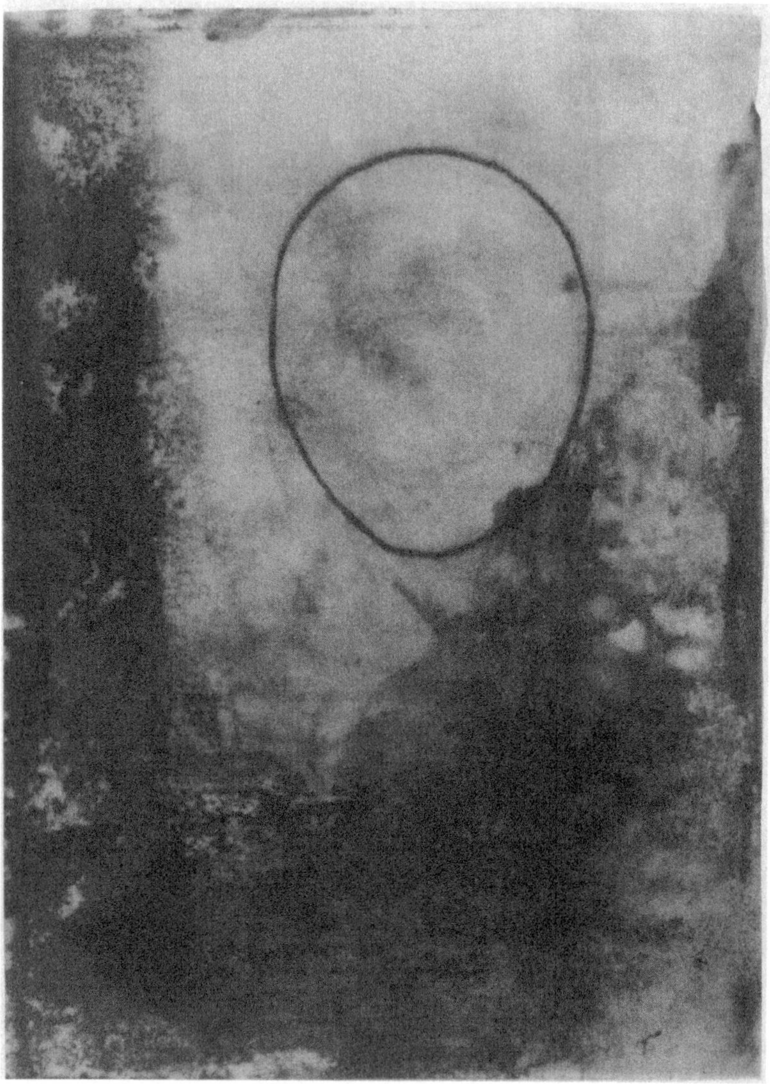

VIER SPULEN

Von der Anwendung des Konzeptes "Erfahrungswissen" auf die im ersten Teil dargestellten Problemgebiete: Vier Fallstudien

In diesem Abschnitt des Buches weben wir unsere Fäden in Form von vier "Fallstudien" weiter, in vier Kapiteln, in denen jede von uns das im vorigen Abschnitt entwickelte Konzept "Erfahrungswissen" in ihren Tätigkeitsbereich zurückbringt und auf die Probleme, die sie im ersten Teil des Buches dargestellt hat, anwendet: In einer Fallstudie zur besseren Erfassung von Bodenfruchtbarkeit durch eine Kooperation zwischen erfahrenen BodenbewirtschafterInnen und BodenwissenschaftlerInnen (Patricia Fry); in einer Fallstudie zur

Überwindung von Kommunikationsbarrieren zwischen WissenschaftlerInnen, BehördenvertreterInnen und PraktikerInnen bei der Einrichtung eines Naturschutzgebietes (Dagmar Reichert); in einer Fallstudie zur Verbesserung der Zusammenarbeit zwischen landwirtschaftlichen BeraterInnen und PraktikerInnen in der Entwicklungszusammenarbeit (Claudia Heid); sowie in einer Fallstudie zur Zusammenarbeit zwischen Wissenschaft und Kunst auf der Basis eines erweiterten Verständnisses von Forschung (Ursina Steinemann). Alles in allem vier Fadenspulen zum weiterweben. Nesa Gschwend, die Künstlerin, die einen weiteren Faden, eine Reihe von Bildern, durch dieses Buch geflochten hat, kommt dabei in der letztgenannten Studie zu Wort.

BODENFRUCHTBARKEIT: IM SPANNUNGSFELD ZWISCHEN ANALYTISCHER UND KONTEXTUELLER WAHRNEHMUNG

Patricia Fry

Inhaltsverzeichnis

1. ANALYTISCHE WAHRNEHMUNG: GRENZEN DES ERFASSENS VON LEBENSPROZESSEN

1.1. Boden und Bodenfruchtbarkeit

Der Boden nimmt eine Schlüsselstellung in Ökosystemen und Stoffkreisläufen ein und zeichnet sich dadurch aus, daß er den Übergangsbereich zwischen Lufthülle (Atmosphäre), Gestein (Lithosphäre), den von Pflanzen und Tieren besiedelten Raum (Biosphäre) sowie dem Gewässer (Hydrosphäre) bildet. Komplexe Vorgänge haben zu den heutigen Böden geführt. Jahrhunderte bis Jahrtausende hat es meistens gedauert, bis sich an einem Standort aus dem Ausgangsmaterial Boden bildete. Dabei spielten die Zerkleinerung und

Verwitterung des Gesteins, die Zersetzung und Umwandlung von abgestorbenen Lebewesen (Humifizierung), die Verlagerung von Stoffen aus der Verwitterung bzw. der Humifizierung sowie die Strukturbildung eine Rolle. Diese Bodenbildungsvorgänge haben je nach Ausgangsgestein, Klima, Landschaftsform, Lebewesen und Zeit, in der die Prozesse wirken konnten, unterschiedliche Bodentypen entstehen lassen, die u.a. durch die Abfolge und Art der Bodenschichten charakterisiert werden (Abb. 1). Boden ist somit naturgemäß sehr *heterogen*. Die Bodenbildung ist heute keineswegs abgeschlossen. Die Gesteine sind dauernd der Verwitterung ausgesetzt, und die Böden sind in ständiger Veränderung begriffen, insbesondere durch die Nutzung des Menschen.

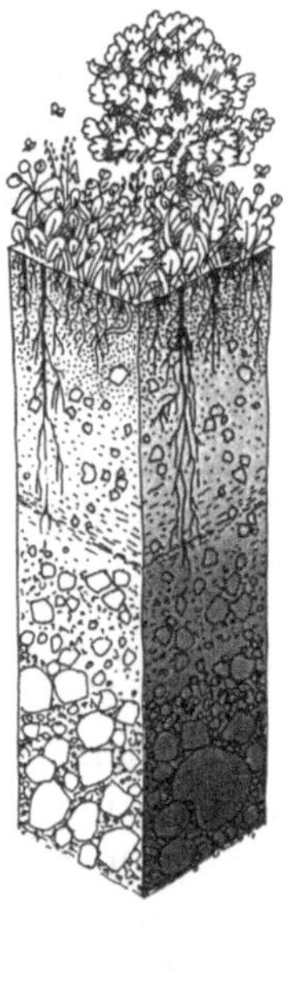

Abb.1: In einem Bodenprofil kann in der Regel ein intensiv belebter und durchwurzelter, mit Humus angereicherter Oberboden von einem weniger belebten und schwächer durchwurzelten, helleren Unterboden unterschieden werden. Das kaum oder gar nicht verwitterte Gestein schließlich bildet den Untergrund.[1]

Feste, flüssige und gasförmige Bestandteile des Bodens gehen auf kleinstem Raum ineinander über. So können Poren im Boden mit Wasser oder Luft gefüllt sein. Unterschiedlich große Poren entstehen durch Rißbildung beim Trocknen toniger Böden (physikalischer Prozeß), durch Wurzelwachstum oder durch Regenwürmer, die sich durch den Boden fressen (biologische Prozesse). Die Regenwürmer tapezieren dabei mit ihrer Losung (Kothaufen) die Gangwände. In der Losung sind Mikroorganismen enthalten, die Enzyme

1 Abbildung aus Prokifoliensatz der Schweizerischen Vereinigung für Landespflege

produzieren, welche z.B. bei der Nährstoffumwandlung für die Pflanzen wichtig sind (chemische Prozesse). Diese chemischen, physikalischen und biologischen Vorgänge im Boden sind kaum voneinander zu trennen. Sie wirken langsam und interagierend. Um den Boden zu begreifen, müssen wir diese Wechselwirkungen betrachten und weniger einzelne, voneinander losgelösten Prozesse.

Eine zentrale Eigenschaft des Bodens ist seine Fruchtbarkeit, zu vergleichen mit der Gesundheit eines Menschen. Der Boden ist heute zunehmend schädlichen Einflüssen ausgesetzt, z.B. durch Verdichtung, Erosion, Schadstoffeinträge und einseitige Nutzung.[2] Um den Boden vor einer Anreicherung mit Schadstoffen zu schützen und Auswirkungen auf die Bodenfruchtbarkeit zu überprüfen, setzte der Bundesrat die Verordnung über Schadstoffe im Boden (VSBo) in Kraft. Darin sind Kriterien festgehalten, anhand derer beurteilt werden soll, ob die Fruchtbarkeit eines Bodens langfristig gewährleistet ist.

Die Bodenfruchtbarkeit ist gemäß Verordnung über Schadstoffe im Boden[3] wie folgt definiert:

> *Der Boden ist fruchtbar, wenn er:*
> - *eine artenreiche und biologisch aktive Tier- und Pflanzenwelt, eine für seinen Standort typische Struktur und eine ungestörte Abbaufähigkeit besitzt;*
> - *das ungestörte Wachstum und die Entwicklung natürlicher und vom Menschen beeinflußter Pflanzen und Pflanzengesellschaften ermöglicht und ihre charakteristischen Eigenschaften nicht beeinträchtigt;*
> - *gewährleistet, daß pflanzliche Erzeugnisse eine gute Qualität aufweisen und für Menschen und Tiere gesundheitlich verträglich sind.*

---

2 Eine nachhaltige landwirtschaftliche Nutzung versucht, die Bodenfruchtbarkeit langfristig zu erhalten, indem vielseitige Fruchtfolgen (Ziel: Regeneration des Bodens) gewählt werden, gezielte Humuswirtschaft (Ziel: ausgeglichene Nährstoffbilanz) betrieben und der Boden schonend bearbeitet wird (Ziel: Vermeidung von Strukturschäden). Durch geeignete Maßnahmen wird das Bodenleben gefördert und der Einsatz von Pflanzenbehandlungsmittel minimiert.

3 Verordnung über Schadstoffe im Boden VSBo, 1986

Die so definierte Bodenfruchtbarkeit ist nicht zu verwechseln mit hoher Ertragsfähigkeit eines Bodens. Denn mit technischem Aufwand kann viel pflanzliche Biomasse produziert werden, ohne daß der Boden auf lange Sicht fruchtbar bleiben muß. Ein fruchtbarer Boden zeichnet sich durch ein aktives Bodenleben aus, das an Abbau- und Umwandlungsprozessen sowie an der Strukturbildung maßgeblich beteiligt ist.

1.2. Beobachtung der Bodenfruchtbarkeit

Die Kantone sind beauftragt, Bodenbelastungen zu beobachten, zu beurteilen und Maßnahmen einzuleiten, die den weiteren Anstieg der Schadstoffgehalte verhindern. Bis heute existieren aber nur für Schwermetalle Richtwerte, anhand derer die Bodenbelastung beurteilt wird. In allen anderen Fällen – organische Schadstoffe, physikalische und biologische Belastungen – ist im Einzelfall abzuklären, ob die Fruchtbarkeit des Bodens langfristig gewährleistet ist.[4] Zu diesem Zweck wurden Beurteilungskriterien für die Bodenfruchtbarkeit definiert (vgl. oben).

Die Beobachtung der Bodenfruchtbarkeit erlangt in der heutigen Zeit neue Bedeutung, weil neben strukturschädigenden Einflüssen vermehrt auch mit diffusen, verschiedenartigen und z.T. nur schwer meß- und abschätzbaren Belastungen des Bodens zu rechnen ist. Jedes Jahr werden über 100'000 chemische, vom Menschen hergestellte Substanzen und einige Tausend lebensfeindliche (xenobiotische) Produkte auf den Markt gebracht.[5] Einige dieser Stoffe sind auch in kleinen Konzentrationen giftig. Sie gelangen zum Beispiel über Haushalts- und Industrieabwässer in die Umwelt. Die meisten Schadstoffe kommen schlußendlich in den Boden, der wie ein Filter wirkt und die Stoffe akkumulieren kann. Die Reaktionen des Bodens auf diese verschiedenartigen Stoffe, ihre Abbauprodukte sowie die chronischen Wirkungen sind zum größten Teil unbekannt. Es macht wenig Sinn, alle diese Stoffe einzeln zu messen, denn im Boden

4 VSBo Art 5, Abs 3; Bei der Revision des Umweltschutzgesetzes sind Vorschriften gegen physikalische Bodenbelastungen sowie Sanierungswerte für Bodenbelastungen durch Schwermetalle vorgesehen. Die Inkraftsetzung ist auf 1998 geplant.

5 Péringer, 1996, S. 20

können durch das Zusammenwirken verschiedener Schadstoffe unter verschiedenen Bedingungen Prozesse ablaufen, die man nicht vorhersehen kann. So wurden viele *chronische Umweltbeeinträchtigungen erst mit den auftretenden Schäden erkannt*: Beispielsweise beim DDT, den PCB's, der Versauerung von Gewässern und bei den neuen Waldschäden.[6]

Die diffuse Belastung durch immer mehr Stoffe und deren Abbauprodukte könnte sich langfristig negativ auf die Bodenfruchtbarkeit auswirken. Weil das Zusammenwirken der verschiedenen Belastungsarten und verschiedenen Stoffe sowie die Auswirkungen der diffusen Belastung nicht oder nur ungenügend abgeschätzt werden können, stellt sich die Frage, wie man die *Bodenfruchtbarkeit direkt beobachten* kann, um Störungen frühzeitig zu erkennen.

1.3. Probleme mit der Analyse der Bodenfruchtbarkeit

Die meisten Kantone konzentrieren sich darauf, Bodenbelastungen durch nicht oder nur schwer abbaubare Schadstoffe zu beobachten und Maßnahmen einzuleiten.[7] Die Bodenfruchtbarkeit zu erhalten, ist zwar übergeordnetes Ziel, sie wird selber aber nicht direkt beobachtet, weil dies mit gängigen Methoden nicht möglich ist. Bodenfruchtbarkeit ist ein Maß für die "Gesundheit" eines Bodens. Und wie die Gesundheit beim Menschen, kann Bodenfruchtbarkeit mit naturwissenschaftlich-analytischen Methoden nicht befriedigend erfaßt werden. Ich möchte die wichtigsten Gründe ausführen, weshalb es *mit bestehenden analytischen Ansätzen nicht möglich ist, Bodenfruchtbarkeit angemessen zu beschreiben.*[8]

---

6 Fent, 1995, S. 8

7 Auch physikalische Belastungen des Bodens werden zunehmend thematisiert. Sie können kurzfristig schwerwiegendere Folgen für den Boden haben als die gängige Belastung mit Schwermetallen.

8 Ich konzentrierte mich in den letzten Jahren v.a. auf die Frage, welche bodenbiologischen Parameter die Bodenfruchtbarkeit gut beschreiben können. Durch meine Arbeit an der ETH (Institut für terrestrische Ökologie) und beim Kanton Aargau im Rahmen der Arbeitsgruppe Vollzug Bodenbiologie (VBB) erhielt ich einen Einblick in die Schwierigkeiten der Parameterwahl, der Methodenstandardisierung und der Interpretation biologischer Bodendaten (vgl. Erfahrungswissen über Boden: ein persönlicher Hintergrund, im Teil "Die Spinnerinnen").

Schwierige Wahl der Meßgrößen beim Erfassen der Bodenfruchtbarkeit

Die Bodenschutzverordnung VSBo umschreibt Kriterien, die einen gesunden Boden ausmachen, z.B. eine ungestörte Abbaufähigkeit. Kann die Funktion "Abbaufähigkeit" als Gradmesser für die Bodenfruchtbarkeit dienen? Diese Funktion ist ein komplexer Vorgang und kann nicht durch eine einzige Meßgröße repräsentiert werden, wenn wir nicht *einzelne Aspekte isolieren und aus dem Zusammenhang reißen wollen.* An den Abbauprozessen sind neben Asseln und Milben, die z.B. Blätter zerkleinern, auch Regenwürmer beteiligt. Sie ziehen abgestorbene Gräser in den Boden, welche dann von unzähligen Mikroorganismen besiedelt werden, die ihrerseits Enzyme freisetzen, welche die Zellbaustoffe auftrennen. Welche Aspekte der Abbaufähigkeit eines Bodens sollen nun gemessen werden, um sie zu repräsentieren? Bei der Wahl der Meßgröße stehen wir vor dem Problem, einzelne Prozesse wählen und sie dadurch unterschiedlich gewichten zu müssen. So muß entschieden werden, welche Organismen den charakteristischsten, aussagekräftigsten oder relevantesten Beitrag an die Bodenfruchtbarkeit leisten. Meist werden dabei *langsame und unauffällige Prozesse nicht berücksichtigt*, weil sie schwierig zu messen sind. Sie können aber für die Bodenfruchtbarkeit bedeutend sein. Ein Beispiel soll dies verdeutlichen:

Der Abbau von Zellulose – der häufigste Zellbaustoff der Pflanzen, der auch für Papier verwendet wird – wurde von der Arbeitsgruppe Vollzug Bodenbiologie (VBB)[9] als Maß für die Abbautätigkeit der Mikroorganismen gewählt. Reine Zellulose – in Form eines Filterpapiers – wird im Labor in eine Schale mit gesiebtem Boden gelegt. Nach einer gewissen Zeit wird gemessen, wieviel Zellulose abgebaut worden ist. Damit die Ausgangsbedingungen immer dieselben sind, nimmt man reine Zellulose, welche in der Natur kaum vorkommt, weil Laubblätter, Tannennadeln und Gras noch andere Zellbaustoffe enthalten. Auch die Zersetzung und der Abbau abgestorbener Bodentiere wird auf diese Weise nicht berücksichtigt. Bei

9 vgl. Erfahrungswissen über Boden: ein persönlicher Hintergrund, im Teil "Die Spinnerinnen"

der Wahl der Methode hat man sich also auf spezialisierte Mikroorganismen konzentriert. Beim Abbau von Gräsern oder Blättern spielen aber auch Prozesse eine Rolle, die auf die Aktivität von Bodentieren zurückzuführen sind. Auch chemische Prozesse wie z.B. Oxidationen oder Reduktionen, die in Abhängigkeit der Temperatur oder der Säurereaktion des Bodens unterschiedlich ablaufen, leisten einen Beitrag an die Abbauvorgänge des Bodens.

Die Abbaufähigkeit ist ein *komplexes Wechselspiel* von biologischen, chemischen und physikalischen Prozessen. Um diese Abbaufähigkeit zu messen, werden verschiedene Einschränkungen und Vereinfachungen, wie sie im oben beschriebenen Beispiel aufgezeigt werden, eingeführt, damit relativ einfach und reproduzierbar gemessen werden kann. Die Meßgröße "Milligramm abgebaute Zellulose pro Quadratzentimeter" kann jedoch die Abbaufähigkeit eines Bodens nicht allein repräsentieren. Sie stellt lediglich einen Anhaltspunkt dar, wie die dafür spezialisierten Mikroorganismen die in großen Mengen anfallende Zellulose unter bestimmten Laborbedingungen abbauen können. Eine *sehr spezielle Antwort also, welche mit der Frage, wie die Bodenfruchtbarkeit erfaßt werden kann, nur noch entfernt zu tun hat.*

Schwierigkeiten bei der Interpretation der Meßergebnisse

Wenn die Methode des Zelluloseabbaus an Bodenproben verschiedener Standorte angewendet wird, müssen bei der Interpretation der Daten verschiedene Fragen beantwortet werden können:[10]

Erstens muß bekannt sein, von welchen Standorten die Bodenproben stammen. Denn der Zelluloseabbau fällt "naturgemäß" an Waldstandorten tendenziell geringer aus als auf Ackerstandorten.[11] *Neben der Nutzung beeinflussen auch Klimaregionen (Niederschlag, Temperatur) und Bodentypen die Ergebnisse* bzw. den Zelluloseabbau. Die Werte können also nur miteinander verglichen werden, wenn mindestens genannte Bedingungen ähnlich sind. Um die Werte dann noch interpretieren zu können, sind standorttypische

10 vgl. auch Fry, 1994a

11 AGW, 1994, S. 93

Wertebereiche verschiedener Regionen nötig.

Nehmen wir an, die Werte stammen vom gleichen Standort. Die Meßwerte des Zelluloseabbaus können sich unterscheiden, ohne daß von einer beunruhigenden Veränderung der Abbaufähigkeit ausgegangen werden muß. Denn die Messungen erfolgten vielleicht zu verschiedenen Zeitpunkten, so daß die Jahreszeit, eine andere Kultur in der Fruchtfolge oder eine eben durchgeführte Düngung Einfluß haben konnten. Beim Zelluloseabbau kann die Abbaurate im Winter am geringsten sein, im Frühling zunehmen, im Sommer das Maximum erreichen und im Herbst wieder abnehmen.[12] Dieser Verlauf kann aber je nach Bodentyp und Standorteigenschaften ändern. Kurzfristige Änderungen hängen z.B. auch von dem im Boden verfügbaren Stickstoff ab.[13] Wenn der Zelluloseabbau zu unterschiedlichen Zeitpunkten gemessen wurde, müssen wir auch damit rechnen, daß unterschiedliche Personen die Messungen durchführten. Dies kann zur Folge haben, daß die *Meßwerte nicht nur aufgrund lokaler Unterschiede divergieren, sondern auch aufgrund methodischer Belange.*[14]

Die Bestrebungen der Arbeitsgruppe Vollzug Bodenbiologie (VBB) gehen in die Richtung, mit genauen Anleitungen und Standardisierungen vergleichbare Methoden zu schaffen, mit denen standorttypische Wertebereiche erhoben werden können. Die beeinflussenden Faktoren werden eingeschränkt, indem geeignete Zeitpunkte während der gleichen Kultur am selben Standort (Dauerbeobachtungsfläche) gewählt werden. Dieser Weg wird in der Bodenbeobachtung aber erst angetreten.

Folgende Fragen bleiben nach wie vor offen:
- Welche Meßwerte zeigen einen "normalen Zustand" des Bodens an?

---

12 Mäder et al., 1993, S. 54. Die Einflüsse der Jahreszeit (Temperatur, Feuchtigkeit) werden beim Zelluloseabbau unter standardisierten Bedingungen im Labor nivelliert. Man mißt einen potentiellen Abbau unter bestimmten Laborbedingungen. Durch die Nivellierung besteht aber die Gefahr, Unterschiede im Boden zu verwischen. Vgl. Jäggi et al., 1990

13 Mäder et al., 1993, S. 56

14 vgl. AGW, 1994, S. 92

- Welche Meßergebnisse deuten auf eine Veränderung der Bodenfruchtbarkeit hin?

Und damit komme ich zum letzten Punkt: Wie kann aus einzelnen Meßwerten, auch wenn es noch so viele chemische, physikalische und biologische sind, eine gemeinsame Aussage über Bodenfruchtbarkeit gemacht werden? Spiegeln die genannten Interpretationsschwierigkeiten, die mit der Komplexität und Heterogenität des Bodens zusammenhängen, nicht ein grundsätzliches Problem? Nämlich das sich als unmöglich erweisende Bestreben, aus Einzelteilen – die einzelnen Messungen – ein Ganzes – die Fruchtbarkeit des Bodens – zusammensetzen zu können. Dies wird nicht gelingen, weil ein Ganzes keine Teile hat, oder mit geläufigeren Worten ausgedrückt, weil ein Ganzes nicht das Gleiche ist wie die Summe seiner Teile.[15] Die verschiedenen naturwissenschaftlichen Disziplinen beschäftigen sich aber vor allem mit Teilen. Wenn Ergebnisse chemischer, physikalischer und biologischer Untersuchungen an einem Standort zueinander in Beziehung gesetzt werden sollen, können sie nicht einfach zusammengesetzt werden. Die *Daten lassen sich nicht zu einem Puzzle zusammenfügen, wie die Teile eines Puzzlespiels.*

Thesen:

Mit den bestehenden analytischen Ansätzen ist es nicht möglich, die Bodenfruchtbarkeit als Ganzes zu erfassen, weil:

- einzelne Aspekte der Bodenfruchtbarkeit isoliert gemessen und so aus dem Zusammenhang gerissen werden,
- die Meßgrößen von vielen Faktoren des Bodens, des Klimas und der Bodennutzung abhängen und es daher schwierig ist, lokal-, methodisch- und belastungsbedingte Effekte zu unterscheiden, und weil
- die Bodenfruchtbarkeit nicht aus einzelnen Messungen zusammengesetzt werden kann, weil "ein Ganzes etwas anderes ist als seine Teile".

15 vgl. Primas, 1992

1.4. Fragestellung der Fallstudie

Bodenfruchtbarkeit als Ganzes kann mit analytischen Methoden nur unzureichend erfaßt werden. Erst augenfällige Störungen der Bodenfruchtbarkeit schlagen sich so in den Zahlenwerten nieder, daß sie von der natürlichen oder nutzungsbedingten Streuung getrennt werden können. Die Bodenfruchtbarkeit als Ganzes zu untersuchen, ist ein schwieriges, bisher in der Schweiz noch kaum durchgeführtes Unterfangen.[16]

Gibt es Methoden, die zu einem Wissen über Bodenfruchtbarkeit führen, das sich nicht an den "Teilen" orientiert, bei denen z.B. Jahreszeit und Standortvariabilität eine Aussage nicht stören, sondern als zusätzliche Informationsquelle dienen? Ich überlegte mir, ob Menschen, die seit Jahren mit Boden zu tun haben und nicht einer naturwissenschaftlichen Disziplin[17] verpflichtet sind, Erkenntnisse über Bodenfruchtbarkeit haben, die über das Zusammensetzspiel hinausgehen. Das Wissen von Bauern und Bäuerinnen über Boden bot sich dazu an. Weist ihr Erfahrungswissen über Boden einen Weg, wie Bodenfruchtbarkeit als Ganzes erfaßt werden könnte?

2. KONTEXTUELLE WAHRNEHMUNG: GRENZGÄNGE

2.1. Vorgehen

Ziel der Studie

Das Ziel dieser Studie war es, Thesen über die Formen bäuerlicher Wahrnehmung von Boden aufzustellen und daraus konkrete Folgerungen für die Beobachtung der Bodenfruchtbarkeit zu ziehen. Weil es um eine erste Orientierung in einem neuen Forschungsfeld geht, hat meine Studie explorativen, d.h. vor allem thesenbildenden

16 vgl. bodenbiologische Untersuchungen zur Überprüfung der Bodenfruchtbarkeit: Solvit Korner und Laczko, 1992

17 Naturwissenschafter und Naturwissenschafterinnen arbeiten meist in einer Fachdisziplin. Dies führt dazu, daß vor allem "Teile der Bodenfruchtbarkeit" betrachtet werden.

Charakter. Sie ist also nicht für alle Schweizer Bauern, Biobäuerinnen usw. repräsentativ. Ich habe ein iteratives Vorgehen gewählt und im Verlauf der Arbeit die Erhebungsmethoden laufend verbessert.

Untersuchungsfeld

Ich habe mich an Biolandwirte gewendet, weil sie auf die Erhaltung der Bodenfruchtbarkeit unmittelbarer angewiesen sind als konventionell arbeitende Bauern. Diese haben – zumindest mittelfristig – andere Mittel zur Verfügung, um einen hohen Ertrag[18] zu erzielen. Ich erwartete, daß sich Biolandwirte mehr mit Bodenfruchtbarkeit auseinandersetzen.

Das Forschungsinstitut für biologischen Landbau (FiBL) ist für die Beratung und Kontrolle der Biobetriebe der Schweiz zuständig und besucht sie mindestens einmal pro Jahr. Berater des FiBL schlugen mir verschiedene erfahrene Bauern und Bäuerinnen vor. Auswahlkriterien waren ihre Offenheit, ihre Bereitschaft, Auskunft zu geben und sich nicht irritieren zu lassen. Ich entschied mich, bei einigen Beratungs- und Kontrollbesuchen mitzugehen, weil ich mir durch den Berater einen leichteren Zugang zu den Bauern und Bäuerinnen erhoffte.

Datenmaterial

- Verwendete Methoden:

Im Verlauf des Forschungsprozesses verwendete ich verschiedene Methoden: Ich begleitete Bauern und Berater während der Feldbegehung und führte Leitfaden-Interviews[19] durch. In einem Fall wendete ich die Methode der teilnehmenden Beobachtung[20] an.

Die erste Begegnung fand in England[21] beim bio-dynamisch arbei-

---

18 Ein hoher Ertrag kann mittels Kunstdünger oder auch ohne Boden im hors-sol-Verfahren erzielt werden. Bodenfruchtbarkeit wird vor allem durch lokale Eigenschaften des Klimas, der Landschaftsform, der Geologie des Untergrundes und der Vegetation geprägt.

19 In Anlehnung an Flick, 1995 und Lamnek, 1993

20 Lamnek, 1993, S. 309-311; das Schwergewicht lag auf der aktiven Teilnahme, vgl. dazu Lamnek 1993, S. 264

21 während einem Forschungsaufenthalt

tenden Bauern K. Smith[22] statt. Er führte für mich eine Spatenprobe in einer Wiese durch. Wir redeten über den Boden, dabei erläuterte er, was er sah.

Zurück in der Schweiz folgten Besuche bei vier Bauernfamilien während der jährlichen Kontrolle und Beratung durch einen Mitarbeiter des Forschungsinstituts für biologischen Landbau (FiBL). Ich begleitete den Berater und die Bauern bei der Stallbesichtigung und der Feldbegehung. Passagen, in denen über Boden geredet wurde, nahm ich auf Band auf. Ich zeichnete vor allem Beispiele auf, wo sich die Erfahrung der Bauern und ihr Wissen über Boden manifestierte. Das konnten Handlungen, Aussagen und Erzählungen sein.

Nach der Feldbegehung führte ich mit drei der vier Bauern in der Küche oder vor dem Haus ein Leitfaden-Interview durch. In zwei Fällen war der Berater dabei. Mit den Interviews wollte ich meine Beobachtungen überprüfen und Hintergrundinformationen erhalten. Schließlich begleitete ich den Bauern V. Bättig bei seiner Arbeit und half der Bäuerin O. Meier beim Blacken[23] ausstechen. Beide waren mir wiederum vom Berater des Forschungsinstituts für biologischen Landbau empfohlen worden. Bei diesen Besuchen erlebte ich konkrete Situationen, in denen Boden klar ein Thema war z.B. schechte Bearbeitung, Verdichtung usw. Anhand dieser teilnehmenden Beobachtung nahm ich den Boden aus der Perspektive der Bäuerin wahr.

22 Alle Namen sind geändert

23 Die Blacke ist eine Ampfernart, die sehr tiefe Wurzeln macht und aus kleinen Wurzelstückchen nachwachsen kann. Im Biolandbau sind Blackengifte verboten, deshalb müssen sie einzeln entfernt werden.

Interviewte Person:	Zeitpunkt:	Ort:	Methoden:	Träger:
K. Smith	März 1994	England	Wahrnehmung von Boden bei einer Spatenprobe[24]	Tonband Notizen
H. Ziswiler	Juli 1994	Kt. Zürich	Begleitung im Feld während Beratung/ Kontrolle mit anschließendem Leitfaden-Interview	Notizen
W. Fausch	Juli 1994	Kt. Zürich	Begleitung im Feld während Beratung/ Kontrolle mit anschließendem Leitfaden-Interview	z.T. Tonband Notizen
G. Müller	August 1994	Kt. Zürich	Begleitung im Feld während Beratung/ Kontrolle	z.T. Tonband Notizen
B. Gloor	August 1994	Kt. Zürich	Begleitung im Feld während Beratung/ Kontrolle mit anschließendem Leitfaden-Interview	z.T. Tonband Notizen
V. Bättig	April 1995	Kt. Aargau	Begleitung während Arbeit[25]	Notizen
O. Meier	April bis Juni 1995	Kt. Zürich	Mitarbeit im Feld (teilnehmende Beobachtung[26])	Notizen

Tab. 1: Begegnungen mit Biobauern und einer Biobäuerin ab Frühjahr 1994. Alle Namen sind geändert.

- Vorgehen:
Als Vorbereitung zu den Interviews erstellte ich einen Leitfaden,[27] den ich mir vor den Begegnungen nochmals vergegenwärtigte. Bei allen Begegnungen erklärte ich meine Motivation und die Forschungsfrage und versuchte, das Interview möglichst offen zu gestalten, damit die Befragten erzählen konnten und Unvorhergesehenes Platz hatte. Wenn sich die Bauern damit einverstanden erklärten, machte ich Tonbandaufnahmen.

[24] Diese Methode eignet sich, um die Bodenstruktur zu beurteilen. Beobachtet werden Merkmale wie Geruch, Farbe, Wurzeln, Bodenteilchen oder Schichten (BUWAL, 1993).

[25] Während der Arbeit stellen sich konkrete Fragen, vgl. Lamnek, 1993, S. 253.

[26] Teilnehmende Beobachtung Lamnek, 1993, S. 265

[27] vgl. Anhang

- Datenfixierung:
Um den Fluß des Gesprächs nicht zu behindern, machte ich erst auf dem Heimweg Notizen. Ich beschrieb den Hof und seine Umgebung und hielt fest, wie die Begegnungen verlaufen waren, wer anwesend war, was gesprochen wurde, notierte Formulierungen, die mir aufgefallen waren und reflektierte, wie ich mich dabei gefühlt hatte. Auch sämtliche Telefongespräche mit V. Bättig und O. Meier wurden mittels Notizen festgehalten.

- Datenaufbereitung:
Die Tonbandaufnahmen habe ich auf Mundart transkribiert, um den Ausdruck zu bewahren. Erst nach der Auswertung übersetzte ich die hier verwendeten Beispiele ins Schriftdeutsche.

Ich reflektierte die Situationen, in denen die Begegnungen stattfanden, was ich dabei über die Bodenfruchtbarkeit erfahren hatte, und folgerte daraus Zusatzfragen sowie methodische Änderungen.

Für die Auswertung standen mir Notizen und Tonbandtranskripte aus drei Interviews und zwei Gesprächen im Feld zur Verfügung. Von zwei weiteren Besuchen und einem Interview bzw. einer Feldbegehung lagen Notizen vor.

Auswertung

Auswertung und Forschungsprozeß liefen parallel und beeinflußten sich gegenseitig. Der Verständlichkeit halber erwähne ich sie getrennt voneinander. Mich interessierten zwei Themen:

1) Auf welche Art und Weise nehmen die befragten Bauern und die Bäuerin Boden wahr?
2) Welches Vorgehen meinerseits bewährte sich, um dieser Wahrnehmung auf die Spur zu kommen?

- Auswertungsschritte:
Ich habe in einem *ersten Schritt* ein Tonbandtranskript ausgewählt, das ein langes Gespräch im Feld über einen Standort enthielt, auf dem an einer Stelle keine Pflanzen wuchsen (G. Müller). Zuerst habe ich alles markiert, was direkt mit Boden zu tun hatte. Weil dies sehr wenig war, nahm ich auch all das auf, was im weiteren Umfeld mit Boden zu tun hatte, und listete diese Textstellen separat auf.

In einem *zweiten Schritt* ordnete ich die extrahierten Stellen in provisorische Kategorien ein, anhand derer ich anschließend das ganze Transkript codierte. In einem *dritten Schritt* überprüfte ich diese Kategorien mit Hilfe des restlichen Materials (Transkripte und Notizen).

Es entstanden dadurch verschiedene Kategorien, die im Kapitel "bäuerliche Wahrnehmung von Boden" (2.4.) besprochen werden.

Basierend auf den herausgearbeiteten Kategorien stelle ich Thesen über bäuerliche Wahrnehmung bezüglich Boden auf.

2.2. Forschungsprozeß

Am Anfang des Projektes war ich enttäuscht über die Antworten, die mir die Bauern zum Thema Bodenfruchtbarkeit gaben. Gerade sie, von denen ich etwas über Bodenfruchtbarkeit lernen wollte, verwendeten nicht einmal diesen Begriff oder gaben mir sogar zu verstehen, daß der Boden für sich alleine sie nicht interessiere. In solchen Situationen kamen mir keine Fragen mehr in den Sinn, die Begegnungen wurden unnatürlich und blockiert.

Methodische Anpassungen

Ich überlegte, welchen Einfluß mein Vorgehen gehabt haben könnte, und kam zum Schluß, daß es am Küchentisch oder während der Kontrolle schwierig war, über ein Thema zu reden, das während der Arbeit draußen auf dem Feld aktuell ist. In Situationen, wo ich dann später konkrete Beobachtungen im Feld machen konnte (G. Müller) oder wo Entscheidungen während der Arbeit getroffen wurden (V. Bättig), kam das Wissen über Boden eher zum Vorschein. *Es ist wichtig, während der Arbeit dabei zu sein, damit die Bauern und die Bäuerin in einer konkreten Situation erzählen können.* Dies war bei der teilnehmenden Beobachtung am ehesten der Fall. Während der Kontrollbesuche war es zwar einfach, in kurzer Zeit verschiedene Betriebe kennenzulernen, die Begegnungen fanden jedoch – bedingt durch die Kontrolle – in einer für den Bauern künstlichen und z.T. spannungsgeladenen Situation statt, die es ihm erschwerte, offen über Bodenprobleme zu reden.

Dank der teilnehmenden Beobachtung hatte ich ein Schlüsselerlebnis, das auch die Auswertung maßgeblich beeinflußte. Die Bäuerin O. Meier schlug mir vor, beim Blacken stechen zu helfen, wenn ich etwas über Boden erfahren wollte. Ich war von dieser Idee nicht überzeugt und dachte insgeheim bereits an die Traktorfahrt am Nachmittag, die mir geeigneter erschien, um etwas über bäuerliche Wahrnehmung von Boden zu erfahren. Beim Graben nach Wurzeln auf verschiedenen Feldern bekam ich jedoch sehr viel von diesen Böden und Standorten zu sehen. Durch diesen Perspektivenwechsel nahm ich die Art und Weise wahr, wie ich das Datenmaterial beeinflußte und die Antworten gewichtete. Für mich war es am Anfang selbstverständlich, daß man direkt über Boden reden muß, wenn es um Boden gehen soll. Deshalb nahm ich während der Feldbegehung nur einzelne Passagen auf Tonband auf und ließ Situationen weg, bei denen es meiner Meinung nach nicht um Boden ging. Dank einer länger aufgenommenen Sequenz, in der der Bauer G. Müller und der Berater über Gründe diskutierten, weshalb an einem Ort nichts wuchs, konnte ich während der Auswertung der Transkripte denn auch die indirekten Zugänge z.B. über das Pflanzenwachstum berücksichtigen.

Erst durch die Reflexion meiner analytisch geprägten Denkweise und meiner Erwartungen konnte ich wahrnehmen, wie Bauern und Bäuerinnen Boden erfassen. Die Auswertung der Transkripte und Notizen haben bei mir einen Prozeß in Gang gesetzt, durch den ich andere Aspekte des Bodens wahrzunehmen begann: Das, was man weiß, beeinflußt das, was man sieht.[28]

Ich möchte nun anhand der aufgetretenen Spannungsfelder die Bedeutung der Selbstreflexion bei der Begegnung zwischen naturwissenschaftlich Ausgebildeten und VertreterInnen anderer Berufsgattungen – hier Bauern und Bäuerinnen – dokumentieren.

Reflexion der eigenen Denkweise und Erwartungen

Der erste Bauer, den ich besuchte – K. Smith –, führte auf meine Bitte hin eine Spatenprobe durch. Es war anfangs März und hatte gerade wochenlang geregnet. Ich wollte sehen, wie K. Smith von der

28 vgl. "Schauen, Sehen, Wissen" in Fleck, 1983, S. 147ff

Beschaffenheit des Bodens auf die Bodenfruchtbarkeit schließt. Der Boden war sehr flachgründig und er meinte, es sei zu naß und zu früh im Jahr, um etwas zu sehen. Er nahm die Erde kaum in die Hände. Er erzählte, daß biodynamische Bauern in der Nachbarschaft viele Bodenprofile machen und dabei beobachten, daß die Wurzeln beim Biolandbau tiefer in den Boden hineinwachsen als beim konventionellen Landbau und die Regenwürmer sehr aktiv sind. Ich hatte erwartet, daß er sich über die Qualität der Bodenstruktur äußern, an der Erde riechen, sie zwischen den Fingern zu rollen versuchen oder Spuren von Bodentieren am Profil beschreiben würde, um etwas über die Bodenfruchtbarkeit auszusagen. Nichts dergleichen tat er. Er schien mit meinen Fragen nicht viel anfangen zu können, und ich war mit seiner Antwort nicht zufrieden. Ich hatte den Eindruck, daß wir aneinander vorbeiredeten.

Ich suchte die Gründe für diese Enttäuschung, bzw. für das "aneinander vorbeireden". Ich habe vier Erklärungen herausgearbeitet, die mir wichtig erscheinen:

1) Indirekter versus direkter Zugang

Ich erwartete ein direktes Eingehen auf die Bodenart und die Beschreibung konkreter Merkmale, ähnlich wie die Fakten und "Daten", welche ich von der Bodenkunde her kenne. Von den Begriffen, die ich im Zusammenhang mit der Bodenfruchtbarkeit aus der Bodenschutzverordnung[29] kannte – Ausdrücke wie "Artenvielfalt", "Abbaufähigkeit" und "standorttypische Struktur" – war keine Rede. Bäuerin und Bauern drückten sich anders aus:

G. Müller: Da hat der Boden, wenn ich frisch gepflügt habe, einen gelblichen Stich. Dort drüben hat es ein bißchen mooriges Gelände, und hinten wird es eher lehmig. Dort muß ich beim Pflügen einen Gang herunterschalten, es ist viel zäher. Und da vorne, vor der Senke, diese ganze Stelle ist wunderbar. Wenn ich geackert habe, ist es schon fast wie geeggt. Der Boden zerfällt, er ist so fein. Und das sieht man auch, es ist schöner aufgelaufen.

Ich war automatisch davon ausgegangen, daß ein Boden wie bei der Spatenprobe geöffnet werden muß, um über ihn etwas direkt aussagen zu können. Die Bauern und Bäuerinnen, mit denen ich

29 VSBo, 1986

gesprochen habe, untersuchten den Boden aber nicht im Detail. Selbst die wenig aufwendige Spatenprobe wendeten sie nur "hie und da im Zweifelsfall" an. *Sie nahmen den Boden eher indirekt während der Arbeit wahr.* Dabei erkannten sie Qualitäten und Prozesse, die nicht unbedingt meßbar, aber trotzdem aussagekräftig sein können, z.B. die Qualität der Ernte oder die Art und Weise, wie die Schollen zerfallen.

Bezüglich Methode und Sprache war ich also mit einer impliziten Erwartung auf die Landwirte zugegangen. Beim ersten Bauern war es noch zu früh im Jahr, um den Boden zu untersuchen, und es hatte in England schon lange nicht mehr so viel geregnet wie im Jahr 1994. Ich hatte meine Erwartungen nicht an diese spezielle Gegebenheit angepaßt.

2) Gesamtbild versus isolierte Faktoren

P.F : Hat die trockene Stelle in dieser Wiese mit der Trockenheit in diesem Sommer zu tun, oder ist sie auf den kiesigen Unterboden zurückzuführen?

G. Müller: Es wurde durch den trockenen Sommer einfach extremer. Wenn man zwischendurch einmal Regen hat, passiert das nicht. Aber wenn es lange trocken ist und ich hier zum Beispiel Getreide angebaut habe, dann kann ich machen, was ich will: Es wächst auf diesem Flecken nichts. Mit Wiese kann man es eher überbrücken. Vielleicht regnet es im Herbst wieder. Dann bleibt die Zeit über den Sommer, in der es ein bißchen schlecht ist. Aber heuer ist es schon ganz elend.

Ich fragte implizit nach einem "wichtigsten Faktor" – als ob es den gäbe und als ob er überall der gleiche sein müßte. G. Müller hingegen beschrieb, welche Auswirkungen verschiedene Bedingungen auf einen Standort haben können. *Er zeichnet gewissermaßen sein inneres Bild des Standortes und setzt einzelne Beobachtungen in einen Zusammenhang.*

3) Lokaler versus allgemeiner Blick

Ich erwartete ursprünglich, die Bauern würden Faktoren nennen, welche die WissenschafterInnen noch nicht kennen. Anfänglich war ich enttäuscht, daß sie mir kein Rezept gaben, um etwas über Bodenfruchtbarkeit zu erfahren, und kein Merkmal hervorhoben, das überall verwendet werden konnte.

G. Müller: In diesem Frühjahr konnte ich dort, wo jetzt der Kümmel ist, auch nicht pflügen, weil ich dort letztes Jahr Kräuter hatte. Weil es immer so naß war, habe ich den ganzen Winter gebraucht, um sie zu ernten. Einen großen Teil davon mußte ich von Hand ernten. Ich konnte erst im Frühjahr pflügen, und das war schlecht.
P. F.: Was heißt, es war schlecht?
G. Müller: Es hat einfach Schollen gegeben beim Ackern. Und im Frühjahr war es sowieso noch naß, und zum Teil hat es also Stellen darin gehabt, wo der Boden erstickt war.

Die Aussagen beziehen sich auf einen Standort. Sie geben nicht unbedingt Aufschluß über generelle Zusammenhänge, die ich an anderen Standorten verwenden könnte. Ist die Aussage deshalb belanglos? *Ich suchte unbewußt nach allgemein verwendbaren Kriterien und war mit standortbezogenen Aussagen nicht zufrieden.* G. Müller hat den Überblick, was an diesem Standort passiert, was er gemacht hat und wie sich dies ausgewirkt hat. Diese Informationen können z.B. bei der Standortauswahl für Bodenuntersuchungen wichtig sein. Gerade weil Boden sehr heterogen ist, die Nutzung einen großen Einfluß auf Boden hat usw. ist standortbezogenes Denken wichtig. An einem anderen Ort wäre eine andere Geschichte zu erzählen.

4) Nicht formulierbares Wissen versus formulierbares Wissen?

B. Konrad: Ich sehe den Manganmangel den braunen Blättern an. Sie werden zuerst an den Rändern gelb, und mit der Zeit verfärben sich die Blätter braun. Das sieht man sofort. Bei Stickstoffmangel werden die Blätter auch gelblich, aber das ist nicht das gleiche.

In diesem Beispiel beschreibt B. Konrad eine typische Blattverfärbung. Obwohl Mangel zweier verschiedener Stoffe anfänglich zu gelben Blättern führen, weiß er, daß es "nicht das gleiche" ist. Er bezeichnet die unterschiedlichen Färbungen jedoch nicht näher. Ist das Unwissenheit? *Eine Beschreibung ohne genaue Herleitung oder Begründung galt bisher – auch für mich – nicht als Wissen.* In den Naturwissenschaften wird jeder Schritt dokumentiert und begründet, wie man zu einer Aussage kommt. Davon ging ich automatisch aus und erwartete dasselbe von anderen. Heute gibt es andere Ansichten darüber, wie Wissen zustande kommt: *Jedes Wissen, auch das naturwissenschaftliche, hat nicht explizit formulierbare Anteile.*

Man spricht von "tacit knowledge", verborgenes oder schweigendes Wissen. Ich kann deshalb nicht davon ausgehen, daß mir jemand nachvollziehbar erklärt, wie sie oder er von einzelnen Beobachtungen auf einen Gesamteindruck kommt.

Thesen:

Beim Erforschen von Erfahrungswissen spielen folgende methodischen Anforderungen und Spannungsfelder eine Rolle:

• Das Wissen über Boden manifestiert sich am ehesten während der Arbeit. Um darüber etwas zu erfahren, wird empfohlen, bei konkreten Arbeiten möglichst aktiv teilzunehmen, weil das Formulieren oder Erzählen dabei leichter fällt und Beobachtungen gezeigt werden können.

• Sobald VertreterInnen verschiedener Berufsgruppen, z.B. aus der Landwirtschaft und der Naturwissenschaft, aufeinandertreffen, ist mit Kommunikationsschwierigkeiten, basierend auf unterschiedlicher Denkweise und Sprache, sowie mit Machtansprüchen zu rechnen. Folgende *Spannungsfelder* können eine Rolle spielen:

- Neben dem direkten Zugang zu Boden mittels Untersuchungen, deren Resultate anhand fachspezifischer Begriffe mitgeteilt werden, existiert auch ein *indirekter, durch die Arbeit geprägter Zugang* zu Boden, der nicht quantifizierbar sein muß.
- Wissen über Boden äußert sich nicht nur über eine Aufzählung von wichtigen beeinflussenden und quantifizierbaren Faktoren, sondern auch in einer *qualitativen Beschreibung* eines Standortes zu verschiedenen Zeitpunkten und unter verschiedenen Bedingungen. Die Beschreibung erinnert an eine Erzählung.
- Nicht nur allgemein verwendbare Kriterien und Aussagen haben Gültigkeit. Bedingt durch die Heterogenität und Komplexität von Boden haben *standortbezogene, lokal gültige Aussagen* auch eine Bedeutung.
- Nicht nur im Detail begründbares und formulierbares Wissen hat Gültigkeit. Jedes Wissen kann als Prozeß verstanden werden, der *nicht vollständig wiedergegeben* werden kann (vgl. Kapitel.2.3.).

• Soll die Begegnung möglichst lehrreich für alle Beteiligten sein, sind die verschiedenen Denkweisen zu reflektieren, z.B. anhand von transkribierten Gesprächen.

2.3. Entstehung und Struktur von bäuerlichem und naturwissenschaftlichem Wissen

Am Anfang des Forschungsprojektes unterschied ich zwischen analytischem Wissen und Erfahrungswissen, wobei ich letzteres vor allem den Bauern und Bäuerinnen zuordnete. Im Verlauf der Arbeit veränderte sich dieses Verständnis. Während ich am Anfang mit Erfahrungswissen eine spezielle Wissensart meinte, verbinde ich heute mit Erfahrungswissen eine Vorstellung, wie Wissen – und zwar jedes Wissen – entsteht und strukturiert ist (vgl. Erfahrungswissen, im Teil Geschichten spinnen): *Jedes Wissen basiert auf einem Erkenntnisprozeß*, auf den verschiedene Einflüsse aus der Ausbildung, Literatur und eigenen Erfahrungen usw. eingewirkt haben. Ein Text kann beispielsweise Anregungen geben und Ideen für die eigene Forschungstätigkeit auslösen, auch wenn er von einem fremden Fachgebiet handelt. Bei einer intensiven Auseinandersetzung mit einem Thema kommen diverse innere und äußere Einflüsse zusammen. Das Wissen wird dadurch vielschichtig, und weil viele dieser Erfahrungen und Beobachtungen sowie ihre Abfolge nicht wiedergegeben werden können, ist es *an die Person gebunden, welche die Auseinandersetzung geführt hat*. Oft äußert sich das Wissen über sprachlich nicht vollkommen explizierbare Handlungen. Man weiß, daß man etwas weiß, kann aber nicht vollständig begründen weshalb – das Wissen ist *implizit*. So erkennt der Bauer B. Konrad anhand der Blattverfärbung, ohne daß er sie näher bezeichnen kann, ob ein Manganmangel vorliegt. Werden einzelne Ausgangsbeobachtungen isoliert betrachtet – der Focus ändert sich dabei – verändern sie aber ihre Bedeutung.[30] Dies geschieht z.B. wenn wir bei einem gesprochenen Wort unsere Aufmerksamkeit auf die einzelnen Töne richten. Das Wort verliert seine Bedeutung.[31] Dies erinnert an die eingangs gemachte Feststellung, daß das Ganze etwas anderes ist als die Summe seiner Teile. Das Wissen kann auch nicht durch einzelne Schritte zusammengesetzt werden.

Die Vorstellung, daß Wissen nicht unbedingt ein abfragbarer Be-

30 Polanyi, 1975, S. 41

31 Polanyi, 1975, S. 38

stand ist, sondern eher als Prozeß verstanden werden muß, gilt auch für das Wissen von Naturwissenschaftern und NaturwissenschafterInnen. So wirken auch in den Naturwissenschaften innere und äußere Einflüsse auf den Forschungsprozeß ein. Ein Naturwissenschafter erzählte mir, daß er sich lange in einem Gebiet aufhält und in die Landschaft einfühlt, bevor er einen Profilstandort wählt. Bei dieser Wahl fließen verschiedene Ebenen der Wahrnehmung mit ein, die er nicht benennen kann.[32] Dieses Vorgehen gehört zu seiner Kunst des Forschens, obwohl er an Vorträgen und in Publikationen nicht darüber spricht. Auch während der praktischen Arbeit, z.B. beim Profilgraben oder -putzen, wirken indirekte Erfahrungen auf den Erkenntnisprozeß ein. Die Schwere des Bodens beim Graben oder die Art und Weise, wie der Boden am Messer klebt, läßt schon grob auf den Tongehalt schließen, bevor die Körnung gemessen wird. Während der Feldarbeit macht man sich auch durchaus ein Bild vom Standort und setzt verschiedene Situationen zueinander in Beziehung.

Das naturwissenschaftliche Wissen erhält dadurch auch impliziten Charakter und ist z.T. an körperliche Erfahrungen und Handlungen z.B. im Labor gekoppelt. Dies zeigt sich beispielsweise daran, daß Methodenanleitungen nur für Eingeweihte verständlich sind. Sie sind für Fachleute sogar so selbstverständlich, daß sie nicht realisieren, was Fachfremden darin fehlt. Der ganze Hintergrund des jeweiligen Fachs, ein Gedankengebäude, steckt dahinter. Beim Erlernen vieler Methoden, z.B. Labormethoden, bleibt aber auch Fachkundigen oft nichts anderes übrig, als selber bei einem erfahrenen Laboranten vorbeizugehen und es sich zeigen zu lassen. Die einzelnen Schritte, wie man zu einem Resultat kommt, können nicht ohne weiteres wiedergegeben werden. Es ist, als würde ich Sie fragen, an welchem Gesichtsmerkmal Sie jemanden wiedererkennen. Weil der Hintergrund unseres Wissens selten reflektiert wird, realisieren wir nicht, daß jemand aus einem anderen Wissensgebiet unsere Aussage nicht verstehen kann, weil er oder sie einen anderen

32 Oft wird dann auf die eigene Erfahrung verwiesen, wenn nicht genau beschrieben werden kann, weshalb man etwas weiß.

Hintergrund hat und eine andere Sprache spricht.

Erst durch die Reflexion meiner impliziten Erwartungen, wie direktes Eingehen auf Boden, Formulieren von jederzeit abrufbaren und allgemein verwendbaren Kriterien, gelang es mir, auch eine andere Wahrnehmung von Boden wahr-zu-nehmen und gelten zu lassen. Zentraler Punkt dabei war, die Sicht auf den Erkenntnisprozeß zu erweitern. Das Wissen über Boden kann nicht im Detail wiedergegeben oder jederzeit abgerufen werden, und es hängt vom Fokus der Betrachtenden ab (vgl. Kapitel 3.2.).

Auf der Basis dieser Überlegungen arbeitete ich Thesen über die bäuerliche Wahrnehmung von Boden aus.

Thesen:

Entstehung und Struktur des Wissens von Bauern bzw. Bäuerinnen und Naturwissenschaftlern bzw. Naturwissenschaftlerinnen unterscheidet sich nicht grundsätzlich:

- Sogenanntes Erfahrungswissen findet sich nicht nur bei Bauern und Bäuerinnen, sondern auch bei Naturwissenschafterinnen und Naturwissenschaftern. "Erfahrungswissen" steht für ein Konzept, wie Wissen entsteht und strukturiert ist. Der Erkenntnisprozeß ist nicht vollständig und jederzeit abrufbar, dadurch ist das Wissen an die Person gebunden, Verstand und Gefühl werden nicht unterschiedlich gewichtet, sondern beide miteinbezogen (vgl. Erfahrungswissen, Teil Geschichten spinnen).
- Entstehung und Struktur des Wissens ist zwar gleich, je nach Zielsetzung (Fokus) unterscheiden sich jedoch die Wissensinhalte (vgl. Kapitel 3.2.).

2.4. Bäuerliche Wahrnehmung von Boden

Ich wertete die Transkripte und Notizen nach der Forschungsfrage "Auf welche Art und Weise wird Boden wahrgenommen?" aus. Folgende Kategorien über die Art und Weise, wie Bauern und Bäuerinnen Boden wahrnehmen können, wurden herausgearbeitet (vgl. Tab. 2):

Über die Arbeit:
- mit zusätzlichen Geräten (Spaten)
- eigene direkte sinnliche Wahrnehmung (Boden mit den Händen untersuchen)
- indirekte Beobachtungen (während dem Bearbeiten, Mähen, Blackenstechen usw. mitbekommen)

Über die Pflanzen:
- Pflanzenwachstum
- Unterschiedlicher Streß der Pflanzen (z.B. Wasser- und Manganmangel)
- Artenzusammensetzung
- Ansprüche der Pflanzen an Bodeneigenschaften (z.B. oberflächlich wurzelnd, auf Verdichtung empfindlich)
- Eignung der Kultur für entsprechende Böden (z.B. Getreide auf trockenen Standorten)
- Qualität und Quantität der Ernte

Direkt:
- direkte Bodenbeschreibung (moorig, lehmig, feucht; Geruch, Struktur)
- über Verhalten des Bodens (Dauer bis Boden nach Regen abtrocknet, Zerfallen der Schollen beim Pflügen)
- Herkunft der Bodeneigenschaften (Bezug zur Geologie)
- Unterboden
- Landschaftsform (Topographie)

Im Zusammenhang mit Zeit und Ort (zeitliche Abfolge und räumliche Ausdehnung):
- im Zusammenhang mit der Nutzungsgeschichte (z.B. Einfluß der Nutzung auf Boden)
- Auswirkungen der Wettereinflüsse
- Aktuelles Wetter
- Bezug zur Jahreszeit
- Veränderung erkennen

Tab. 2: Kategorien der bäuerlichen Wahrnehmung von Boden. Fragestellung: Auf welche Art und Weise wird Boden wahrgenommen?

Ich sah die codierten Textstellen der verschiedenen Kategorien durch und versuchte, deren Inhalt zu verstehen und zueinander in Beziehung zu setzen. Dies geschah, indem ich parallel zur Auswertung meine Gedanken (Bilder) notierte, die ich nach dem Lesen der Textstellen hatte. Ich beschrieb, was mir wichtig war und was ich als bestimmend für die Wahrnehmung von Boden erachtete (vgl. Methoden einer erfahrenen Wissenschaft, Schreiben im Hier und Jetzt, Gestalt). Zum Beispiel zeigte sich, daß der Boden eher indirekt als direkt wahrgenommen wurde, oder daß die Umstände im

Zusammenhang mit Boden immer irgendeine Rolle spielten. Anhand der Memos erarbeitete ich mit der Zeit – mittels Diskussionen und mehrfachen Überarbeitungen – einige zentrale Aspekte der Art und Weise, wie Bauern Boden wahrnehmen.

Es kristallisierten sich drei charakteristische Aspekte der Wahrnehmung von Boden durch die Befragten heraus:

- die indirekte,
- die vergleichende und
- die kontextbezogene Wahrnehmung.

Die indirekte Wahrnehmung von Boden ist die Basis der vergleichenden Wahrnehmung, welche ihrerseits die Basis der kontextbezogenen Wahrnehmung darstellt. Während des Erntens beispielsweise nimmt ein Bauer wahr, wie hoch die Pflanzen wachsen. Erst wenn er größere Teile eines Feldes abgeerntet hat, kann er die Pflanzenhöhe vergleichen. Die Bedeutung des unterschiedlichen Pflanzenwachstums ist erst über den langfristigen Kontext gegeben, z.B. die Änderung der Nutzung oder Schwierigkeiten bei der Bearbeitung. Erst wenn verschiedene Beobachtungen miteinander in Beziehung gesetzt sind, kann eine allfällige Bedeutung erkannt werden. Die drei Aspekte der Wahrnehmung sind zudem untrennbar mit der Zeit verknüpft. Die indirekte Wahrnehmung findet *im Moment* statt, man muß dabei sein. Die vergleichende Wahrnehmung bedingt, daß ein ganzes Feld während verschiedenen Jahreszeiten beobachtet wurde. Erst dann können *Veränderungen* erkannt werden. Die kontextbezogene Wahrnehmung stellt die Beobachtungen in einen Rahmen der *langfristigen Entwicklung*. Erst wenn ein Standort langfristig, unter verschiedenen Bedingungen erlebt wurde, können allfällige Veränderungen gewichtet werden. Dazu muß man lange Zeit anwesend gewesen sein und verschiedene Arbeiten am Standort gemacht haben.

Indirekte Wahrnehmung	Vergleichende Wahrnehmung	Kontextbezogene Wahrnehmung
Über die Arbeit (Bearbeitung, Ernte, usw.) Über Reaktion der Böden auf Wetter Über die Pflanzeneigenschaften	Vergleich der Eigenschaften innerhalb eines Feldes oder zwischen den Jahreszeiten	Böden werden in Beziehung gesetzt mit: - Geschichte des Standortes - Nutzungsgeschichte - Fruchtfolgen - Landschaftsform - Wetter - Jahreszeit - Art der Kultur - Pflanzenwachstum

Tab. 3: Übersicht über drei Aspekte bäuerlicher Wahrnehmung von Boden

Indirekte Wahrnehmung von Boden

Die von mir besuchten Bauern beschrieben den Boden, wie sie ihn bei der Arbeit erfahren, z.B. wie der Boden zerfällt oder wie groß der Widerstand beim Pflügen ist. Daß der Oberboden lehmig, sandig oder steinig ist, erfuhren sie durch die Bearbeitung an der betreffenden Stelle, oder sie sahen es an den verklebten Rädern. Sie beschrieben, wie sich der Boden unter verschiedenen Bedingungen verhielt. Wo und wie Wasser abfließt oder sich staut, erschließt auf den ersten Blick nicht wahrnehmbare Neigungen in der Landschaft und weist auf Filtereigenschaften der Böden hin. Böden wurden auch durch die Zeitspanne charakterisiert, die es braucht, bis sie nach dem Regen wieder trocken sind. Ich bezeichne diese Wahrnehmungsart als indirekt, weil sie als Nebenprodukt der Arbeit anfällt. Direkt wahrnehmen würde das Untersuchen des Bodens mit Hilfe der Hände oder speziellen Geräten – zum Beispiel einen Spaten – bedeuten, was ich bei den Bauern weniger antraf. [33]

G. Müller: Ich habe hier einmal Mais gehabt. Wegen einem schrecklichen Gewitter und Hagelwetter wurde dieses Feld hier

33 Bei der Unterscheidung indirekt und direkt spielt mein naturwissenschaftlicher Hintergrund eine Rolle. Eine Untersuchung mit speziellen Geräten kann viel indirekter sein als eine Wahrnehmung, die z.B. über das Pflanzenwachstum verschiedene Aspekte einschließt.

überschwemmt und der Mais wuchs nachher viel weniger hoch. Obwohl das Wasser versickert ist und man am Boden keinen Unterschied mehr gesehen hat – auch geruchlich nicht – war der Mais einfach kleiner.

Das Augenmerk der von mir Befragten lag vor allem bei den Pflanzeneigenschaften.

B. Konrad: An den Böden sieht man nichts. Aber es wächst anders.

Neben der Menge und Qualität der Ernte wurden das Auflaufen (Keimen) der Samen, die Wachstumsgeschwindigkeit und -höhe der Pflanzen, die Pflanzenarten und spezifische Verfärbungen der Blätter oder Anzeichen von Wassermangel wegen kiesigem Untergrund wahrgenommen und in Beziehung zum jeweiligen Standort gesetzt.

G. Müller: Also Raygräser hat es schon auch. (...). Als ich die trockene Stelle in der Wiese gemäht habe, hat es noch ziemlich viele Raygräser gehabt. Aber sie sind nach dem Mähen nicht mehr gewachsen.[34]

Über die Wahrnehmung der Pflanzeneigenschaften wurden bei flachgründigen Böden auch Aussagen über den Unterboden gemacht:

G. Müller: Wenn es drei Tage nicht geregnet hat, ließen die Pflanzen bereits ihre Blätter hängen. Es hat einfach ein paar trockene Stellen: Dort vorne hat es noch einen Flecken und dort darüber hinaus. Ich weiß nicht, ob es dort Kies darunter hat.

Die Bedeutung der indirekten Wahrnehmung wurde mir erst während der teilnehmenden Beobachtung klar. Folgendes Beispiel mag dies erläutern: Ich half der Bäuerin O. Meier beim Blacken entfernen. Sie wählte einen Zeitpunkt, bei dem sich die Blacken gut ausreißen ließen. Der Boden durfte nicht zu feucht und nicht zu trocken sein, damit die Wurzeln gut gelockert und herausgerissen werden konnten. Um dies abzuschätzen, mußte die Bäuerin die Eigenschaften dieser Böden kennen, also wie schnell sie abtrocknen beim entsprechenden Wetter, wie schmierig die Erde beim Herausreißen ist usw. Auch der Unterboden spielt beim Abtrocknen eine Rolle. Wir gingen über das Feld. Dabei spürte ich, ob sich der Boden hart oder federnd anfühlte. Weil ich die Wurzeln mit den

34 Raygräser sind begehrte Futtergräser (eine Wiese sollte gute Futtergräser haben, wenn man will, daß es die Kühe gerne fressen).

Händen ausriß, nahm ich auch Eigenschaften des Bodens – wie Feuchtigkeit und Geruch – wahr, sah Bodentiere und konnte die Form der Wurzeln, welche anzeigt, wie gut die Pflanze in den Boden hineinwachsen konnte, genau betrachten. Diese Wahrnehmungen sind nur bei nahem Kontakt zum Boden möglich. So wurden Bodentiere in meinen Interviews auch nur im Zusammenhang mit der Heilpflanzenernte erwähnt. Weil Heilpflanzen von Hand geerntet werden müssen, ist man näher am Boden und sieht daher die Bodentiere eher.

Vergleichende Wahrnehmung

Beim Pflügen oder Mähen wird das ganze Feld befahren oder begangen. Dadurch nehmen die Bauern und Bäuerinnen die Parzelle aus verschiedenen Perspektiven wahr und erleben die unterschiedlichen Eigenschaften in Abhängigkeit des Ortes. So war es mir z.B. möglich, einen Farbtonunterschied in einem Feld zu sehen, als ich auf dem Traktor mitfuhr, während der Bauer ansäte. Als ich vom Traktor aus zum xten Male auf das hinter uns liegende Feld blickte, fiel mir auf, daß der höher gelegene Teil dunkler gefärbt war. Anfänglich unauffällige Tendenzen werden erst wahrgenommen, wenn die ganze Parzelle "begangen" worden ist. So erhält man einen Überblick. Die einzelnen Wahrnehmungen werden während der Arbeit automatisch verglichen. Deshalb konnten die befragten Bauern Orte bezeichnen, die sich vom restlichen Feld aufgrund des Bodenwiderstands beim Pflügen, des Pflanzenwachstums oder aufgrund der Feuchtigkeit unterschieden:

G. Müller: Dort beim Eibisch, fünf Meter nach rechts, in der Mulde: Dort hat es eine nasse Stelle drin. Ganz unten hat es auch eine nasse Stelle, zwischendrin ist es wieder besser.

Durch die vergleichende Wahrnehmung fallen Unterschiede auf. So können den Böden charakteristische Merkmale zugeordnet werden.

Vor allem während der Feldbegehung erwähnt G. Müller auch zeitliche Veränderungen. Er setzt seine Beobachtung in Beziehung zu seiner Handlung und externen Bedingungen:

G. Müller: Heuer ist es schwierig. Der Bibernell ist noch nirgends. Er wächst nicht. Im Frühjahr war hinter den Chicorée zwei Drittel des Ackers überschwemmt gewesen. Und etwa die Hälfte des Kräuterbeetes war unter Wasser, und ich mußte es neu machen. Es war noch lange naß. Als wir endlich säen konnten, wurde es trocken. Es ist nicht schön.

Kontextbezogene Wahrnehmung

Die Bauern, die ich auf dem Feld begleitete, beschrieben Boden nicht losgelöst von den Umständen. Boden wurde im Zusammenhang mit der Geschichte des Standorts, der Nutzung (verschiedene Kulturen, Fruchtfolgen, eigene Handlung), der Witterung, der Jahreszeit und klimatischen Bedingungen der verschiedenen Jahre erwähnt. Die Bauern beschrieben jeweils einen Kontext. Der Boden ist sozusagen eingebettet in der Geschichte des Standortes und nicht an und für sich interessant. Deshalb ist Reden über Boden für die Bauern auch "abstrakt".

P. F.: Sie haben bei der Melioration neue Böden bekommen. Unterscheiden die sich von Ihren Böden?
B. Konrad: Das sind ungefähr die gleichen Böden. Nur in einem anderen Zustand. Ich seh's dort oben. Zuerst wuchs die Gerste auf dem neu dazugekommenen Stück nicht. Und nebenan, auf unserem Stück Boden, gab es die schönste Gerste.
P.F.: Wie erklären Sie sich das?
B. Konrad: Die neuen Böden waren absolut auf Stickstoff dressiert. Sie reagierten nur auf Kunstdünger, auf etwas anderes reagierten sie nicht. Das habe ich schon in anderen Fällen gesehen: Saatkartoffeln, die auf Stickstoff gezüchtet worden sind, schlagen mit organischem Dünger nicht aus. (...)
P.F.: Sehen Sie das den Böden an?
B. Konrad: Nein, und ich habe auch nicht weiter nachgeschaut. Ich seh nur, daß es nicht wächst. Da braucht es jetzt ein bißchen Zeit. Dort, wo wir jetzt Grünbrache haben, wurden die Kulturen schon ein paarmal zusammengeschlagen, und das verrottet jetzt. Es braucht einfach Bodenbakterien! – Die brauchte es ja vorher in diesem Boden nicht.

Weil B. Konrad die Parzellen und ihre Nutzung inklusive die der Nachbarn kannte, konnte er nach Übernahme der benachbarten Parzelle das unterschiedliche Pflanzenwachstum in Beziehung setzen zur unterschiedlichen Bewirtschaftungspraxis der letzten Jahre. Mehr noch, B. Konrad sprach vom Zustand des Bodens, der nicht direkt sichtbar war, sondern sich wegen dieser speziellen Situation über das Pflanzenwachstum manifestierte. Der Zusammenhang zwischen unterschiedlichen Bodenzuständen und langjähriger Bewirtschaftungspraxis wurde über die Nutzung des Bodens erschlossen.

Durch die kontextbezogene Wahrnehmung konnte er wichtige Einflußgrößen nennen. Jemand anders hätte die spezielle Situation nicht erkannt, die unterschiedlich hohen Pflanzen in der Parzelle nicht beachtet, oder er hätte nach anderen Erklärungen gesucht, weil er die Geschichte des Standorts nicht kennt. Ich stelle mir vor, daß ein Bauer während seiner langjährigen Tätigkeit die für einen Standort bestimmenden Einflüsse erfahren kann. Er setzt verschiedene Aspekte eines Standortes zueinander in Beziehung und macht sich so ein Bild von einem Standort. So beschreibt G. Müller einen Standort, der einige Stellen aufweist, auf denen je nach Trockenheit nichts wächst. Dort vermutet er einen kiesigen Untergrund. Er weiß, daß er kein Getreide anbauen kann, weil dazu zu wenig Wasser vorhanden ist. Bei einer Wiese hingegen kann er auch bei einem sehr trockenen Sommer noch auf den Herbstregen hoffen, weil er dann noch einmal ernten kann (vgl. Kapitel 2.2). Die Einflüsse kiesiger Untergrund, Jahreszeit und Nutzung beeinflussen die Situation in unterschiedlichem Maße. Der Bauer kennt die Umstände, er weiß, in welchem Zusammenhang ein Zustand als "normal" betrachtet werden kann, weil sich dies aus all den vielen Beobachtungen und Umständen herauskristallisiert hat. Das hieße, daß die befragten Bauern weniger allgemein wichtige Einflußfaktoren suchen, sondern eher standorttypische und situationsspezifische. Ein Beispiel: Ich hatte vermutet, daß es auf einer Kuppe weniger Wasser gibt, weil dort das Wasser eher abfließt als in einer Mulde, und daß dies der Grund für die trockene Stelle in der Wiese sein könnte:

P.F.: Hier hat es doch eine leichte Kuppe?
G. Müller: Wobei, zuoberst auf der Kuppe ist es wieder besser (=es hat genügend Wasser für die Pflanzen).

G. Müller wußte aus Erfahrung, daß es jeweils auf der Kuppe feuchter war als in der Mulde.

Aufgrund der kontextbezogenen Wahrnehmung machen sich die

Befragten ein Bild über einen Standort und erkennen untypische Bodenzustände bzw. ihre Auswirkungen. Erfahrungen aus anderen Bereichen helfen, ein Bild zu stärken.[35] Saatkartoffeln beispielsweise, die auf Stickstoff gezüchtet worden sind, schlugen mit organischem Dünger auch nicht aus. Diese Beobachtung unterstützt die These des Bauern B. Konrad, daß konventionell genutzte Böden organische Dünger nicht sofort nutzen können. Leitend für ein Bild können auch Metaphern sein. Beim vorherigen Beispiel waren die neuen Böden auf Stickstoff "dressiert". Bedeutungsebenen wie z.B. "Boden als lebender Organismus" habe ich aber nicht weiter verfolgt. Die Verbindung zu eigenen Weltbildern, zu Erklärungen über Symbole und Mythen spielt bei der Wahrnehmung eine Rolle.[36] Diese Ebene habe ich in der Auswertung auch nicht berücksichtigt.

Thesen:

Bäuerliche Wahrnehmung von Boden:

- Die befragten Bauern und die Bäuerin nehmen Eigenschaften des Bodens vor allem während ihrer Arbeit *indirekt* wahr und zwar über die Bearbeitung, die Pflanzeneigenschaften und das Verhalten der Böden in verschiedenen Situationen.
- Sie *erkennen dabei Unterschiede* und nennen mit der Zeit die charakteristischen Merkmale "ihrer" Böden.
- Weil sie ihre Böden *in verschiedenen Kontexten,* mit verschiedenen Kulturen, über die Jahre und Fruchtfolgen hinweg erleben und beobachten, erhalten sie mit der Zeit ein Bild von einem Standort und seinen beeinflussenden Größen.

2.5. Bodenfruchtbarkeit – eine dynamische Größe

Bodenfruchtbarkeit wird in der Bodenschutzverordnung[37] anhand von Funktionen und Eigenschaften, die ein gesunder Boden hat, beschrieben (vgl. Kapitel 1). Er soll z.B. organisches Material abbauen können und gewährleisten, daß die pflanzlichen Erzeugnisse

35 vgl. dazu Knorr-Cetina, 1991, S. 101. Ideen können auf einer Herstellung von Ähnlichkeit zwischen zwei Problemkontexten basieren.

36 siehe dazu auch Reinhard, 1992, S. 279

37 VSBo, 1986

eine gute Qualität aufweisen. Eigenschaften eines fruchtbaren Bodens sind weiter eine artenreiche und biologisch aktive Tier- und Pflanzenwelt sowie eine standorttypische Bodenstruktur. Damit werden Qualitäten angesprochen, welche aber schlecht meß- und interpretierbar sind (vgl. Kapitel 1.). Mein Interviewpartner B. Konrad beschrieb den unterschiedlichen Zustand zweier Böden anhand des Pflanzenwachstums (vgl. Kapitel 2.4.). Seine Betrachtung war aber nicht bloß ertragsorientiert, sondern geleitet von einem Verständnis für die Abläufe in einem gesunden Boden. Ein Boden, der "auf Stickstoff dressiert war", kann nicht plötzlich organischen Dünger, wie Mist, so abbauen und umwandeln, daß die Pflanzen genügend Nährstoffe erhalten. Dies hat eine Ähnlichkeit mit einem Patienten, der nach längerer intravenöser Ernährung nicht plötzlich eine ballaststoff- und fettreiche Mahlzeit verdauen kann. *Der unterschiedliche Bodenzustand manifestierte sich nur durch die spezielle Situation*: Er übernahm einen während Jahrzehnten konventionell genutzten Nachbarboden und bewirtschaftete ihn biologisch. Erst durch den Vergleich mit der schon länger biologisch bewirtschafteten Nachbarparzelle, fiel ihm die unterschiedliche Pflanzenhöhe auf. Und *erst durch die Geschichte des Standorts erhält die unterschiedliche Pflanzenhöhe eine spezielle Bedeutung.* Dies erinnert an die Eigenschaften von Erfahrungswissen: Die Ausgangsdaten verändern je nach Kontext ihre Bedeutung (vgl. Kapitel 2.3.). In diesem Fall sagt die Höhe der Pflanzen etwas über die Bodenfruchtbarkeit aus – oder wie es der Bauer formulierte – über den Zustand des Bodens. Der Ertrag weist nicht in jeder Situation auf einen langfristig fruchtbaren Boden hin (vgl. Kapitel 1.1.). Ich meine, daß der so umschriebene Zustand viel mit Bodenfruchtbarkeit zu tun hat, weil der Nährstoff-Kreislauf infolge Bakterienmangels offensichtlich gestört ist. Bakterienmangel kann auch die Strukturbildung oder der Aufbau von Huminstoffen usw. hemmen. Diese Prozesse muß ein fruchtbarer Boden gemäß der Bodenschutzverordnung (VSBo) aufrecht erhalten können.

Aufgrund der Gespräche mit den Bauern erschloß sich für mich eine andere Bedeutung oder ein anderes Verständnis von Bodenfruchtbarkeit. Sie manifestiert sich nur in speziellen Situationen – dann,,

wenn komplexe Prozesse sich auswirken und faßbar werden. Sie ist weniger ein Zustand, sondern äußert sich über einen gewissen Zeitraum, wie der Mist abgebaut wurde, die Saat keimte und die Pflanzen – bezogen auf eine spezielle Situation – schnell wuchsen. Die Beschreibung der Bodenfruchtbarkeit als Ablauf bzw. Wirkung verdeutlicht die *dynamischen Eigenschaften der Bodenfruchtbarkeit.* Dies wird in folgender Definition treffend ausgedrückt:
"Bodenfruchtbarkeit kommt nur zustande als Ereignis des lebendigen Ablaufes Bodennahrung – Garebildung – Rhizosphäre (Wurzelraum) – Pflanze, sie ist keine materielle Größe, sondern eine biologisch-funktionelle Kapazität, die nur in der Wirksamkeit zum Ausdruck kommt." [38]
Ohne genaue Kenntnis des Standortes kann Bodenfruchtbarkeit an einem einzigen Zeitpunkt nicht festgestellt werden. Sie manifestiert sich erst mit der Zeit. Diese dynamischen Aspekte – Abläufe oder Prozesse – sind nur schwer zusammenhängend zu quantifizieren. Dadurch liegt Bodenfruchtbarkeit gewissermaßen im Spannungsfeld zwischen materiellen, meßbaren Größen und immateriellen, schwer meßbaren Größen. In speziellen Situationen, z.B. beim Vergleich der erwähnten Nachbarparzellen, können zwar einzelne Größen gemessen werden, wie z.B. die mikrobielle Biomasse, und damit aussagekräftige Anhaltspunkte für eine allfällige Störung der Bodenfruchtbarkeit gefunden werden. Meist sind die Zusammenhänge jedoch so komplex und unklar (kein Bild!), daß die Zahlenwerte nichts aussagen und bedeutungslos werden. Die Ebene der Bedeutung, die der Bodenfruchtbarkeit inhärent ist, geht bei der Analyse oft verloren. Durch die langjährige biologische Bewirtschaftung eines Bodens kann vielleicht eher ein Eindruck von der Wirkung eines Bodens – seine Bodenfruchtbarkeit – gewonnen werden, weil so der Ablauf während eines Jahres bzw. verschiedenen Jahren und in verschiedenen Situationen wahrgenommen werden kann. Die Ebene der Bedeutung oder Qualität ist erfahrbar.

Oder wie es B. Konrad formulierte: Da muß man halt schon dabei sein.

---

38 Rohrhofer, 1983, S. 90

Thesen:

Aufgrund der Gespräche mit Bauern erschloß sich für mich ein anderes Verständnis von Bodenfruchtbarkeit:

- Bodenfruchtbarkeit ist eine dynamische Eigenschaft eines Bodens, welche sich über einen gewissen Zeitraum in Abhängigkeit vom Kontext äußert und zwischen meßbaren und nicht meßbaren Qualitäten liegt.
- Um die Bodenfruchtbarkeit zu erfassen, sind spezielle Situationen zu suchen, in denen sich die komplexen Prozesse überhaupt manifestieren können. Eine Aussage über Bodenfruchtbarkeit ohne genaue Kenntnis des Standortes, zu einer x-beliebigen Zeit und unter einer x-beliebigen Fruchtfolge ist kaum möglich.

3. ANALYTISCHE UND KONTEXTUELLE WAHRNEHMUNG: EINE ANNÄHERUNG

Welche Konsequenzen sind aus den Thesen über bäuerliche Wahrnehmung von Boden und den gemachten methodisch-inhaltlichen Erfahrungen für die Beobachtung der Bodenfruchtbarkeit zu ziehen? Eine erste Konsequenz, um Bodenfruchtbarkeit zu erfassen, läßt sich von der Vorstellung, wie Wissen entsteht, ableiten. Nämlich wie aus einzelnen Beobachtungen – vorerst unabhängig von den Inhalten – eine Aussage über Bodenfruchtbarkeit als Ganzes entsteht. Welche Wissensinhalte ich dazu als notwendig erachte, leite ich als zweite Konsequenz im darauf folgenden Kapitel aus dem Vergleich bäuerlicher und naturwissenschaftlicher Wahrnehmung von Boden ab. Die anfängliche Polarisierung zwischen analytischer und kontextueller Wahrnehmung wird durch eine spezifische Annäherung abgelöst. Im dritten Teil dieses Kapitels skizziere ich schließlich, wie ein vielschichtiger und vielsichtiger Zugang konkret umgesetzt werden könnte und was dabei zu beachten ist.

3.1. Von einzelnen Beobachtungen zu einer Aussage über Bodenfruchtbarkeit

Das Konzept Erfahrungswissen bietet eine Vorstellung an, wie aus einzelnen Beobachtungen eine Aussage über Bodenfruchtbarkeit entstehen kann. Bodenfruchtbarkeit ist eine komplexe und dynamische Größe, welche nicht wie ein Puzzle aus einzelnen Bausteinen –

Meßwerten verschiedener Disziplinen – zusammenzusetzen ist. Gesamturteile über Lebendiges aus einzelnen Ausgangsdaten additiv zu konstruieren, ist generell nicht möglich (vgl. Erfahrungswissen, Teil Geschichten spinnen). Zwischen einer Liste von Ausgangsdaten und einer Aussage über Bodenfruchtbarkeit muß ein Qualitätssprung stattfinden. Dieser Qualitätssprung geschieht während eines nicht vollständig explizierbaren, *persönlichen Erkenntnisprozesses*, bei dem Erfahrungen mit dem Boden bzw. den Untersuchungsmethoden wichtig sind (vgl. Kapitel 3.1.). Auch weil die Ausgangsdaten je nach Kontext ihre Bedeutung verändern, kann kein Standardverfahren angegeben werden, wie die Bodenfruchtbarkeit als Ganzes zu bestimmen ist. Ein Gesamtbild kann sich vielmehr erst dann herausbilden, wenn es nicht konstruiert und erzwungen wird und die einzelnen Bausteine in den Hintergrund treten können (vgl. Methoden einer erfahrenen Wissenschaft, Gestalt).

Für die Beobachtung der Bodenfruchtbarkeit könnte dies bedeuten, daß eine "Synthese"-leistung von den dazu notwendigen Ausgangsdaten und Erfahrungen zu einer Aussage über Bodenfruchtbarkeit von einer Person erbracht werden kann, welche die entsprechenden Untersuchungen selber durchgeführt hat und eigene Erfahrungen in den verschiedenen Bereichen besitzt. Daten, die man nicht selber erhoben hat, und Methoden, bei denen keine eigene regelmäßige Erfahrung vorhanden ist, können von der betreffenden Person jedoch nicht beurteilt werden.[39] Da sehr verschiedene Fachgebiete wie Bodenchemie, -physik und -biologie sowie der Bodennutzung tangiert sind, werden Erfahrungen mehrerer verschiedener Fachleute gefragt sein, um eine Aussage über die Bodenfruchtbarkeit als Ganzes machen zu können. Es scheint mir möglich, daß mehrere Fachleute mit verschiedenen Erfahrungen über einen kooperativen Erkenntnisprozeß die gleiche oder eine weitergehende Syntheseleistung erbringen, als eine Person alleine. Dazu ist eine Form der Zusammenarbeit zu wählen, die es erlaubt, Erfahrungen auszutauschen und sich auf einen gemeinsamen Erkenntnisprozeß einzulassen, der aus den einzelnen Erfahrungen vielleicht ein

39 Knorr-Cetina, 1993, S. 9

Gesamtbild macht. Methoden wie das Erzählen von Geschichten, Entwickeln von Bildern usw. eignen sich dazu (vgl. Methoden einer erfahrenen Wissenschaft). Erfahrungen können während der Feld- oder Laborarbeit besser ausgetauscht werden als im Büro, während einer Sitzung, weil sich das Fachwissen an Ort und Stelle besser zeigen, präziser ausdrücken und vermitteln läßt (vgl. Kapitel 2.2.). Es äußert sich gewissermaßen durch die Handlung (vgl. Erfahrungswissen im Teil Geschichten spinnen) und läßt sich nicht vollständig sprachlich ausdrücken.

Thesen:

Eine Aussage über Bodenfruchtbarkeit basiert auf einem Erkenntnisprozeß, bei dem verschiedene Ausgangsbeobachtungen einfließen konnten:

- Bodenfruchtbarkeit kann nicht mit einem Standardverfahren bestimmt werden, um eine eventuelle Veränderung festzustellen und Erklärungen für die Störung zu finden. Die "Synthese" aus einzelnen Ausgangsbeobachtungen zu einer Aussage über Bodenfruchtbarkeit ist im Rahmen eines persönlichen Erkenntnisprozesses möglich. Einzelne Ausgangsdaten treten dabei aufgrund der praktischen Erfahrung in den Hintergrund, worauf sich ein Gesamtbild – eine Gestalt – herausbilden kann.
- Mit Hilfe eines Austausches von Erfahrungen und eines gemeinsamen Erkenntnisprozesses mehrerer verschiedener Fachleute scheint es möglich zu sein, Bodenfruchtbarkeit als Ganzes erfassen zu können.

3.2. Welche Wissensinhalte sind für die Beobachtung der Bodenfruchtbarkeit notwendig?

Nun stellt sich die Frage, ob für die Beschreibung der Bodenfruchtbarkeit beide Zugänge – bäuerliches und naturwissenschaftliches Wissen über Boden – erforderlich sind. Welche Ausgangsdaten und Erfahrungen sind notwendig, um Bodenfruchtbarkeit zu erfassen? Um diese Frage zu beantworten, vergleiche ich zunächst Eigenschaften bäuerlicher und naturwissenschaftlicher Wahrnehmung von Boden.

Vergleich der Eigenschaften bäuerlicher und naturwissenschaftlicher Wahrnehmung von Boden

Die beiden Zugänge zu Boden unterscheiden sich in der Art und Weise, wie Wissen entsteht und strukturiert ist, nicht prinzipiell voneinander (vgl. Kapitel 2.3.). NaturwissenschaftlerInnen und Bauern bzw. Bäuerinnen nehmen Boden sensuell, analytisch sowie kontextuell wahr und können Erfahrungswissen über Boden besitzen.[40] Der unterschiedliche Fokus der verschiedenen Berufe beeinflußt aber das Vorgehen bei der Arbeit, die dabei wahrgenommenen Bodeneigenschaften, sowie die Eigenschaften der Aussagen selber, was für die Beobachtung der Bodenfruchtbarkeit von Bedeutung sein kann.

- **Fokus auf Boden während der Arbeit**

Während Bauern und Bäuerinnen an der *Nutzung des Bodens* und an dafür relevanten Aussagen für einen Standort interessiert sind, suchen NaturwissenschaftlerInnen Antworten auf spezifische Fragestellungen, z.B. Bindungskapazitäten der Schwermetalle in verschiedenen Bodentypen. Diese Aussagen sollen für verschiedene Orte Gültigkeit haben. Dies hat zur Folge, daß ihr Blick auf den *Boden direkt oder auf Teile davon* gerichtet ist, während Bauern den Boden eher indirekt über die Arbeit wahrnehmen.

- **Vorgehen bei der Arbeit (Handlungsabläufe)**

Bauern konzentrieren sich nicht allein auf den Boden, sondern auf das Zusammenspiel zwischen Boden, Pflanzenwachstum, Wettereinfluß, eigenen Handlungen usw. (*kontextuelle Wahrnehmung,*) während in den Naturwissenschaften chemische, biologische und physikalische Prozesse vorwiegend getrennt voneinander *untersucht* werden. So sind auch Boden, Pflanzen und das Wetter Gegenstand unterschiedlicher Fachgebiete.

Bedingt durch ihre Arbeit, befahren oder begehen Bauern eine bestimmte Bodenfläche in ihrer gesamten Ausdehnung zu verschie-

40 Die Bedeutung, die die sensuelle und kontextuelle Erfahrung in der Praxis der Naturwissenschaften hat, wird in der offiziellen Darstellung – bei Vorträgen, Vorlesungen und Publikationen – ausgeklammert. Gerade diese Erfahrungen sind aber für den eigenen Erkenntnisprozeß wichtig.

denen Jahreszeiten und unter verschiedenen Wetter- und Wachstumsbedingungen. Dabei erkennen sie auffällige *charakteristische Merkmale der Böden* bzw. Standorte,[41] allfällige *Veränderungen*[42] und können mit der Zeit *situationsgebundene Geschichten* erzählen, die bemerkenswerte Beobachtungen mit Bezug auf Raum, Zeit und spezifische Umstände enthalten können. Die für einen Standort *bestimmenden Faktoren* bilden sich mit der Zeit heraus, wenn sich Bauern ein Bild von den einzelnen Standorten machen. Dann brauchen sie ihre Beobachtungen nicht zusammenzusetzen.

Im Rahmen einer naturwissenschaftlichen Bodenuntersuchung wird der Boden im Detail analysiert.[43] Die Daten stammen von *einzelnen Standorten, die – offiziell – nach bestimmten, von einer Fragestellung abgeleiteten Kriterien ausgewählt wurden. Die einzelnen Probenahmeflächen werden zu einzelnen Terminen* beprobt. Die Datenaufnahme erfolgt standardisiert, damit *reproduzierbare Messungen* erhalten werden.[44] Auf diese Weise können verschiedene Orte miteinander verglichen werden. Um eine hohe Vergleichbarkeit zu erzielen, werden die naturwissenschaftlichen Untersuchungen meist unter künstlichen Bedingungen im Labor durchgeführt (vgl. Kapitel 1.). An einzelnen Stellen können so detaillierte Kenntnisse über chemische, physikalische und biologische Eigenschaften des Bodens erarbeitet werden. Es fehlt jedoch eine Übersicht über die räumliche Verteilung dieser Eigenschaften.

---

41 Sikana, 1993

42 Eine Veränderung der Bodenfruchtbarkeit kann nicht wahrgenommen werden, wenn sie auf allen Standorten genau gleich erfolgt. Ich nehme jedoch nicht an, daß alle Standorte bzw. Bewirtschaftungsarten gleich empfindlich sind. Deshalb kann mit unterschiedlicher Veränderung der Bodenfruchtbarkeit gerechnet werden.

43 Indirekte Beobachtungen z.B. während der Datenaufnahme spielen auch eine Rolle und haben bei der Auswertung der Daten eine zentrale Bedeutung. Nur wird dies selten thematisiert und das Verfahren, z.B. bei der Standortauswahl, im Nachhinein vereinfacht dargestellt. Vgl. Knorr-Cetina (1988).

44 Eine Standardisierung kann jedoch Unterschiede verwischen. Jäggi et al., 1990 leitete die Folgen der Bodenverdichtung auf die bodenmikrobiologische Aktivität ab, indem sie Messungen an Proben aus einer Fahrspur mit Proben aus dem daneben liegenden Acker verglichen. Die dabei beobachteten Korrelationen wurden durch das Sieben und Trocknen der Bodenproben (Standardisierung) verändert und ließen sich nicht mehr nachweisen.

Zudem variieren die Einflußfaktoren in Abhängigkeit der Heterogenität der Standorte, der Jahreszeit oder des aktuellen Wetters und verringern die Aussagekraft der Resultate. Die einzelnen Meßergebnisse werden "zu einer Aussage über Bodentypen"[45] oder Bodenfruchtbarkeit[46] aufsummiert.[47] Dieser Prozeß wird oft sehr vereinfacht oder gar nicht dargestellt, weil er – auch in den Naturwissenschaften – weitgehend implizit ist und von der persönlichen Erfahrung abhängt.

• Wahrgenommene Eigenschaften des Bodens

Welche Eigenschaften eines Bodens wahrgenommen werden, hängt maßgeblich vom Fokus und den Handlungsabläufen während der Arbeit ab. Bauern können über das Verhalten des Bodens, das Wachstum und die Eigenschaften der Pflanzen *Qualitäten beobachten, welche viele beeinflussenden Faktoren umfassen, ohne sie direkt benennen und quantifizieren zu müssen. Naturwissenschafter untersuchen hingegen auch Bodeneigenschaften, die schlecht direkt sicht- und fühlbar sind,* z.B. Schwermetallkonzentrationen.[48] Bedingung ist, daß sie quantifizierbar sind. Nichtquantifizierbare Eigenschaften fließen – inoffiziell – auch in die Auswertung mit ein. Zum Beispiel nimmt ein Wissenschafter bei der Profilbeschreibung (bzw. -putzen) oder beim Profilgraben wahr, ob der Boden zäh, lehmig oder steinig ist.

Über die langjährige Nutzung des Bodens im Biolandbau wird ein Eindruck über den Zustand eines Bodens gewonnen, über seine Kapazität, organische Substanz abzubauen, diese in pflanzenverfügbare Nährstoffe umzuwandeln sowie gesunde Pflanzen wachsen zu lassen (dynamische Bodenfruchtbarkeit, Kapitel 2.5.). Bei punktuellen Untersuchungen an einzelnen Zeitpunkten ist dies nicht erfahrbar, weil sich Zusammenhänge und Abläufe häufig nur in

---

45 Sikana, 1993

46 AGW, 1994

47 Ein gemeinsamer Erkenntnisprozeß wäre hilfreich, um Studien verschiedener Disziplinen über Boden miteinander in Beziehung zu setzen .

48 Indirekt über Pflanzen sind erhöhte Schwermetallkonzentrationen eventuell wahrnehmbar.

speziellen Situationen äußern, z.B. bei extremen Wetterereignissen oder bei der Umstellung der Bewirtschaftung usw. Bauern und Bäuerinnen greifen auf eine *größere Bandbreite an Kriterien* zurück, während Naturwissenschafter vergleichsweise wenig Kriterien messen können.

• Eigenschaften der Aussagen

Das Wissen über Boden seitens der Landwirte ist *auf die Nutzung eines Standorts und den Kontext – ihre Handlung, die Jahreszeit, die Geschichte des Standortes usw. – bezogen*, während naturwissenschaftliches Wissen eher *auf spezifischen Fragestellungen* beruht und daher wenige standortbezogene Aussagen enthält. Oft wird naturwissenschaftliches Wissen als allgemeingültig dargestellt. Bei näherer Betrachtung wird jedoch ersichtlich, daß dieser Anspruch nicht gerechtfertigt ist. Zum Beispiel beziehen sich Forschungsresultate auf einzelne Bodentypen, die unter sehr spezifischen Bedingungen untersucht worden sind und daher nur punktuelle Gültigkeit haben. Oder der Forschungsgegenstand wird so verändert, daß er in sämtlichen Labors unter identischen Bedingungen untersucht werden kann. Dabei wird die "Allgemeingültigkeit" oft auf Kosten der Bedeutung und Aussagekraft der Forschungsfrage für im Boden bei ungestörten Bedingungen ablaufende Vorgänge erzwungen. Bei einer naturwissenschaftlichen Untersuchung werden möglichst reproduzierbare Daten erhoben. So können *verschiedene Regionen bezüglich der aufgenommenen Daten miteinander verglichen* werden, was mit dem kontextbezogenen Wissen der Bauern weniger möglich ist. Ihre Kenntnisse sind vor allem *auf die eigene Umgebung beschränkt.* Aber sie überblicken längere Zeitabstände. In ihren Aussagen sind Angaben über *Vorteile und limitierende Faktoren* im Zusammenhang mit einer Kultur enthalten. *Qualitative Aussagen und Interpretationen* sind ein Bestandteil ihrer Beschreibungen (vgl. Kapitel 2.4.).[49] Beim standort- und kontextbezogenen Zugang zu Boden sind Heterogenität des Bodens, unterschiedliche Jahreszeiten und Fruchtfolgen in den Aussagen integriert, und es

49 Sikana, 1993

können viele Variablen variieren, ohne daß das Gesamtbild gestört wird. Eine Aussage über Boden bezieht sich auf eine konkrete Situation. Für die Wissenschaft erschweren hingegen die vielen beeinflussenden Faktoren das reproduzierbare Erheben von Felddaten. So werden Jahreszeit und Heterogenität des Bodens in den Naturwissenschaften als störende Faktoren empfunden. Wenn es gelingt, aussagekräftige Parameter reproduzierbar zu messen, können verschiedene Regionen und sehr lange Zeitabstände miteinander in Beziehung gesetzt werden.

Welche Aspekte des Wissens ist für die Beobachtung der Bodenfruchtbarkeit wichtig?

Mit Messungen allein wird man der Bodenfruchtbarkeit nicht gerecht. Sie ist eine dynamische und komplexe Eigenschaft eines Bodens, welche mit einzelnen Faktoren nicht erfaßt werden kann. Sie kann aber auch nicht vollständig durch die Bodennutzung erfahren werden. Die Vorteile der naturwissenschaftlichen Untersuchung bzw. Erfahrung und die Vorteile des Arbeitens mit Boden und den daraus resultierenden Erfahrungen können sich im Hinblick auf die Beobachtung der Bodenfruchtbarkeit in verschiedener Hinsicht ergänzen (vgl. Abb. 2):

Durch die Nutzung eines Bodens nehmen Bauern und Bäuerinnen dynamische Eigenschaften des Bodens wahr, welche für die Beschreibung seiner Fruchtbarkeit von Bedeutung sein können. Bäuerliches Wissen integriert über eine längere Zeit und bezieht sich auf das von ihnen und in der näheren Umgebung genutzte Land zudem umfaßt es eine große Bandbreite an Kriterien, z.B. alle Faktoren, welche das Pflanzenwachstum beeinträchtigen. So können allfällige Veränderungen der Kapazität eines Bodens dort wahrgenommen werden, wo sie auftreten, denn die Bodenfruchtbarkeit bzw. eine Störung derselben manifestiert sich nicht in jeder Situation. Auf dieser Basis können Bauern Standorte und *Situationen bezeichnen, um sie gemeinsam mit NaturwissenschaftlerInnen zu untersuchen*, denn der Vorteil des naturwissenschaftlichen Ansatzes besteht v.a. darin, daß nicht direkt erfahrbare Einflüsse gemessen werden – z.B. Schadstoffkonzentrationen – und mit Resultaten aus anderen Untersuchungen z.B. über die geologischen

Bedingungen oder über die Herkunft der Schadstoffe in Beziehung gesetzt werden können. Voraussetzung dabei ist allerdings die reproduzierbare Messung der interessierenden Größen.

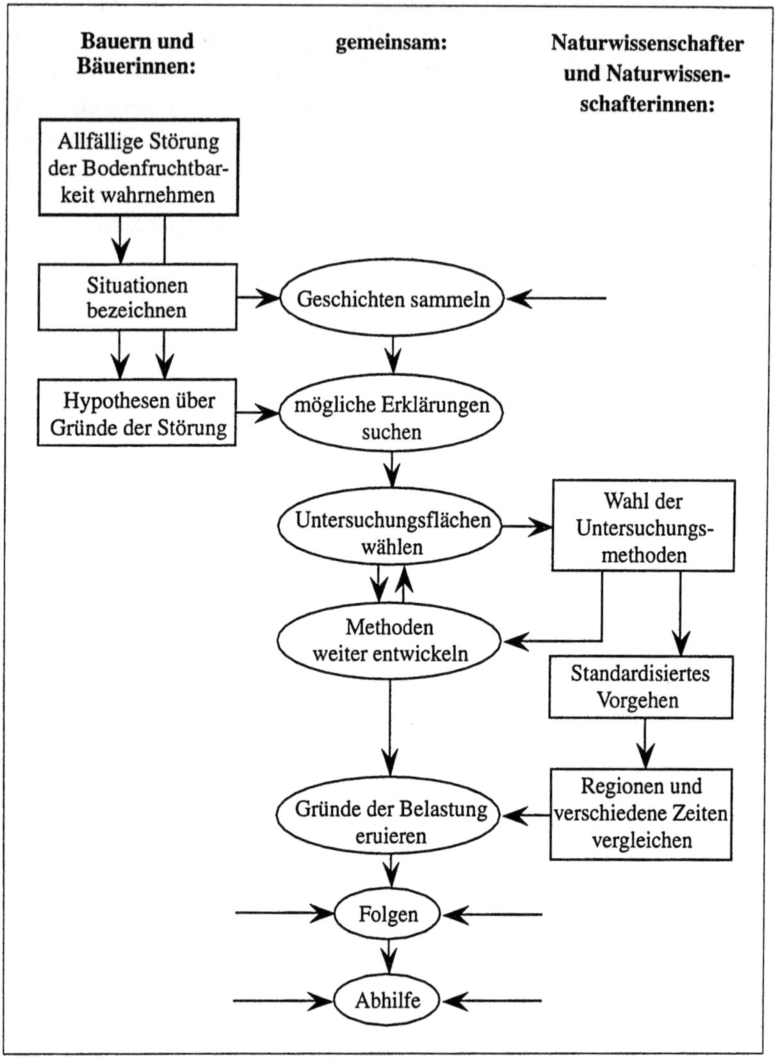

Abb. 2: Ergänzung der bäuerlichen und naturwissenschaftlichen Wahrnehmung von Bodenfruchtbarkeit im Hinblick auf ihre Beobachtung.

Da Bauern und Bäuerinnen verschiedene bestimmende Faktoren auf einem Standort bzw. die Bedingungen kennen, unter welchen bestimmte Aussagen oder Beobachtungen gelten (vgl. kontextbezogenes Wissen, Kapitel 2.4.), stellen sie auch *Hypothesen über mögliche Gründe der Belastung oder Beeinträchtigung* auf. Diese Hypothesen können ebenfalls eine Basis für die Wahl der Untersuchungsmethoden sein. Wenn es gelingt, reproduzierbar zu messen, werden Regionen und sehr lange Zeiträume vergleichbar. So wird festgestellt, ob eine spezielle Beobachtung ein Einzelfall ist, oder ob ähnliche Situationen in verschiedenen Regionen auftreten. Dies ist mit standortbezogenem Wissen nicht möglich. Werden tatsächlich konkrete Belastungen eruiert, können wiederum auf der Basis der kontextbezogenen Wahrnehmung der Bauern Folgen abgeschätzt und Abhilfe geschaffen werden.

Bäuerliches und naturwissenschaftliches Wissen können sich ergänzen, wobei dies nicht mit einem additiven Verfahren zu erreichen ist. *Bäuerliches Wissen läßt sich nicht in ein naturwissenschaftliches System einbauen und umgekehrt.* Die Erfahrungshintergründe können sich nur ergänzen, wenn die verschiedenen Fachleute einen gemeinsamen Erkenntnisprozeß durchmachen. Dadurch entsteht eine neue Basis, die vielleicht weitergehende Aussagen, z.B. durch Einsatz gemeinsam entwickelter Methoden (vgl. Abb. 2) ermöglicht, als jeder Ansatz für sich alleine.

Thesen:

Ein viels(ch)ichtiger Zugang bietet sich für die Beobachtung der Bodenfruchtbarkeit an:

- Die langfristige und flächendeckende Wahrnehmung dynamischer Bodeneigenschaften parallel zur Arbeit ermöglicht es den Bauern, *Situationen* wahrzunehmen, in denen sich die Bodenfruchtbarkeit ändert. Anhand ihrer Beschreibung und den Vermutungen über die Ursache der Störung kann diese Situation gemeinsam untersucht, in Beziehung mit naturwissenschaftlichen Kenntnissen gesetzt und anhand von reproduzierbaren Messungen mit anderen Regionen verglichen werden um festzustellen, ob Veränderungen der Bodenfruchtbarkeit nur in einzelnen Fällen auftreten, oder ob ähnliche Situationen in verschiedenen Regionen beobachtet werden.

- Analytische Daten sind aussagekräftiger, wenn in Situationen gemessen wird, welche von erfahrenen Bauern beschrieben worden sind.
- Die Kombination von kontextbezogenem Wissen und einem Wissen, das Regionen vergleichen kann, ermöglicht es eher, eine Veränderung der Bodenfruchtbarkeit wahrzunehmen. Mehrere Blickwinkel sind notwendig, um komplexe Zusammenhänge zu erfassen.

3.3. Beobachtung der Bodenfruchtbarkeit: Skizze für einen viels(ch)ichtigen Zugang

Die Beobachtung der Bodenfruchtbarkeit selber nimmt in der heutigen Zeit eine zentrale Bedeutung ein, weil Störungen frühzeitig erkannt werden sollen. Erstens ist der Boden – und dadurch auch seine Fruchtbarkeit – verschiedenartigen Belastungen ausgesetzt: Dies können strukturzerstörende Einflüsse sein, die z.B. zu Verdichtung und Erosion führen, es können Belastungen durch Schadstoffe sein, die über die Luft eingetragen werden z.B. Säurebildner, Dioxine, Furane, Ozon usw., veränderte Bedingungen durch die Klimaveränderung oder sogar Einflüsse durch gentechnisch veränderte Organismen. Kaum eine andere Ökosphäre dürfte derart schwerwiegenden Belastungen ausgesetzt sein wie der Boden. Zweitens erfolgen die Bodenbelastungen meist schleichend und unspektakulär: Der Ort, wo sich verschiedene Stoffe akkumulieren, ist deshalb kaum voraussehbar, und die komplexen Ursache-Wirkungs-Beziehungen sind schwierig zu erkennen. Dies kann auch die Tatsache erklären, weshalb chronische Belastungen einzelner Stoffe (!) oft erst aufgrund des Schadens erkannt wurden (vgl. Kapitel 1). Ist der Kippunkt erreicht, bei der sich die verschiedenen Belastungen auswirken, ist es für vorsorgliche Maßnahmen meist zu spät.

Die Bodenfruchtbarkeit ist eine Eigenschaft, welche durch unzählige Prozesse zustande gekommen ist und weiterhin durch sie aufrechterhalten werden muß. Dadurch kann sie eine *empfindliche Beobachtungsgröße* sein. Denn werden einzelne Prozesse – auch unauffällige, langsame – durch irgendeine Belastung gestört, kann sich das auf die Bodenfruchtbarkeit auswirken. Bei Bewirtschaftungsarten, in denen die standorttypische Bodenfruchtbarkeit nicht mit ertragsfördernden Maßnahmen überlagert wird, kann die Beobachtung der Bodenfruchtbarkeit der *Früherkennung von langfristig wirksamen Schäden* dienen.

Um die Frage zu beantworten, wie die Bodenfruchtbarkeit beobachtet werden kann, möchte ich zunächst einmal die Eigenschaften der Bodenfruchtbarkeit, wie ich sie nach dieser Fallstudie sehe, zusammenfassen:

Die Bodenfruchtbarkeit kann *lokal verschieden* sein – bedingt durch Klima, Landschaftsform, Geologie des Untergrundes und Vegetation.[50] Sie ist *nicht aus verschiedenen analytischen Größen zusammensetzbar*, ohne daß die Bedeutung und die dynamischen Eigenschaften verloren gehen, welche die Bodenfruchtbarkeit charakterisieren. Die Fruchtbarkeit eines Bodens *äußert sich nicht in jeder Situation*, weil sie vom Zeitpunkt und vom Kontext abhängt. Sie kann als Kapazität oder Potential eines Bodens verstanden werden, die erst über eine längere Zeitspanne erfahrbar wird. Und schließlich ist die Wahrnehmung der Bodenfruchtbarkeit abhängig vom Fokus der Betrachtenden. Es kann daher nicht *eine* richtige Beschreibung der Eigenschaften der Bodenfruchtbarkeit geben, sondern viele, je nach Standpunkt.

Die Bodenfruchtbarkeit äußert sich also in Abhängigkeit des *Standorts* (Standorttyp, Heterogenität des Bodens, Nutzung) und der *Situation* (aktuelle Bewirtschaftungsart, Wetter, Nutzungsgeschichte). Je nach dem Fokus der Betrachtenden bedeutet sie etwas anderes und wird unterschiedlich wahrgenommen (*Standpunkt*).

Für die Beobachtung der Bodenfruchtbarkeit ist situiertes oder *standpunktbezogenes Wissen*[51] gefragt, das Bezug nimmt auf Standort, Situation und Standpunkt der Betrachtenden. Dies bedeutet, daß nicht irgendwo, irgendwann, irgendwas gemessen wird. Aussagekräftige Situationen bezeichnen und Hypothesen über die

50 Volkswirtschaftsdepartement des Kantons Solothurn, 1922

51 Haraway, 1995, abgeleitet von situated knowledge, S. 73 bis 97

Belastungsursachen und allfällige Abhilfe aufstellen, ist nur möglich, wenn verschiedene Erfahrungen berücksichtigt werden. *Bodenfruchtbarkeit beobachten ist aufgrund ihrer Komplexität nur mit vielschichtigem Wissen möglich.* Wissen, das über praktische Erfahrung zustande kam, ermöglicht es eher, Schäden von Artefakten und Veränderungen von stark streuenden Werten zu unterscheiden.[52] Ein *transdisziplinärer und multiperspektivistischer Zugang* ist bei der Beobachtung der Bodenfruchtbarkeit gefragt. Andeutungsweise ist dieser Ansatz im Umweltschutzgesetz bereits festgehalten. Neben den wissenschaftlichen Erkenntnissen über die Auswirkungen von Belastungen sind auch *Erfahrungen* mit der Veränderung der Fruchtbarkeit des Bodens zu berücksichtigen:

Richtwerte für Bodenbelastungen:
Für die Beurteilung der Belastung des Bodens mit schädlichen und nicht oder nur schwer abbaubaren Stoffen kann der Bundesrat Richtwerte festlegen. Sie sind so festzulegen, daß nach dem Stand der Wissenschaft und der Erfahrungen Belastungen unterhalb dieser Werte die Fruchtbarkeit des Bodens auch langfristig nicht beeinträchtigen.[53]

Ich möchte zum Schluß in einem Ausblick skizzieren, wie Bodenfruchtbarkeit mit ihren dynamischen Eigenschaften und allfälligen Störungen beobachtet werden könnte. Die Erfahrungen beim regelmäßigen Begehen, Befahren und Bearbeiten des Bodens stellen ein empfindliches Instrument dar, das Störungen dort wahrnimmt, wo sie auftreten – wie ein feines Netz, das ausgebreitet ist und dort etwas fängt, wo etwas zu fangen ist.

Verschiedene Fokusse erfassen Bodenfruchtbarkeit eher

Für die Beobachtung der Bodenfruchtbarkeit ist die Wahrnehmung von Bauern bzw. Bäuerinnen und NaturwissenschaftlerInnen gefragt (vgl. Kapitel 3.2.). An Bodenfruchtbarkeit interessierte Forschende könnten zusammen mit Bodenschutzfachleuten aus Kantonen und Bund – sie haben den Vollzugsauftrag für Bodenbeobachtung – sowie erfahrenen Bodennutzern, sei es aus Landwirtschaft, Wald

52 Vgl. Polanyi, 1975, S. 30 und Fleck, 1983, S. 13

53 USG, 1983, Art 33

oder Siedlungsgärten, eine *Bodenbeobachtungsgruppe* bilden (vgl. Abb. 3).

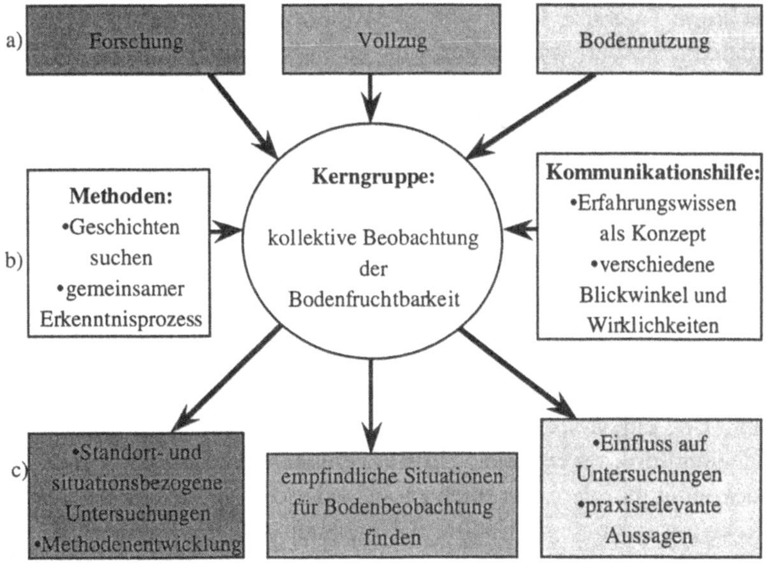

Abb. 3: Bodenbeobachtung mit einem transdisziplinären Ansatz; a) Bereiche, b) Prozeß, c) persönlicher Nutzen der einzelnen Bereiche.

Diese hätte zum Ziel, die Bodenfruchtbarkeit langfristig zu beobachten, und würde gemeinsam den in Kapitel 3.2. skizzierten Weg (vgl. Abb. 2) verfolgen, indem sie Geschichten über Bodenfruchtbarkeit bei Bauern, Förstern usw. sammelt, allfällige Untersuchungen einleitet und Methoden weiterentwickelt.[54] Bedingung für das Funktionieren einer solchen Arbeitsgruppe wären Kooperationsbereitschaft, Offenheit, Ehrlichkeit und Erfahrung der Mitglieder. Alle Beteiligten müßten ein persönliches Interesse daran haben und

54 Mir schweben Methoden vor, die einen Bezug auf eine konkrete Situation machen. So wäre z.B. die natürliche Heterogenität eines Standortes nicht mit Mischproben zu nivellieren bzw. der Einfluß der Jahreszeit nicht mit Standardisierungen - getrocknete Proben für Labormessungen - auszuschließen. Verschiedene chemische, physikalische und biologische sowie bildschaffende Methoden müssten am gleichen Ort in Beziehung gebracht werden können.

aus der Zusammenarbeit einen Nutzen ziehen. So dürften Bauern nicht einfach gern gesehene Lieferanten von lokalem Wissen sein, die die Forschungsresultate verbessern, sondern müßten gleichberechtigte Teammitglieder sein, die z.B. wegen ihrer Arbeit an einer Zusammenarbeit interessiert sind und dafür auch bezahlt wären. Forschende hätten die Möglichkeit, in aussagekräftigen Situationen zu messen und zusammen mit den anderen Fachleuten der Gruppe Methoden weiterzuentwickeln, um die Bodenfruchtbarkeit zu beobachten. Fachleute der Kantone und des Bundes könnten ihrer Aufgabe nachkommen, Bodenbelastungen zu erfassen und die Bodenfruchtbarkeit langfristig zu schützen.

Zentraler Aspekt einer kollektiven Bodenbeobachtung ist der gemeinsame Forschungsprozeß

Die verschiedenen Erfahrungen der Bauern, der Forschenden und der Vollzugsfachleute können nicht einfach zusammengesetzt werden. Um ein weiterführendes Syntheseergebnis, im Sinne eines Gesamtbildes, zu erreichen, ist ein gemeinsamer Erkenntnisprozeß notwendig, bei dem Geschichten ausgetauscht und neue Bilder entwickelt werden (vgl. Kapitel 3.1.). Voraussetzung dazu ist allerdings, daß eine Vertrauensbasis da ist und verschiedene Blickwinkel, Sprachen und Standpunkte Geltung haben (vgl. Kapitel 2.2.). Dieser Prozeß ist sehr schwierig, braucht viel Zeit und sollte von Mediationsfachleuten begleitet werden. Wenn das Wissen erfahrener Bauern berücksichtigt werden soll, sind folgende Aspekte zu bedenken:

Bodenfruchtbarkeit hat für Bauern eine andere Bedeutung als für NaturwissenschaftlerInnen, und sie reden unterschiedlich darüber. Der Austausch über Bodenfruchtbarkeit geschieht am besten vor Ort, indem Geschichten über die Böden und allfällige Veränderungen erzählt werden. Direkt nach der Bodenfruchtbarkeit oder nach Kriterien zu fragen, empfiehlt sich nicht. Mit Hilfe der Methode "Geschichten erzählen" bestimmen die Bauern selber den Standort und den Zeitpunkt, den sie als aussagekräftig erfahren haben. Wird der Standort vorher quasi von außen bestimmt, kann es durchaus sein, daß der Bauer nichts dazu zu sagen hat. Nicht weil er nichts weiß, sondern weil dieser Standort vielleicht für ihn nichts

Außergewöhnliches darstellt. Er kann dies nicht formulieren, weil ja etwas Spezielles von ihm erwartet wird. Vor Ort kann erzählt oder auch konkret gezeigt werden. Beide Möglichkeiten - Erzählen und Zeigen - sind zusätzliche Kommunikationsformen neben dem expliziten Beschreiben von Zusammenhängen, wie es in den Naturwissenschaften vor allem üblich ist.

Verschiedene Arten von Kommunikation sind in einer vertrauten und angenehmen Atmosphäre möglich. Dies kann nur erreicht werden, wenn latente Machtansprüche oder ein bestehendes Machtgefälle erkannt und thematisiert werden. Ohne ein bewußtes Bemühen um ein ausgeglichenes und gleichberechtigtes Verhältnis ist eine Zusammenarbeit zwischen NaturwissenschaftlerInnen und Bauern bzw. Bäuerinnen nicht möglich. So sollten die naturwissenschaftlichen Anforderungen wie Reproduzierbarkeit, Objektivität, Kausalität usw. überdacht und nicht zur Entwertung von anderem Wissen verwendet werden. Diese oft unbewußten Ansprüche verhindern nicht nur die Kommunikation, sondern führen auch zur ungerechtfertigten Erwartung, daß Aussagen der Bauern nur dann "richtig" sind, wenn sie mit naturwissenschaftlichen Messungen korrelieren.[55] Bedingt durch ihren unterschiedlichen Fokus verwenden Bauern und NaturwissenschaftlerInnen unterschiedliche Kriterien, um Bodenfruchtbarkeit zu beschreiben. Der Austausch und die Suche nach Korrelationen bzw. Entsprechungen kann daher nicht auf der Ebene der einzelnen Ausgangsdaten erfolgen, sondern eher auf der Ebene der Gesamtbilder, die resultieren. Neben quantitativen müssen auch qualitative Kriterien ihren Wert haben können, wenn kein Machtgefälle im Gespräch mit Bauern aufrechterhalten werden soll. Oft dienen dualistische Kategorien, wie beispielsweise die Trennung zwischen Gefühl und Verstand, der Ausgrenzung einer Seite und damit der Ausübung von Macht.

Als Hilfe, um mit diesen Spannungsfeldern leichter umgehen zu können, bietet sich die Vorstellung verschiedener Denkstile[56] bzw.

55 Zum Beispiel in Niemeijer, 1995

56 Fleck, 1980

Standpunkte[57] an, die sich im Fokus, in der Sprache und sogar in der Wahrnehmung äußern. Es gibt nicht nur eine gültige, sondern je nach Standpunkt verschiedene Wirklichkeiten, die alle ihre Berechtigung haben.

Wenn Wissen als Prozeß verstanden wird und sich alle Beteiligten des schwer formulierbaren Anteils ihres Wissens bewußt sind, kann vielleicht eine neue Basis für Kommunikation entstehen. Dazu braucht es mehr Sensibilität für verschiedene Arten der Wahrnehmungsschwerpunkte und ein anderes Rollenverständnis. NaturwissenschaftlerInnen und -wissenschafter sind aufgefordert, vermehrt die eigene Denkweise zu hinterfragen und das Zusammenspiel zwischen Beobachtungen und Erfahrungswissen in ihre Arbeit zu integrieren.

Wenn die Auswahl von Standorten und Probenahmestellen sowie die Entwicklung von Meßmethoden auf einem Hintergrundwissen basieren, das den Boden als Ganzes wahrnimmt, dann, so vermute ich, werden die Einzelmessungen aussagekräftiger. Es entsteht ein Hintergrund, in dem die Daten eingebettet sind und in Verbindung zueinander stehen. Dadurch erst erlangen sie Bedeutung. NaturwissenschaftlerInnen sollten sich herausfordern lassen, ihr Bild der Natur nicht analog einem Puzzle zusammensetzen zu wollen, sondern eine vielschichtige Wahrnehmung zuzulassen, die neben den Einzelheiten auch das Ganze erfaßt. Nur durch vielschichtiges Denken und vielfältige Blickwinkel wird man der Bodenfruchtbarkeit gerecht.

3.4. Zusammenfassung und offene Fragen

Der Boden wird heute zunehmend mit verschiedenartigen Einflüssen belastet, welche seine Fruchtbarkeit – vergleichbar mit der Gesundheit beim Menschen – beeinträchtigen können. Da die verschiedenen diffusen und z.T. auch chronisch wirkenden Belastungen nicht quantifizierbar sind, stellt sich die Frage, wie Bodenfruchtbarkeit beobachtet werden kann. Mit analytischen Methoden alleine wird die Bodenfruchtbarkeit nur unzureichend erfaßt, weil einzelne

57 Haraway, 1995

Aspekte isoliert gemessen werden und lokal verschiedene Faktoren das komplexe Zusammenspiel so beeinflussen, daß die erhobenen Resultate kaum mehr zu interpretieren sind. Wegen der Komplexität und Heterogenität des Bodens scheitert der herkömmliche Ansatz, von den Teilen ausgehend etwas über das Ganze aussagen zu wollen. So komme ich zur Frage: Kann Wissen, das während langjähriger Nutzung des Bodens entstanden ist, einen Weg weisen, wie Bodenfruchtbarkeit als Ganzes beobachtet werden könnte?

Ich habe mich als Naturwissenschafterin in ein mir fremdes Umfeld begeben und sozialwissenschaftliche Methoden (Leitfadeninterview, teilnehmende Beobachtung) angewendet, um Thesen über das Wissen erfahrener Biobauern über Bodenfruchtbarkeit aufzustellen und daraus mögliche Konsequenzen für die Beobachtung der Bodenfruchtbarkeit zu ziehen.

In einem ersten Schritt beschreibe ich – ausgehend vom eigenen Forschungsprozeß – vier Spannungsfelder, die zwischen NaturwissenschaftlerInnen und Bauern bzw. Bäuerinnen auftreten und eine Zusammenarbeit erschweren können. Dies sind ein indirekter versus ein direkter Zugang zu Boden, Gesamtbilder versus isolierte Faktoren, lokaler versus allgemeiner Blick und "nichtformulierbares" Wissen versus "formulierbares" Wissen.

Erst die Reflexion meiner eigenen Denkweise ermöglichte es mir – in einem zweiten Schritt –, Thesen über bäuerliche Wahrnehmung von Boden herauszuarbeiten. Ein zentraler Punkt war, die Vorstellung über den Erkenntnisprozeß zu erweitern. Ich realisierte, daß "Erfahrungswissen" nicht nur bei Bauern zu suchen ist, sondern bei allen Berufen, auch in den Naturwissenschaften – sie werden auch als Erfahrungswissenschaften bezeichnet – eine bedeutende Rolle spielt. Erfahrungswissen steht für ein Konzept, welches Wissen als Prozeß versteht, der durch seine Vielschichtigkeit an die jeweilige Person gebunden ist. Der Erkenntnisprozeß kann nicht in allen Details wiedergegeben werden, er ist "tacit". Die einzelnen Ausgangsbeobachtungen verändern in Verbindung mit anderen Beobachtungen sogar ihre Bedeutung. Entstehung und Struktur des Wissens von Bauern unterscheidet sich also nicht grundsätzlich vom Wissen der NaturwissenschaftlerInnen, wohl aber ihre Zielsetzungen, bedingt durch den unterschiedlichen Fokus ihrer Arbeit.

Befragte Bauern nehmen Eigenschaften des Bodens vor allem indirekt über die Bearbeitung, die Pflanzeneigenschaften und das Verhalten der Böden in verschiedenen Situationen wahr. Durch ihre Arbeit können sie Wahrnehmungen vergleichen. Mit der Zeit erhalten sie ein Bild von verschiedenen Standorten, weil sie ihre Böden in wechselnden Kontexten, mit unterschiedlichen Kulturen, über die Jahre und Fruchtfolgen hinweg erlebt haben.

Aufgrund der Gespräche mit den Bauern und der Bäuerin erschloß sich für mich ein anderes Verständnis von Bodenfruchtbarkeit. Sie ist eher ein Potential eines Bodens, welches sich über einen längeren Zeitraum in Abhängigkeit vom Kontext äußert und nicht jederzeit feststellbar ist. Bodenfruchtbarkeit kann also nicht irgendwann und irgendwo mit einem Standardverfahren bestimmt werden.

In einem dritten Schritt zog ich aus den Thesen und meinem eigenen Forschungsprozeß Konsequenzen für die Beobachtung der Bodenfruchtbarkeit. Das Wissen von Bauern bzw. Bäuerinnen und NaturwissenschaftlerInnen kann sich infolge des unterschiedlichen Fokus vom Inhalt her ergänzen. Bäuerliches Wissen integriert über eine längere Zeit sowie über die gesamte landwirtschaftlich genutzte Fläche und umfaßt eine große Bandbreite an Kriterien. Über die Bodennutzung können Situationen erlebt werden, in denen Veränderungen der Bodenfruchtbarkeit auftreten können, und es ist möglich, Hypothesen über Gründe für die Veränderung aufzustellen. Ihr Wissen wird durch stark variierende Variablen nicht beeinträchtigt. Der Vorteil des analytischen Ansatzes besteht v.a. darin, auch nicht erfahrbare Einflüsse messen zu können und – bei reproduzierbar erhobenen Daten – Regionen und verschiedene Zeiten miteinander vergleichen zu können. Damit kann geprüft werden, ob ähnliche Situationen in verschiedenen Regionen auftreten, oder ob es Einzelfälle sind. Messungen, die in einer gut beschriebenen Situation durchgeführt werden, allenfalls mit an das Problem angepassten Methoden, sind besser eingebettet und dadurch aussagekräftiger. Eine gemeinsame Bodenbeobachtung von NaturwissenschaftlerInnen und Bodennutzern mit einem gemeinsamen Erkenntnisprozeß könnte ein empfindliches Instrument sein, um

Veränderungen der Bodenfruchtbarkeit aufgrund der verschiedensten heute auftretenden Belastungen zu erkennen, Folgen abzuschätzen und Abhilfe zu schaffen.

Komplexe und vielschichtige Vorgänge wie sie in der Umweltbeobachtung hervortreten, erfordern einen vielfältigen Zugang.

Offene Fragen

• Um die Kategorien und Thesen über bäuerliche Wahrnehmung des Bodens zu prüfen und zu ergänzen, sind weitere erfahrene Biobauern und Biobäuerinnen mittels teilnehmender Beobachtung und Befragung zu konsultieren. Dabei ist besonderes Augenmerk auf die Frage zu richten, ob eine schleichende Veränderung der Bodenfruchtbarkeit mit biologischen Bodenpflegemaßnahmen, wie z.B. organische Düngung, nicht überdeckt werden könnte.

• Die Wahrnehmung von Boden durch NaturwissenschaftlerInnen ist mit Hilfe teilnehmender Beobachtung zu untersuchen, um Unterschiede bzw. Parallelen in der Wahrnehmung von Boden und ihrem Wissen über Bodenfruchtbarkeit detaillierter herauszuarbeiten. Dabei ist auf die Unterscheidung zwischen offiziellen Darstellungen und inoffiziellen Aussagen zu achten.

• Bei Bauern, Bäuerinnen und NaturwissenschaftlerInnen ist die Rolle, welche Metaphern, Weltbilder, Religionen und individuelle Geschichten auf die Wahrnehmung von Boden haben können, zu untersuchen.

• Es scheint mir möglich, daß verschiedene Fachleute über einen gemeinsamen Erkenntnisprozeß eine ähnliche Syntheseleistung erbringen können wie in einem persönlichen Erkenntnisprozeß. Eine Ergänzung von bäuerlichem und naturwissenschaftlichem Wissen mit Hilfe eines gemeinsamen Prozesses ist im Rahmen einer kollektiven Bodenbeobachtung zu konkretisieren und zu überprüfen.

Anhang

Fallstudie Bodenfruchtbarkeit

Leitfaden für Interviews

Einführung:

Der Berater stellt mich jeweils dem Bauern und der Bäuerin vor. "Frau Fry begleitet mich. Sie interessiert sich für das Wissen über Boden. Wir würden gerne zuerst die Ställe anschauen und nachher die Felder sehen. Sind Sie einverstanden, das sie bei bodenrelevanten Themen das Tonband benutzt? Bevor wir die Formulare ausfüllen, würde sie gerne noch ein Gespräch mit Ihnen führen, etwa 3/4 Stunden. Ihre Fragen haben mit der Kontrolle nichts zu tun. "

Ich gehe danach noch kurz auf mein Projekt ein. "Ich möchte ihnen kurz erzählen, wie ich auf das Thema komme. Ich kenne den naturwissenschaftlichen Zugang zum Boden. Man mißt chemische, biologische und physikalische Parameter des Bodens und versucht danach, aus diesen Daten Aussagen über Qualität des Bodens, den Bodenzustand oder die Bodenfruchtbarkeit abzuleiten. Die Messungen sind jedoch sehr schwierig zu interpretieren. Ich habe mich dann gefragt, wie machen es die Leute, die jeden Tag mit Boden zu tun haben. Wie beziehen Bauern den Boden in ihre Arbeit ein, wie integrieren sie Boden in ihren Alltag. Ich arbeite jetzt im Rahmen eines Forschungsprojekts an dieser Frage. Ich besuche Leute, die viel Erfahrung mit Boden haben, und frage sie nach ihrem Bodenwissen. Der Berater ist dabei auch anwesend, er stellt auch Fragen, reagiert auf das Gesagte. Was sie sagen, bleibt anonym. "

Themen:

Viele Fragen können während der Feldbegehung gestellt werden. An Ort kommt dem Bauern eher eine Geschichte in den Sinn. Die Fragen zielen darauf ab, daß der Bauer ins Erzählen kommt.

- Eigene Geschichte:

Sind Sie auf diesem Hof aufgewachsen? Haben Sie den Hof übernommen? Seit wann?

Was haben Sie von ihrem Vater übernommen?

Was hat Sie am meisten beschäftigt, seit Sie diesen Hof übernommen haben?

Wo haben Sie das Bauern gelernt, wie?

Hat sich der Boden verändert, seit Sie den Hof übernommen haben? Wie?

Was gefällt Ihnen am besten beim "Bauern"?

Weshalb bauern Sie biologisch/Integrierte Produktion?

Was machen Sie beim Boden anders im Vergleich zum Anfang ihrer Berufstätigkeit? Haben Sie auch mal Fehler gemacht?

- Boden indirekt:

Was pflanzen Sie hier an? Weshalb?

Worauf achten Sie hier bei der Wahl der Nutzung, beim Pflügen, beim Ansäen, beim Ernten?

Bild von Boden erfragen, wie würden Sie diesen Boden beschreiben, wie ein Schwamm, wie ein ..?

Wächst der Mais usw. gut? Woran sehen Sie das? Hat dies mit dem Boden zu tun?

- Boden direkt:

Was ist das für einen Boden (an Ort, immer wieder fragen)? Ist dieser Boden gleich gut geeignet für die landwirtschaftliche Nutzung wie andere?

Wie sind Ihre Böden im Vergleich zu den Böden des Nachbarn? Ist Ihnen etwas aufgefallen?

Welche Zusammenhänge finden Sie wichtig bei der Bearbeitung des Bodens?

Wie waren Ihre Böden beieinander, als Sie den Hof übernommen haben?

Wie hat sich die Umstellung auf Ihre Böden ausgewirkt? Worauf achten Sie?

- Beziehung zu Boden, Resonanz, persönliche Verbindung zu Boden:

Was bedeutet Ihnen der Boden?

- Bezug zu Beratung/Analysen/Naturwissenschaft (W):

Wann lassen Sie sich beraten? Wann verwenden Sie Analysen? Hilft Ihnen dies?

Melioration: Sind Sie mit den Kriterien einverstanden? Welche Kriterien stören Sie? Wonach würden Sie den Boden einschätzen? Worauf schauen Sie? Was ist Ihnen wichtig?

BLEISTIFT SUCHT HACKE

Teil 2: Wege einer Zusammenarbeit zwischen BeraterInnen und PraktikerInnen

Claudia Heid

Ausgehend von der im Teil "Die Spinnerinnen" geschilderten Problemlage, entwickle ich hier im ersten Abschnitt eine Vision für die Zusammenarbeit zwischen Beratern und Bauer, und stelle im zweiten Abschnitt ein konkretes Projekt auf der Basis einer solchen Zusammenarbeit, eine Publikation mit gesammelten Erfahrungen von Beratern und Bauern zum Thema Bodenfruchtbarkeit dar.

Zusammenarbeit zwischen Beratern und Bauern im ökologischen Landbau

"Kannst du mir helfen?"

"Ja natürlich, gerne. Aber wie?"

"Erzähl mir nochmal die Geschichte[1] von dem bolivianischen Bauern, damit ich sie aufschreiben kann."

"Die wie er am Morgen aufs Feld geht?"

"Mhmm."

Don Isidro tritt aus der Hütte. Die Kinder schlafen noch, die Frau hustet im Rauch des zu entfachenden Feuers. Die Sonne hat es noch nicht über den Berg geschafft, die Dämmerung verzieht sich zwischen den tiefen Schatten. Don Isidro läuft das Weglein bis zum Gebüsch, dann an diesem entlang bis zum Bach. Er springt darüber und gelangt dann auf das Feld. Bevor er an die Arbeit geht, setzt er sich auf den großen Stein am Rand und packt sein Säcklein Coca aus. Ein paar Blätter wirft er für Pachamama in den Wind, bevor er sich Cocablätter in den Mund steckt. Ein paar Worte in Quechua murmelt er dazu. Dann sitzt er eine Weile ganz still, Coca kauend, und schaut über das Feld mit dem jungen Mais, den Bohnen und den Kürbissen.

1 vgl. ähnliche Erzählformen in Jimenez Sardon, 1995 und Primavesi, 1988-1990

Dann geht er mit seiner Hacke los, um den kleinen Bewässerungskanal vom Bach her zu öffnen und dann Reihe für Reihe seiner Parzelle bewässern zu lassen. Er ist bis zum späten Morgen damit beschäftigt, und als die Sonne endlich über den Berg kommt, ist Don Isidro bereits ganz warm geworden von der Arbeit. Er hofft, daß Mais und Bohnen weiter so wachsen. Vor allem auf die paar Reihen mit den neuen Bohnen, die er von seinem Onkel bekommen hat, ist er gespannt. Martha und Pepe, die beiden großen, kommen gerannt und fangen an, auch kleine Dämme und Seitengräben zu bauen. Sie werfen sich Grasbrocken vor die Füße und kreischen, wenn die Schlammtropfen bis hoch ins Gesicht spritzen.

"Stopp, danke, ja das reicht für den Moment."

"Was gefällt dir so an dieser Geschichte? – Oder: Warum wolltest du sie wieder hören?"

"Ich erkläre dir das später. Kannst du mir bitte zuerst noch die Geschichte von Timo erzählen?"

"Von dem Techniker?"

"Ja, die."

Timo rennt von der Bushaltestelle ins Büro. Er hat eine halbe Stunde warten müssen, bis endlich der richtige Bus kam, und jetzt muß er sich beeilen. Es ist schon 8.30h. Auf 8 Uhr ist eine Sitzung mit den Kollegen abgemacht, um die Vorbereitungen für die nächste Zwischenevaluation zu koordinieren. Dann müßte er eigentlich bis 9 Uhr fertig sein, mit dem Motorrad bis um 10 Uhr in Chinchu für das abgemachte Gespräch mit den Bauern. Die Sitzung mit den Kollegen beginnt kurz nach 9 Uhr, und endet kurz vor 11 Uhr, das ausgeliehene Motorrad kommt erst kurz vor 12 Uhr zurück. Auf dem Weg nach Chinchu geht Timo nochmal die Sitzung durch: Daten und Bericht muß er bis Ende Monat liefern, über Erträge, Leistungen, Ausgaben etc. Wie soll er das schaffen?

Es ist halb drei, als er auf seinem Motorrad in das Dorf hineinknattert und Hühner und Schweine aus ihrem Mittagsschlaf auf der staubigen Landstraße reißt. Er läßt das Motorrad vor der Schule stehen und steigt den Berg hinauf. Die Kinder von Isidro kommen dem Agronomen entgegen gerannt und wollen die Gelegenheit nutzen, um das Motorrad genauer zu untersuchen. Oben hinter dem Bächlein sieht er Isidro alleine auf einem Stein sitzen. Sie begrüßen sich ...

"Danke, das reicht jetzt auch erst mal."

"Wieso?"

"Mit diesen beiden Geschichten hast du mir das Feld aufgespannt, auf dem sich meine folgenden Gedanken und Ideen bewegen werden. Ein Bauer und ein Berater werden sich treffen. Der vorausgehende Tagesausschnitt zeigt mir, aus welch verschiedenen Welten Bauer und Berater kommen, und daß ihr Treffen einiges an Gespür, Offenheit, Vertrauen und Respekt braucht, um für beide eine gute Begegnung zu werden. In der Entwicklungszusammenarbeit ist das nach wie vor nicht selbstverständlich. Das beschreibt sogar die wissenschaftliche Literatur darüber."

Als der ökologische Landbau zum ersten Mal Ende der 70er und Anfang der 80er Jahren in einzelnen Programmen der internationalen Entwicklungszusammenarbeit aufgenommen wurde, wurde er nach ähnlichen Prinzipien konzipiert und verbreitet wie andere Beratungsinhalte der ländlichen Entwicklung in den vorangegangenen Jahrzehnten. Ausgehend von der Vorstellung von Fortschritt und Modernisierung als Entwicklungsziel, sollten die Techniken und Methoden des ökologischen Landbaus aus Europa in die Länder des Südens übertragen und gegebenenfalls in Details an die tropischen Verhältnisse angepaßt werden. Transfer of technology (TOT) war der Leitsatz der Entwicklungshilfe in ihren ersten Jahrzehnten, so auch für diese ersten Versuche der Förderung der ökologischen Landwirtschaft in den Tropen. Man hatte die Vorstellung, das Wissen, auf dem die Technologien basieren, würde von der agrarwissenschaftlichen Forschung geliefert, die sich als Motor der Entwicklung versteht. Das Wissen der lokalen bäuerlichen Bevölkerung wird nicht berücksichtigt. Es gilt als rückständig und in vielen Fällen als unökologisch oder ausbeuterisch gegenüber der Natur. Die Teilnahme der ländlichen Bevölkerung wird in der Form erwartet, daß sie die neuen Technologien annimmt und anwendet. Dies geschieht meist nicht. Der Berater in diesen Programmen hat die Rolle des Übermittlers zwischen Forschung und Anwendung: Er soll die Leute überzeugen, daß die neuen Techniken Lösungen für Probleme sind, die ebenfalls die Forscher definiert haben. Meist ist der TOT-Ansatz ein rein technischer, der lokale soziale, politische, kulturelle oder religiöse Aspekte nicht berücksichtigt.[2]

"Diese TOT-Zeiten sind gottseidank ja vorbei."

"Na, da wäre ich mir nicht so sicher. Es gibt jetzt viele neue Ansätze, und sie werden auch immer mehr von den großen Organisationen wie zum Beispiel der Weltbank interessiert zur Kenntnis genommen. Aber die Umsetzung, die Beratung, die Organisationsstrukturen sind doch noch die selben. Und vor allem die Menschen, die Techniker, Forscher oder Berater ändern sich nicht so schnell, wie die Programme auf dem Papier."

Am Mittag bringt seine Frau Don Isidro das Essen aufs Feld. "Warum kommst du so spät?" – "Weil ich soviel zu tun hatte: Hühner und Schweine füttern, Holz holen, feuern, kochen. Aber hier ist dein Essen, ich habe dir auch ein Stück Trockenfleisch dazugelegt." Während Don Isidro ißt, schlägt ihm seine Frau vor, wieder mal nach den Kühen und Rindern zu schauen. "Die Gefleckte wird bald ihr Kalb bekommen. Wir müssen sie aus dem Wald herunterholen." – "Si, genau, ich werde heute abend noch hochgehen und nach dem rechten schauen."

Von weitem hört man ein Moped näherkommen. "Wird der Ingeniero sein. Der wollte ja schon lange wiederkommen. Geh, Frau, und hole den Poncho, damit er sich setzen kann, und auch ein bißchen zu essen."

Sie geht, er ißt in Ruhe zu Ende. Die Staubwolke hinter dem Moped wird vom Wind verblasen. Das Motorenbrummen erstirbt, und die mittägliche heiße Stille legt sich wieder übers Land.

"Buen día, Isidrochen, compañero, wie geht's?"

"Ingeniero, guten Tag, wie geht's. Sie müssen müde sein, nach der weiten Fahrt." – Dona Marta breitet das Tuch für den Ingeniero aus. "Setzen Sie sich, Ingeniero, und hier hat's noch Kartoffeln und Mais, bedienen Sie sich."

"Danke, nein danke, ich habe schon gegessen. Ich bin gekommen um zu sehen, wie's läuft mit unserer Kompostgrube." – "Die Dün-

2 vgl. Waters-Bayer und Bayer, 1994

gergrube?"

"Ja, genau, wir haben doch das letzte Mal damit begonnen. Wie steht's damit? – "Gehen wir doch besser schauen, Ingeniero. Das Loch im Boden habe ich mit den Abfällen und den Strohresten gefüllt, wie Sie es vorgeschlagen haben. Aber die Grube ist nach den letzten Regenfällen voll mit Wasser. Ich kann gar nichts machen." –"So dumm, daran haben wir nicht gedacht. Was könnten wir da machen? Was denkst du?" – "Wahrscheinlich bräuchte es einen Abfluß. Vielleicht könnten wir den graben." – "Oder ein Dach. Das wäre doch das beste." Wie, Ingeniero? Ein Dach für die Düngergrube, wo ich nicht mal ein Dach für meine Ziegen habe." – "Das nächste Mal bringe ich dir Plastik mit, das ist es, genau, was du brauchst."

"Aber, können sie das Plastik vor dem nächsten Häufeln bringen, Ingeniero? Jetzt habe ich ohne Dünger gesät, und schaut selber, wie klein die Pflanzen sind. Ob das was wird, so ohne Dünger." – "Keine Sorge, hijo, ich weiß schon, was wir machen." – "Vielleicht könnten Sie mir ja auch einen Sack Kunstdünger mitbringen, wie der frühere Ingeniero? Geschenkt." – "Das Projekt, Isidro, will nichts mehr schenken. Und auch die Dinge wie chemischer Dünger, Pestizide wollen wir nicht mehr verwenden." – "Also, sollen wir wieder arbeiten wie unsere Vorfahren. Mein Vater hatte immer seinen Hofdünger." – "Der ist eben infiziert mit Krankheitskeimen, Unkrautsamen usw. Deshalb sind doch die Gruben für die Dekomposition des organischen Materials besser. Da bekommst du einen sauberen Kompost, der dir Bodenstruktur, Bodenfauna und die Bodenfruchtbarkeit insgesamt entscheidend verbessert und noch das Wasser besser absorbiert." Don Isidro zieht die Stirn in Falten. "Gut, Ingeniero, machen wir weiter, und Sie bringen das nächste Mal Plastik."

Don Mariano, der Nachbar kommt dazu.

"Buen día, Ingeniero." – "Guten Tag, Marianito. Wie geht's? Wie gut, daß du kommst. Hast du dieselben Probleme mit deiner Kompostgrube wie Isidro?" – "Ingeniero, ich bin nicht soweit gekommen, wie Sie geplant haben. Die Mutter meiner Frau ist gestorben, und wir mußten soviel machen." – "Aber, Marianito, was soll ich jetzt in meinen Bericht schreiben. Jetzt seid ihr zwei schon die einzigen aus dem Dorf, die bei diesem Versuch mitmachen wollen, und du ziehst

nicht mit." – "Aber, Ingeniero, die andern lachten mir gerade ins Gesicht, als ich das Loch grub: "Was schaufelst du dir denn da, ist ja wohl dein Grab?"

In einem nächsten Schritt entdecken die Entwicklungsexperten und Forscher, daß die lokale bäuerliche Bevölkerung Wissensschätze besitzt, z.B. in Landwirtschaft und Medizin, die ihr das Überleben sichern und gleichzeitig die natürlichen Ressourcen schützen helfen. Die jeweiligen traditionellen Techniken werden zum Forschungsinteresse. Sie werden studiert und dokumentiert, mit der Absicht, sie wissenschaftlich zu erfassen und nötigenfalls zu modernisieren.

Die Methoden der Erfassung sind anfänglich die klassischen Methoden der Sozialwissenschaften und Ethnologie und bleiben einer konventionellen Rollenverteilung zwischen Forschern und Beforschten verhaftet. Die Ergebnisse der Forschung, die nach langen und aufwendigen Feldaufenthalten am Schreibtisch oder am Computer fern der lokalen Bevölkerung entstehen, sind noch nicht handlungsorientiert, sondern werden von den Entwicklungsplanern aufgenommen und fließen in ihre Beratungsprogramme ein.

Die ländliche Bevölkerung bleibt in der passiven Rolle der Beforschten und Beratenen, sie nehmen nicht teil an Entscheidungsprozessen. Die Berater bleiben in der Vertreter-Rolle: Sie müssen die technologische Lösung verkaufen, von deren Nutzen sie die bäuerliche Bevölkerung erst noch überzeugen müssen. Wenigstens werden mittlerweile auch kulturelle und soziale Aspekte berücksichtigt. Die Projekterfolge bleiben meist aus.

Es entstehen in den 80er Jahren Forschungs- und Erhebungsmethoden für die Planungspraxis der Entwicklungszusammenarbeit (Rapid Rural Appraisal RRA u.ä.), die den Vorteil bieten, wertvolle anwendungsbezogene Information in kurzer Zeit zu sammeln. Interdisziplinäre Teams berücksichtigen bei der Datensammlung kulturelle, soziale und politische Aspekte, auch das Wissen der Bevölkerung ist von Interesse.[3] Es entstehen komplexe Einsichten in die lokalen Lebenswelten. Da aber Analyse und Interpretation weiterhin ohne aktive Beteiligung der Bevölkerung passieren, bleibt diese weiterhin in der Rolle der geschätzten Informanten und ausgeschlossen von der Mitgestaltung an den Entscheidungsprozessen.

---

3 vgl. Honerla und Schröder, 1995

"Was mit der Entdeckung des lokalen Wissens als interessantes Objekt der Entwicklungsforschung losging, war doch eigentlich ein neues Zeitalter der Ausbeutung. Subtiler als die Holzhammermethode der TOT-Vertreter verschafft man sich nun Zugang zu dem Wissen der Leute, das man dann ähnlich ausbeutet wie andere Ressourcen."

"Ja ich bin mir auch nicht sicher, ob oder inwiefern durch die Erforschung des lokalen Wissens den Beforschten wirklich geholfen ist. Sind die Beforschten denn wirklich daran interessiert? Was ist denn ihre Motivation, ihr Wissen mitzuteilen?"

"Don Mariano, wie habt ihr es denn früher gemacht, z.B. dein Vater?" –

"Mein Großvater, Ingeniero, wußte eine Technik: pulado, das ist eine Behandlung des Mists, die er mit Wasser vornahm. Der Mist würde sonst austrocknen und verbrennen und dadurch viel von seiner Kraft verlieren. Der pulado hilft, die Kraft des wano (Düngers) zu erhalten. Dazu steckte mein Großvater seine Hand in den Mist, um die Temperatur zu fühlen und zu wissen, wie es dem Mist ging, wie er sich entwickelte und je nachdem gab er Wasser dazu, damit es dem Mist besser ging. Das, Ingeniero, war, wie es mein Großvater machte. Und wie wir es heute nicht mehr machen, weil sie uns ja den Kunstdünger gezeigt und gebracht haben. Das ist für uns natürlich auch viel weniger Arbeit. Der pulado macht ja soviel Arbeit."

"Weißt du denn genauer, wie das geht mit dem pulado, Mariano?"

"Oh nein, Ingeniero, ich habe da keine Ahnung. Aber Sie können meinen Großvater ja selbst fragen."

Der Techniker besucht den Großvater vor seiner kleinen Lehmhütte. "Guten Tag, Alterchen" – "Guten Tag, Ingeniero. Wie geht's?"

"Ihr Enkel Mariano hat mir erzählt, daß sie wissen, wie man pulado macht. Das würde mich sehr interessieren, und ich würde dann gerne einen Studenten schicken, der diese alte Technik zur Bodenverbesserung noch ein bißchen genauer untersucht." – "Von was reden Sie, Ingeniero?" – "Vom wano, vom Mist, vom Dünger, vom pulado, Alterchen. Erkläre mir bitte, wie du das immer gemacht hast."

Abb. 3: Wie man pulado macht...

"Ja gerne, Ingeniero. Man muß die Tiere eingezäunt halten, das ist das erste. Sonst kann man den Mist ja nicht einsammeln. Wenn ich dann genug wano habe, dann trage ich ihn an einer Stelle zusammen. Und muß auf die Jahreszeit acht geben, nicht daß ihn mir der Regen wegwäscht. Man muß es in der Trockenzeit machen. Gerade dann, wenn mein Sohn und mein Enkel in die Stadt gehen zum Arbeiten. Also, dann mache ich aus dem zusammengetragenen Mist einen Haufen, es sollte nicht soviel Dreck drin sein, und lasse ihn in der Sonne stehen. Aber er soll auch nicht zuviel Sonne bekommen. Nach 2 oder 3 Wochen, das hängt vom Wetter ab, stecke ich meine Hand hinein, bis zum Herzen des Haufens. Dort weiß ich, ob ich Wasser dazu geben muß, und wieviel. Denn wenn's da drin zu heiß wird, dann verbrennt mir der ganze schöne Mist, und es bleibt nur noch Asche. Das mache ich 3 bis 5 mal. Zum Schluß ist der pulado wie eine Lagua-Suppe – und dann hole ich die Saatkartoffeln und tauche sie in den pulado. Sie bekommen dann ein richtig schönes Mäntelchen. Ich lasse sie dann trocknen, bis zur Aussaat. Die Kartoffel braucht gar nicht alles, danach werden der Mais mit den Bohnen gepflanzt, und die können auch noch vom pulado haben."

"Dankeschön, Alter, für die Information. Ich glaube, daraus ließe sich eine ganz gute Studie machen. Würdest du da mithelfen?" – "Ja, aber sicher, Ingeniero."

Einige Monate später. In der kleinen Dorfschule sind zehn bis fünfzehn Bauern versammelt. Vom Projekt sind der Berater Timo und der Agronomie-Student Jaime gekommen. Timo leitet die Veranstaltung.

"Guten Abend, Cumpañeros. Wir sind heute abend hier zusammengekommen, weil uns Ingeniero Jaime die Ergebnisse seiner wissenschaftlichen Untersuchung zum pulado vorstellen möchte. Wir haben ja vor einiger Zeit entschieden, daß wir ihn unterstützen bei seiner Untersuchung über die realen Anwendungsmöglichkeiten dieser traditionellen Technik, die den Boden schützen hilft und die Gesundheit der Erde und uns auch. Ihr kennt ihn sicher alle, ihr habt ihn gesehen bei seiner Arbeit, mit seinem Rucksack voller Instrumente und Taschen voller Pröbchen. Ob er wohl daraus Gold machen wird, hat mich nicht nur einer von euch gefragt. Er wird euch jetzt Bericht geben, und danach werden wir euch einen Vorschlag vom Projekt unterbreiten, wie wir uns denken, daß wir diese Technik des pulado wieder vermehrt auch auf allen euren Feldern einsetzen können. Ich gebe das Wort an Jaime."

In der zweiten Hälfte der 80er Jahre entwickelt sich die partizipative Forschung und Beratung in der Entwicklungszusammenarbeit. Aus dem Kontakt mit emanzipatorischen sozialen Bewegungen in Ländern Asiens, Lateinamerikas und Afrikas (und sicherlich auch aus der Frustration der ausbleibenden Projekterfolge) entstehen neue Einsichten in das kreative Potential und die Selbstbestimmung der armen Bevölkerung. Leitender Gedanke ist das empowerment, Das Credo aller Methoden wird die Partizipation: Die Betroffenen sollen zu Beteiligten werden und deshalb in Erhebung, Analyse und Planung der Entwicklungsvorhaben aktiv teilnehmen. Unter dem Stichwort PTD (participatory technology development) ist mittlerweile eine eindrückliche Sammlung von Methoden für Planung und Durchführung von Projekten dokumentiert.

Die ländliche Bevölkerung wird von den von außen kommenden interdisziplinären Teams unterstützt, ihre eigenen Ideen auszudrücken und in die Planung einzubringen. Die Planer und Berater kommen nicht mit vorgefertigten Ideen und Projektvorschlägen in die Dörfer, sondern versuchen, mit der lokalen Bevölkerung die Situation zu verstehen und gemeinsam Pläne zu entwerfen. Die Techniker und Berater haben nun die Rolle eines Facilitators, Moderators und Prozeßbegleiters. In einem happening-ähnlichen, meist mehrwöchigen Ereignis werden gemeinsame Tage auf dem Feld, bei der Arbeit, in Versammlungen verschiedener sozialer Zusammensetzung und in spielerischen Erhebungen auch von sozialen Brennpunkten erlebt. Es werden oft für beide Seiten bewegende Lernprozesse und neue Einsichten möglich.

Es werden Methoden angewendet, die z.B. Ergebnisse so visualisieren, daß sie auch Analphabeten verstehen. Die Teilnehmenden können im besten Fall auch bestimmen, welche Information aufgenommen wird und welche zum Schutz ihrer Interessen vor z.B. staatlichen Eingriffen nicht verbreitet wird. Es können auch Themen auftauchen und priorisiert werden, die vorher von den Planern gar nicht gesehen wurden. Die Methoden haben oft einen spielerischen bis gruppendynamischen Ansatz, der die Kreativität der Leute weckt.

Leider werden diese partizipatorischen Methoden in vielen Fällen reduziert und instrumentalisiert angewendet, ohne eine ganzheitliche Lebensschau miteinzubeziehen. Die ursprüngliche Bedeutung des empowerment geht dabei weitgehend verloren, und es besteht das Risiko, daß sich die Forscher und Berater dieser Methoden bedienen, nur um besser an die Information zu kommen, die ihnen eine Grundlage für ihre Lösungsvorschläge und Planungsentscheide gibt. Es ist schon öfters vorgekommen, daß eine partizipative Datenaufnahme gemacht wurde, aber die lokale Bevölkerung von den anschließenden Analysen, strategischen Überlegungen und Entscheiden bezüglich regionaler Entwicklungsvorhaben ausgeschlossen war. Die Dorfbewohner und Dorfbewohnerinnen bleiben in diesem Falle in der Rolle der Informanten und werden von den Beraterteams nicht unterstützt, einen eigenen gemeinsamen Diskussionsprozeß zur Problemlösung zu beginnen.

Bei fehlender oder ungenügender Nachbereitung durch die Berater und die lokalen Vertreter bleiben die partizipativ gesammelten Informationen auch oberflächlich, rein beschreibend und von zweifelhafter Qualität. Es ist fraglich, ob die leitenden Werte der gemeinsamen Aktivität (z.B. Demokratisierung) von allen mitgetragen werden, und ob die Wurzeln der Probleme (z.B. Gründe für Ressourcenknappheit) von allen als solche erkannt werden. Ebenso bleibt fraglich, ob die lokalen Machtverhältnisse – die lokale Bevölkerung ist keine homogene Gruppe! – genügend in Betracht gezogen wurden und nicht nur mit den mächtigsten und einflußreichsten Vertretern agiert wurde, sondern auch versucht wurde, lokale Randgruppen miteinzubeziehen.

Es besteht auch die Gefahr, dass eurozentrische Ansichten ins Spiel gebracht und den Leuten aufgedrückt werden, wie z.B. die gender-Welle, die gerade durch alle Entwicklungsprogramme schwappt und zu einem Schwerpunkt-Thema wird. Es werden gender-PRAs in den Dörfern durchgeführt – auf Empfehlung der europäischen Geldgeber. Durch deren inhaltliche Vorauswahl werden europäische Konzepte vorgegeben. Partizipative Methoden sind in dem Sinne nicht unvoreingenommen, wertneutral oder objektiv, sondern geben auch "Ideologie" vor.

Sehr viel hängt dabei von den Teams ab, die diese Veranstaltungen organisieren, koordinieren und anschließend noch den dörflichen Prozeß begleiten. Vorbedingungen für ihre Teilnahme wären eine gute Ausbildung in Kommunikations- und Moderationstechniken und die Bereitschaft, vorgefaßte Meinungen während des Gruppen-Prozeßes mit den Dorfbewohnern aufzugeben, genauso wie die Fähigkeit, differenzierte Meinungen zuzulassen und aufnehmen zu können. Dies ist nur zum Teil erlernbar; letztlich ist es eine Frage der Grundhaltung gegenüber den Bauern und ihren Familien. Die von außen kommenden Teilnehmer können in der Rolle der externen Zuhörer und Moderatoren mögliche Widersprüche zwischen traditionellen und modernen Anschauungen und Einflüssen aufzeigen und den Diskussionsprozeß zwischen solchen Spannungsfeldern unterstützen.

Timo ist seit einem Monat arbeitslos. Es fällt ihm immer noch schwer, diese plötzliche Kündigung zu akzeptieren. Nach der mit den Bauern zusammen partizipativ durchgeführten Planung, die auch eine interessante Kursänderung im Projekt bringen sollte, kam ein paar Wochen später eine Zwischenevaluation, deren Ergebnis die ausländischen Finanzierer veranlaßte, das Projekt in Kürze zu beenden – es wäre in all den Jahren zu wenig erreicht worden, keine sichtbaren Erfolge, die jetztige Neuorientierung des Projekts sei auch zu wenig glaubhaft. Daraufhin mußte Timos Chef fast alle Mitarbeiter entlassen. Er versucht jetzt, unter dem Namen der Institution ein Consulting-Büro zu führen – die Aufträge führt er selber aus.

Timo geht über den Markt in seiner Stadt. Er schiebt sich durch die engen Gässlein, zwischen den Kartoffelbergen und den Zwiebelsäcken.

"Hola, Ingeniero, Don Timo, hola!" – Timo schaut sich um. "Hola, Isidro, que sorpresa? Que tal? Was machst du denn hier?" – "Ich habe meine Kartoffeln verkauft. Der Regen hat uns gut begleitet, wir hatten eine gute Ernte. Ja und jetzt habe ich einen Teil auf den Markt gebracht. Und Sie, Ingeniero, warum haben Sie uns solange nicht mehr besucht? Stimmt es denn, daß Sie nicht mehr für das Projekt arbeiten – weil sie entlassen wurden, hat man uns erzählt?" – "Ja, so ist's, das Projekt wird langsam geschlossen, und alle müssen sich neue Arbeit suchen. Aber laß uns da vorne in der Markthalle zusammen essen und noch ein bißchen darüber reden." Sie nehmen an einem der Tischchen neben den riesigen Töpfen der Marktköchinnen Platz. Es wird ihnen sofort eine heiße Hühnersuppe mit Kartoffeln und Nudeln hingeschoben. Sie fahren fort in ihrem Gespräch.– "Aber die kommunalen Pläne, Ingeniero, die wir in dieser partizipalen Erhebung – oder wie heißt das? – gemacht haben, die müssen wir doch weiterbringen. Wer hilft uns denn jetzt dabei, nötige Unterstützung zu finden?" – "Ihr selber, Isidro, du mit den anderen, müßt euch bewegen. Vielleicht könnt ihr auch eine andere Institution finden." – "Ja, das haben wir auch in diesen partizipalen Tagen gesagt. Da haben wir alle mitgemacht und nächtelang geredet und die Pläne geschrieben – und dann noch die Überraschung, als unsere Frauen mit ihren Vorschlägen kamen. Drei Tage waren wir mit den Ingenieros zusammen, und es ist wirklich etwas in Gang gekommen, das spüre ich jetzt noch. Aber danach seid ihr gegangen, Sie auch Ingeniero, und das ist doch schade, wenn alles umsonst war und nur fürs Papier. Warum kommen Sie nicht noch mal, Ingeniero. Das gute ist doch, daß wir Vorschläge gemacht haben, die wirklich von fast allen unterstützt werden, weil sie alle dabei waren und wir uns darauf geeinigt haben. Aber wir müssen jetzt ja weiter diskutieren im Dorf, uns treffen und fortfahren. Und jeden Tag kommen für uns ja neue Probleme hinzu. " Der kleine Sohn der Köchin deckt die leeren Suppenteller ab und stellt ihnen je einen vollen Teller mit Kartoffeln,

Reis und Fleischsauce auf den Tisch. "Bring uns noch ein Bier, Kind." Der Kleine rennt ein paar Stände weit und kommt mit einer Flasche und zwei Gläsern zurück. Timo öffnet und schenkt ein. Sie prosten sich zu und lassen ein bißchen Bier auf den Boden tropfen, bevor sie trinken – für die Pachamama. "Ingeniero, darf ich Sie noch etwas fragen: Ich habe ein Stück Land, das ich bebauen will, aber mir fehlt das Saatgut. Können Sie mir nicht das Saatgut besorgen und dann bewirtschaften wir al partir[4] *das Feld. Sie haben doch immer gesagt, Sie würden auch gerne Land haben und bebauen. Warum kommen Sie nicht, und wir teilen uns diesen Acker? – Wir können auch einen Teil so ausprobieren, wie Sie es sich vorstellen, Ingeniero. Und dann können wir mit den anderen auch nochmal zusammenkommen und schauen, was sich ohne Projekt von unseren schönen Plänen umsetzen läßt."*

"Die Idee gefällt mir sehr, Don Isidro. Im Augenblick bin ich ja ganz unabhängig, und mein Leben scheint sich zu verändern: Ich könnte endlich machen, was ich tatsächlich immer träumte und wovon ich nur redete. Ich war immer so abhängig von dem, was mir die Universität beigebracht und das Projekt verlangt hat. Aber so kannst du mir beibringen, was du weißt. Und vielleicht können wir mit den anderen Bauern tatsächlich etwas beginnen ohne das fremde Geld und fremde Hilfe und Reinreden." – "Und warum, Ingeniero, lehren Sie mich nicht, Ihre Bücher zu lesen?" – "Oh, das genügt mir doch gerade nicht mehr, was in denen steht!" – "Wie bitte?" – Nein schon gut, natürlich geht das." Und beide lachen und stoßen nochmal an auf die gemeinsame Zukunft.

"So träume ich mir die Geschichte von Timo und Isidro, die du mir begonnen hast zu erzählen, zu Ende, – und eigentlich beginnt sie ja jetzt erst. Ist es eine utopische Beziehung, die sich da entwickelt hat?"

---

4 "al partir" ist eine traditionelle Technik des gemeinsamen Wirtschaftens, indem die Beteiligten Boden, Arbeitskraft oder andere Ressourcen je nachdem, was sie haben, verschieden einbringen und zum Schluß die Ernte 50 zu 50 aufteilen.

Abb. 4: "Warum teilen wir uns nicht diesen Acker? – Wir können dann auch ausprobieren, wie Sie es sich vorstellen, Ingeniero."

"Heute schon noch. Aber wir könnten uns ja mal überlegen, welche Möglichkeiten es gibt, die in der landwirtschaftlichen Beratung Tätigen anzuregen, alte Rollenmuster zu brechen und sich auf so eine neue Begegnung einzulassen und einen besseren Wissensaustausch vorzuschlagen, ohne daß alle Techniker gleich Bauern werden müssen."

"Das wäre vielleicht auch ein Thema für eine AGRECOL-Publikation: Verbesserung der Kommunikation zwischen Technikern und Bauern durch gegenseitige Wertschätzung des Wissens und der Erfahrung des andern oder sowas Ähnliches, hm? Was denkst du?"

Eine Publikation mit gesammelten Erfahrungen von Beratern und Bauern zum Thema Bodenfruchtbarkeit

"Wie ist denn die Forschungsarbeit im Nationalfondsprojekt gelaufen? Was hast Du gemacht?"

"Ich habe eine Möglichkeit gesucht, den Wissensaustausch zwischen Beratern und Bauern zu erleichtern. Zusammen mit der AGRECOL habe ich begonnen, dazu eine Publikation mit gesammelten Erfahrungen zu erstellen. Dabei wollte ich einerseits ein besonderes Augenmerk auf die verschiedenen Wissensformen richten und mit möglichst authentischen, lebensnahen Texten das Wissensspektrum über die Bodenfruchtbarkeit zeigen. Andererseits wollte ich damit gleich auch noch Anregungen geben, wie Verbindungen geschaffen werden könnten, damit Bauern und Berater besser miteinander kommunizieren können. Die folgenden schattierten Textausschnitte stammen aus dieser Publikation, die bis Ende 1996 in spanischer Sprache erscheinen wird."

Das Thema Bodenfruchtbarkeit haben wir gewählt, weil sie das Herz der traditionellen und modernen ökologischen Agrarkulturen ist. Nur ein lebendiger Boden, der nachhaltig gesund ist, wird auch zukünftigen Generationen dienen.

Bodenfruchtbarkeit ist eine Ressource, die ähnlich wie die Biodiversität oder auch das lokale Wissen durch Eingriffe und Einflüsse von außen bedroht wird. Politische, kulturelle und ökonomische Veränderungen haben in den letzten Jahrzehnten (bis Jahrhunderten) viele traditionelle ressourcenschonende Agri-Kulturen gestört bis zerstört. Ungerechte Landverteilung und Grüne Revolution zählen zu den Hauptursachen für die Übernutzung des Bodens und damit den Verlust der Bodenfruchtbarkeit. Erosion in ihren vielfältigen Erscheinungsformen zeichnet heute weite Landstriche in Lateinamerika und Afrika.

Die Bodenfruchtbarkeit ist weltweit eine wichtige natürliche Ressource der Kleinbauern, die sie mit ihrer Arbeit und ihrem Wissen bewahren oder zerstören können. Die Bodenfruchtbarkeit liegt in den Händen der Bauern: Selbst unter ökonomisch schlechten Bedingungen können sie mit Maßnahmen für die Erhaltung der Bodenfruchtbarkeit für die Zukunft vorsorgen.

Die Bodenfruchtbarkeit ist meist kulturell eingebettet, und man findet sie weltweit als Symbol für die Grundlage des Lebens – wenn auch unter anderen Namen. Sie erscheint in Legenden und Mythen über die Erde, in religiösen Ritualen, göttlichen Vorstellungen von der Erde, von der Fruchtbarkeit und Quelle allen Lebens. In der Andenregion z.B. nimmt die Pachamama, die Erdgöttin oder Mutter Erde, bis heute eine zentrale Rolle unter den vorchristlichen Göttern ein, auch wenn sie oft von christlichen Heiligen und Marien überlagert ist. So werden an den christlichen Festen und im alltäglichen bäuerlichen Leben auch immer Weihungen und Opfergaben für die Pachamama vorgenommen.

Vielleicht ist die Bodenfruchtbarkeit nicht nur aufgrund des komplexen Zusammenwirkens verschiedener Faktoren, sondern auch wegen ihrer mythologischen Vergangenheit ein Begriff, mit dem die Naturwissenschaft Mühe hat und über Kreuz liegt. Sie kann sie nicht analysieren und in Einzelteile zerlegen, wie sie es gerne würde. Eine ganzheitlich orientierte Wahrnehmung, wie sie im Wissen der Bauern zum Ausdruck kommt, ermöglicht eher das Verständnis des komplexen Zusammenspiels als eine analytische Herangehensweise.[5]

Erstes Publikationskonzept im Jahre 1994: Nach diesem ersten Entwurf sollte die Publikation von praktischem Nutzen für die Beratungstätigkeit der mittleren Techniker sein, indem sie sowohl technische Erfahrungen über die Bodenverbesserung als auch methodische Erfahrungen über die Kommunikationsverbesserung vorstellen würde.

Auf eine Anfrage an ca. 30 lateinamerikanische Organisationen aus dem AGRECOL Umfeld, die wir um Zusendung von Beiträgen zu dem obengenannten Thema für eine Publikation und/oder einen Workshop baten, erhielten wir knapp 15 Rückantworten mit Material. Bei der Sichtung der Dokumente stellten wir fest, daß die meisten eher technische Berichte über agronomische Fragen waren, und nur sehr wenige der Berichte auf konkreten Erfahrungen mit Bauern beruhten. Hier ein Ausschnitt aus einem dieser letzteren:

Bei uns säen wir jetzt viel die "Düngerbohne", die uns vor ein paar Jahren ein Techniker gebracht hat. Denn sie ist eine Hilfe für uns, da sie Gründünger produziert. Wir haben gesehen, daß, wo wir diese Bohne säen, im nächsten Jahr der Mais viel besser ist. Wenn die Düngerbohne gut entwickelt ist, dann wird sie geschnitten, und wir können die rote Bohne sofort säen. Ich empfehle es immer meinen Compañeros, sie zu säen. Diese Bohne ist auch gut in der

5 Aus der Einleitung der geplanten Publikation "Erfahrungen in der Erhaltung der Bodenfruchtbarkeit, präsentiert an ausgewählten Beispielen aus Lateinamerika". Agrecol, Langenbruck.

Trockenheit, und wir nutzen jetzt schon ihre Kerne. Bei uns nehmen die Frauen sie für Gebäck und auch im Kaffee: Auf jedes Pfund Kaffee geben wir ein halbes Pfund Düngerbohnen-Kaffee, und dann haben wir mehr vom Kaffee."[6]

Die meisten der von uns angeschriebenenen Organisationen baten um Unterstützung von unserer Seite bei der systematischen Auswertung ihrer begonnenen Arbeiten. "Wir haben nie die Zeit, und es fällt uns sehr schwer, unsere Erfahrungen aufzuschreiben," war auch häufig ein Kommentar in den Gesprächen, die wir mit verschiedenen lateinamerikanischen Kollegen und Kolleginnen führen konnten. Daraus entstand die Idee der Schreib-Workshops. Dies sind ein- bis zweiwöchige internationale Zusammenkünfte von verschiedenen Beratern, in denen sie in einer guten Atmosphäre der Kritik und Ermutigung Diskussionen führen und während genügend freier Schreib-Zeiten Erfahrungsberichte verfassen sollen. Diese Idee werden wir von der AGRECOL aus über das Publikationsprojekt hinaus weiterverfolgen und in einem ersten Versuchsworkshop 1997 in Lateinamerika realisieren. Um jedoch schon eine erste und unmittelbare Konsequenz aus den zugesandten Berichten zu ziehen, haben wir sie an eine lateinamerikanische agrarökologische Zeitschrift zur Veröffentlichung weitervermittelt. Zudem reagierte ich zum Teil schriftlich im Sinne einer Hilfestellung für eine Erfahrungssicherung ohne großen Aufwand auf die zugesandten Berichte.

Revision des ersten Publikationskonzeptes im Jahre 1995: Im Verlauf der Diskussionen im AGRECOL-Team haben wir festgestellt, daß wir in der Bodenfruchtbarkeitsbroschüre nicht nur technische (z.B. Gründüngung, Aufarbeitung des Mists, Mischkulturen etc.) oder methodische (z.B. partizipative Beratung) Aspekte berücksichtigen wollen, sondern auch von der kulturellen Bedeutung der Erde und von den Möglichkeiten eines offenen Dialogs zwischen Bauern und Beratern sprechen möchten.

Während eines Bolivien-Aufenthalts im Sommer 1995 entwarf ich mit einem bolivianischen Kollegen ein erweitertes Konzept für die Publikation, angeregt durch die Besuche auf dem Land und die Ge-

6 Bauer aus Honduras in Procondema und Hesse-Rodriguez, 1994

spräche mit bolivianischen Beratern und Forschern über die Verflechtung von Spiritualität und Landwirtschaft in der andinen bäuerlichen Lebenswelt.

Es gab (oder gibt) auch bei uns in Europa eine spirituelle Beziehung zur Erde. Bei der Literatursuche in einer bolivianischen Universitätsbibliothek bin ich auf den folgenden Homer-Text gestoßen:

> *"Für die Erde werde ich singen, universale Mutter auf festem Grund, verletzbare Großmutter, die alles ernährt, was existiert.*
> *Du gibst das Leben den Sterblichen und nimmst ihnen daßelbe Leben. Glücklich, den du mit deinem Wohlwollen ehrst. Für ihn wird der Boden fruchtbar bei der Ernte, auf den Weiden wird sein Vieh gut gedeihen, und sein Haus wird voll mit Reichtümern"* [7]

Ein bolivianischer Kollege schrieb folgenden Text über seinen ersten Kontakt mit Ritualen, die Bauern ausführen:

> *"Auf dem Feld der Kooperative San Jose nahm ich teil an einer Ch'alla für die Pachamama. Wir waren alle eingeladen, d.h. die Mitglieder der Kooperative, Männer und Frauen und die Projektangestellten. (...) August ist der Monat der k'oadas, der Opfergaben, und überall auf dem Land, aber auch in den Städten riecht man meist des Abends die Räucherdüfte der zeremoniellen Pflanzen.*
> *Der Präsident der Kooperative hatte einen Heiler (Pay jachan heißt "der, der weiß") für das Ritual bestellt, und hatte auf dessen Wunsch Schnaps, Alkohol, Zigaretten, kleine Tontöpfe, Wein, Essen, Papierschlangen, Kokablätter und anderes besorgt.*
> *Anfangs schien mir das nur etwas für Bauern, als wäre es für andere verboten. Vielleicht verbot ich mir den Zugang selber, da ich diese Seite der Bauern nicht kannte. Aber als wir dann alle zusammen saßen, war etwas Spezielles in der Luft: Wir waren nicht bei der Arbeit, und die Unterschiede zwischen mir und den Bauern schien es nicht zu geben. Ich konnte zum ersten Mal kennenlernen und verstehen, die Dinge anders zu sehen.*
> *Der Heiler zeigt uns den Ort, wo wir die Opfergabe bringen werden, am Fuße eines alten großen Mollebaumes. (... Beschreibung des Rituals...)*
> *Die angenehme und geheimnisvolle Stimmung scheint uns unsere*

7 Homer, übersetzt aus der peruanischen Zeitschrift Allpanchis, Cuzco, 1971

Probleme und die Unterschiede vergessen zu machen. Wir sind bereit für die gemeinsame Reise in den Bauch der Mutter Natur, die uns empfangen und lieben wird. (...) Während der Heiler mit dem Ritual fortfährt, unterhalten sich die einen, andere spielen auf ihren mitgebrachten Musikinstrumenten, und es wird auch viel gelacht und gekichert. Alle werden still, als der Heiler Gebete an die Pachamama spricht, sich für ihren Schutz und ihre Fürsorge bedankt und sie bittet, die Opfergaben anzunehmen. (...)

Alle Anwesenden teilen miteinander Kokablätter, Chicha und Essen, erzählen Geschichten, tanzen oder singen. Es ist nicht möglich, zu geben ohne zu empfangen und umgekehrt. (...)

So habe ich gelernt, besser zu verstehen, wie die Bauern mit diesem Ritual leben, sich mit der Erde verbinden, wie mit einer Mutter und mit ihren Geschwistern. Für mich hat sich dabei eine Tür geöffnet: Ich habe erfahren, daß es möglich ist, mit der Erde zu kommunizieren und sie zu respektieren und zu lieben." [8]

In der Publikation werden, nach diesem erweiterten Konzept, verschiedene, gleichwertig nebeneinanderstehende Arten des Wissens über Bodenfruchtbarkeit und der Beziehung zum Boden dokumentiert.

Es ist unsere Absicht, mit der Publikation den Dialog zwischen den Vertretern verschiedener Wissensformen anzuregen und für diesen Austausch einen Raum zu schaffen. Es ist ein Versuch, Kommunikation zu verbessern zwischen Kulturen, zwischen Welten, zwischen außen und innen.

Die Publikation wird nun so aufgebaut, daß die Leser durch die verschiedenen Wissensgärten spazieren können, in denen Bodenfruchtbarkeit kultiviert wird.

Der erste Garten bildet die ganzheitliche-biologische Erläuterung über Bodenfruchtbarkeit.[9] Der nächste ist das bäuerliche Wissen über Bodenfruchtbarkeit, soweit es schriftlich mitteilbar ist.[10] Dem gegenüber liegt der Pflanzplatz für das Wissen der Berater, das zwischen den vorherigen beiden integriert, vermittelt und dynamisierende Funktion hat. Der vierte Garten ist das Wissen, das aus den

8 Bericht eines bolivianischen Agronomen

9 Pfeiffer, 1969

10 Pratec, 1994 und Simas, 1994

Mythen und Legenden oder den Träumen über die Erde spricht.

Die gesammelten Texte oder selbst geschriebenen Geschichten stehen ohne weitere Interpretation nebeneinander. Kleine Brückentexte führen von einem Garten in den anderen.

Hier ein Beispiel für ein Märchen, das auf den verschiedenen Kontinenten in Variationen erzählt wird:

Es war einmal ein Bauernsohn, Juan, dessen Vater nur wenig Land besaß. Als es darum ging, daß Juan sein eigenes Land bestellte, schickte ihn der Vater den Berg hinauf, dort gebe es ein Stück Brachland, das niemand haben wolle. Dort solle er sein Glück versuchen. Als Juan dort mit der Arbeit begann, wurde er schon bald von einer riesigen Schlange erschreckt, die aus dem Gebüsch kroch und ihn fragte: Was willst du hier auf meinem Land? – Dein Land? Mir hat man gesagt, es gehöre niemandem, und deshalb möchte ich es bebauen. – Die Schlange funkelte mit den Augen: Soso, du möchtest mein Land bebauen. Das kannst du gerne, aber unter der Bedingung, daß wir uns die Ernte teilen. – Juan überlegt kurz, aber es bleibt ihm nichts anders übrig, als auf diesen Handel einzugehen. Er fragt die Schlange, welchen Teil der Ernte sie denn haben wolle, das, was unter oder über der Erde wachse. – Natürlich über der Erde, entscheidet sich die Schlange sofort und verschwindet.

In seiner Not pflanzte Juan also auf der ganzen Parzelle nur Kartoffeln. Er sah die Schlange nicht mehr, bis zum Tag der Ernte.

Nimm dir nur alles Kraut, das alles ist für dich. Die Kartoffeln in der Erde sind für mich. – Du bist ja ein schlaues Bürschchen, aber das machst du nur einmal mit mir, erwiderte die Schlange zornig. Bei der nächsten Saat machen wir es gerade umgekehrt. Für mich ist der Teil unter der Erde, dir bleibt das, was oben wächst. – Juan war einverstanden, und sobald die Kartoffeln geerntet, das Land umgebrochen war, säte er Saubohnen. Schon nach ein paar Wochen war das Feld wie mit einem dichten grünblauen Teppich bedeckt, und Wind und Sonne wiegten es hin und her.

Als die Schlange wiederkam, bot Juan ihr die Wurzeln an. Die Schlange fauchte wütend: Jetzt hast du mich nochmal hereingelegt. Also das nächste Jahr säst du Gerste, und wir wollen beide zusammen ernten: Ich schneide vom oberen Rand des Feldes, du vom unteren, und jedem gehört, was er so schnell wie er kann ernten kann. Die Schlange hatte soviel mehr Kräfte als Juan, und Juan glaubte, diesmal keine Chance zu haben. Aber er versuchte sein Glück ein weiteres Mal und säte in der oberen Hälfte zwischen der

Gerste auch noch Mais. Beide kamen wunderbar, vor allem weil sie von den Wurzeln der Bohnen zehrten, die die Schlange nicht genommen hatte.

Ein paar Monate später erschien die Schlange wieder, und sie machten sich sofort an die Arbeit. Während Juan schnell und leicht die Ähren schnitt, kämpfte die Schlange mit den vielen harten, holzigen Maisstengeln auf ihrer Seite. Sie sah nicht gut und bemerkte nichts von dem Trick. Juan war schon weit über die Hälfte gekommen, als die Schlange aufgab vor Erschöpfung und zornig wurde und so schrecklich fluchte, daß die Erde zu zittern und beben begann, sich öffnete und die Schlange verschlang.

Als Juan das sah, erschrak er und war zugleich erleichtert. Er wollte das Land nun lieber eine Weile ruhen lassen und erst dann wieder mit den Kartoffeln beginnen. [11]

Mit der Publikation über die Bodenfruchtbarkeit geht es auch darum, den Dialog zwischen den verschiedenen Wissensformen in uns anzuregen und bewußt zu machen. Die verschiedenen Wissensformen gibt es in allen von uns, je nach Biografie das eine stärker, das andere weniger stark ausgeprägt, oder mehr oder weniger isoliert und abgedrängt. Hervorgerufen durch unsere gesellschaftlichen Rollen (Wissenschaftlerin, Bäuerin, Mutter, Alleinstehende, Frau oder Mann, etc.) dominiert eine Wissensart über die anderen. Ich stelle mir vor – aufgrund meiner eigenen Erfahrung –, daß dabei viel kreative Energie frei wird, wenn ich nicht mehr aufpassen muß, daß diese Wissenswelten getrennt bleiben, sondern spannende neue Verbindungen entstehen dürfen.

Mit der Publikation sind genau die Berater und Techniker in Lateinamerika angesprochen, die sich darauf einlassen wollen, in einen anderen Dialog mit den Bauern zu treten. Die Lektüre des Büchleins soll sie ermutigen, sich auf den herausfordernden Prozeß einzulassen, ihre alte Rolle der Wissenden aufzugeben und sich selber als Lernende neu zu erfahren. Die technischen Lösungen werden dann nicht mehr im Vordergrund stehen, sondern vielleicht eher die persönlichen Visionen der Beteiligten und der gemeinsame Prozeß, Lösungen zu finden.

11 Mündlich überliefertes andines Märchen.

Es geht also nicht so sehr um die Erforschung und Dokumentation des lokalen Wissens über Bodenfruchtbarkeit, als vielmehr um die Sensibilisierung der Techniker und Berater, dieses Wissen in sich und bei den Bauern mehr zu beachten und zur Entwicklung kommen zu lassen.

Abb. 5: Es geht nicht um die Erforschung und Dokumentation des lokalen Wissens, sondern um einen vertrauensvollen Raum für gegenseitigen Austausch

Um lokales Wissen zu teilen, braucht es einen vertrauensvollen Raum für Austausch und Kennenlernen. Die Outsider (Berater, Forscher usw.) können sich nicht nur auf ihren vielfältigen, partizipativen Methoden-Werkzeugkasten verlassen, sondern brauchen eine andere Haltung und Achtung vor dem Gegenüber: große Affinität für das Landleben, Offenheit, Interesse und Respekt für die bäuerliche Lebenswelt, mehr Sozial- als Fachkompetenz, vor allem die Fähigkeit, zuhören zu können, und die Bereitschaft, von Bauern zu lernen und gegebenenfalls sowohl fachlich als auch menschlich sich durch die Begegnungen und den dadurch ausgelösten Prozeß zu verändern.

So soll unsere Publikation[12] aufzeigen, daß es das Wissen von beiden benötigt, von Technikern und von Bauern, um die aktuellen komplexen Probleme anzugehen.

12 Die Publikation wird in Europa über AGRECOL in Langenbruck erhältlich sein.

ERDE - EIN PROZESS

Nesa Geschwend

1994
Eingang / Collage auf Baumwolle 30 x 40cm
Erdteil / Mischtechnik auf Baumwolle 35 x 45cm
Bewegung / Mischtechnik auf Baumwolle 35 x 45cm

1994
aussen/innen / Mischtechnik auf Atlas 40 x 50cm

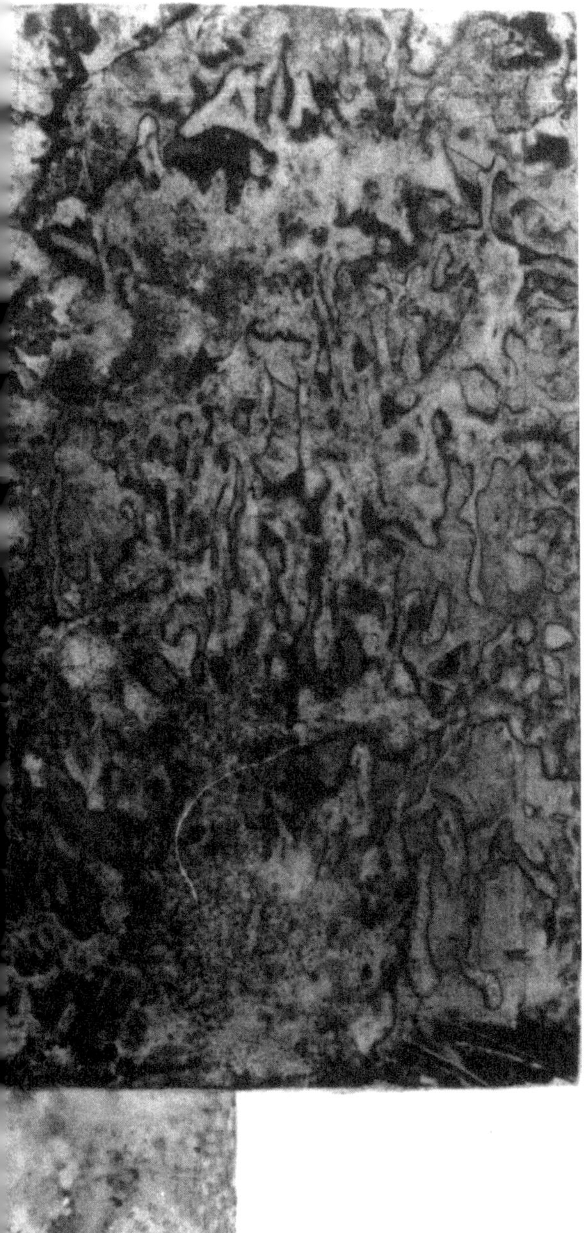

1994
Schicht um Schicht / Mischtechnik auf Baumwolle 42 x 45cm

1994
zurückkehrend / Mischtechnik auf Baumwolle 40 x 42cm

1994
Rhythmus / Mischtechnik auf Baumwolle 38 x 50cm
vordere Seite: ein Teil / Collage auf Baumwolle 38 x 50cm

ERFAHRUNGSWISSEN IN WISSENSCHAFT UND KUNST

Im Gespräch mit der Künstlerin Nesa Gschwend

Ursina Steinemann

Schichten, Geschichten, ein-, umgearbeitet, eingewoben, umgebaut. Ruhen im Dunkeln. Die Erde als das unbekannte, dunkle Innere. Die Erde als Körper, als Organismus, als offene, nach innen und außen drängende Form, inneres und äußeres Feuer. Das Herz der Erde. Verborgene Eingänge finden. Erde als Boden, die Erde als Haut...

Nesa Gschwend, bildende Künstlerin, hat unsere Arbeit begleitet und ihren eigenen Faden dazugewoben: Bilder, sowohl in konkreter als auch in gedanklicher Form. Sie versteht Erde als unmittelbare und sichtbare Form von Energien und Prozessen und hat uns durch ihre Bilder einen weiteren Zugang, einen Erfahrungs- und Denkfreiraum geöffnet und unser angestrengtes, linkshirniges Denken zum Standortwechsel, zum Zwischenhalten, Zurückstehen eingeladen, zum Blick von Innen.

Gleichzeitig gestaltete N. Gschwend einen Projektmonat im forumclaque in Baden mit dem Titel "Zyklus zur Erde". Mit der Installation *Außenhaut-Innenraum/Hörraum,* die u.a. von Franz Kafkas "Bau" angeregt war, ermöglichte sie den Blick aus einer Perspektive, die uns sonst verwehrt ist und eröffnete gleichzeitig einen Raum für den Dialog. Mit Teilen aus unserer wissenschaftlichen "Untergrundarbeit" (*Wir sind die Hochschule* und *Penthesilea*) gaben wir in diesem Rahmen eine Lesung und nahmen teil am Symposium zum Thema *Erfahrungswissen in bezug auf Erde.*

Hier, in diesem Erdraum haben wir erfahren, daß man Wissenschaft nicht nur macht, sondern daß sie sich auch ereignet. Sich ereignen, sich zu-eigen machen, das Ereignis – ein weiteres wichtiges Merkmal für Erfahrungswissen. Das Ereignis findet statt zu einer Zeit, und dann ist es wieder vorbei. Es ist wie in der Musik. Wohl läßt sich ein Ton aufnehmen und in eine Platte ritzen, aber der

Außenhaut-Innenraum/Hörraum
Installation von Nesa Gschwend im forum-claque, Baden 1995
Teerwachs auf Fallschirmstoff/ Eisen/ Stühle
12 x 5 x 2,8 m

Moment, wenn der Ton und mein Hören sich treffen, wird immer wieder neu. Keine Vergangenheit, keine Zukunft, – kein Ereigner und nichts, was ereignet wird, kein Subjekt und kein Objekt – nur das Ereignis, das Ich-Ton-Gemisch, das Ich-Bild-Gemisch, jetzt, in der Bewegung des Ereignisses.

Die Begegnungen mit Nesa Gschwend lebten von dieser Präsenz im gegenwärtigen Moment. Viele Impulse und Bilder sind daraus hervorgegangen, Kristallisationskeime für unsere weitere Arbeit. Die Intensität eines Ereignisses läßt sich nicht konservieren oder in einen Forschungsbericht pressen, geschweige denn beweisen oder reproduzieren. Und doch scheint es mir, daß all das, was ich *wirklich weiß,* auf solche Art zustandegekommen ist.

In der Wissenschaft liegt das Augenmerk auf konkreten, meist gedruckt vorliegenden Ergebnissen. Kann man sich eine Wissenschaft vorstellen, die sich ereignet, von Moment zu Moment, vergeht und aus der Unmittelbarkeit wieder neu entsteht?

Für dieses letzte Kapitel hatte ich mir ein Gespräch mit Nesa Gschwend vorgestellt, das im Rückblick unsere Zusammenarbeit zusammenfassen und abrunden sollte. Ich hatte ihr dazu vorgängig folgenden Text zugeschickt:

Liebe Nesa!
Dich fasziniert das Geheimnisvolle an der Erde, wie wenig wir über sie wissen. Selbst die tiefste Bohrung kratzt die Erdrinde kaum an, und nie werden wir mit direkten Mitteln den Erdmittelpunkt erreichen können. Ich habe in meinen Texten die Prozesse, die in der Erde geschehen, in Analogie gesetzt zu den Prozessen, wie unser Wissen zustande kommt. Auch hier habe ich nicht mehr als eine vage Ahnung von den Tiefen, aus denen heraus sich unser Wissen bildet.

Diese Abgründe verwirren uns. Lieber schauen wir nicht so recht hin. Auf jeden Fall in den Hörsälen und Labors der Naturwissenschaft nicht. Da sind wir glücklich, wenn wir dem Chaos eine Gesetzmäßigkeit, eine Allgemeingültigkeit abringen können, aber über die Prozesse, wie dieses Wissen zustandegekommen ist, schweigen wir uns in den Forschungsberichten aus.

Als Künstlerin darfst du dir den Fluß aus deinem Persönlichen erlauben. Du mußt dich nicht spalten in bewußt versus unbewußt, objektiv versus subjektiv. Bei dir wachsen die Werke aus dem heraus, was du bist. Wenn sich ein Werk so von dir löst, daß es allgemeingültig ist, dann muß es doch seine Herkunft aus deiner subjektiven Welt nicht verleugnen. In der Wissenschaft aber geschieht da irgendwo ein Bruch, wo wir die subjektive Herkunft einer Erkenntnis vergessen müssen. Da sitzt meine große Sehnsucht: diesen Schnitt nicht mehr machen zu müssen. Denn, könnte es sein, daß die sogenannte Objektivität überhaupt ein Mythos ist? Daß es sie eigentlich gar nicht gibt? Dann könnte man Objektivität umbenennen in bewußt reflektierte Subjektivität. Und Persönliches würde dann nicht mehr als Schwäche ausgegrenzt, sondern als Stärke erkannt.

Ich komme zu Nesa ins Atelier. Da liegen ihre neuesten Bilder am Boden (es sind u.a. die Bilder, die vorne in diesem Buch im Abschnitt "geöffnete Körper" zu sehen sind): Durch Öl und Wachs getränktes, pergamentartig gläsernes Papier. Aus teerenen, leichten, wolkigen Strukturen erkenne ich nach einiger Zeit Stühle – oder Gestalten? Jede trägt blaßrot einen deutlichen Schnitt, eine Wunde, eine Verletzung. Dadurch wird der Stuhl auf geheimnisvolle Weise individuell, er tritt aus dem Bild hervor als sprechende Persönlichkeit.

Schon sind wir mitten im Gespräch. Hat das Zustandekommen von Wissen etwas mit Verletzung zu tun?

Die Grundgedanken dieses gemeinsamen Assoziierens habe ich zu nachfolgendem Text zusammengestellt.[1]

U. St: Es frappiert mich, wie du das Thema Erde jetzt weiterführst, da ich in meinem Prozeß eine ähnliche Entwicklungsrichtung erahne: Ursprünglich wollte ich verstehen, was Boden ist. Ich wollte es aber nicht nur mit meinem Kopf verstehen, sondern vielmehr mit meinem ganzen Wesen begreifen. Deshalb hat mich das Thema Er-

1 Vieles davon ist, wie Sie bemerken werden, auch schon in das Kapitel der Prozeß der Wissenschaft eingeflossen. Vor allem der Hinweis auf Kafka, auf die Doppelbedeutung des Wortes Prozeß ist eine Anregung von N. Gschwend.

fahrungswissen interessiert. Um etwas nicht nur intellektuell zu erfassen, mußte ich in mich hineinhorchen lernen, ich mußte dem, was "in mir drin weiß" vertrauen lernen. Das war am Anfang schwierig, denn dieses innere Wissen machte Verbindungen und Verknüpfungen, die mein rational geschulter Verstand zunächst als völlig unsinnig und unlogisch oder zumindest als unwissenschaftlich und nicht von allgemeinem Interesse verwarf. Im geduldigen immer wieder in mich Hineinschauen gestalteten sich jedoch diese Verbindungen immer deutlicher aus, nahmen Worte an, wurden mitteilbar, andere Menschen aus anderen Fachrichtungen erkannten sie in sich selber wieder.[2] Unversehens war ich in einen Prozeß der Erkenntnis und gleichzeitig der Wandlung hineingeraten mit bestimmten Gesetzmäßigkeiten. Und es scheint, daß Verletzung dabei eine Rolle spielt.

N. G.: Es gibt sie, diese Gesetzmäßigkeiten der Entwicklung. Ich begegne ihnen in meinem Alltag als auch in meiner künstlerischen Arbeit. Sie sind das Thema von Kafka's Roman *Der Prozeß*. Um Wissen zu erwerben, um wirklich zu lernen, müssen wir in einen Prozeß einsteigen. Dabei kommen wir immer wieder an diese Grenze des schon Bekannten. Dort ist die Schnittstelle. Damit wir Zugang zum noch nicht Gewußten bekommen, muß etwas in uns geöffnet werden. Das heißt, wir müssen uns von einem altvertrauten Zustand trennen. Manchmal ist das schwierig. Kafkas K. zum Beispiel weigert sich während der ganzen Geschichte, sich wirklich auf diesen Erkenntnisprozeß einzulassen. Deshalb erfährt er auch den Grund seines Prozesses nie. Aber am Ende des Romans weiß er, "daß es seine Pflicht gewesen wäre, das Messer (...) selbst zu fassen und sich einzubohren"[3]. Glücklicherweise spielt sich das für uns meistens nicht so dramatisch ab, aber es sind Erfahrungen, die wir alle unbewußt von Kind auf immer machen: Geburt, Ablösungen, in etwas Neues hineinkommen, aber dafür etwas verlieren. Im Prozeß eines Lebens wiederholen sie sich auf verschiedenen Ebenen. Hinter dem

---

2 Dabei tauchte immer wieder die Frage auf, was sich veröffentlichen läßt. Die Unterscheidung zwischen privat und persönlich hat sich dabei als hilfreich erwiesen.

3 Kafka, 1935

ersten Türhüter stehen noch viele weitere. Ich meine, daß das urmenschliche Formen sind. Wenn ihr euch mit Erfahrungswissen beschäftigt, dann kommt ihr letzten Endes darauf: Was macht denn den Menschen aus? Dann sind es doch diese Schnittstellen und die Art und Weise, wie er sie bewältigt.

U. St.: Es berührt mich, diese Verletzung zu sehen auf deinen Bildern. Die Gestalten tönen jetzt, sie bekommen eine Sprache, sie werden zu einer Persönlichkeit.

Du meinst also, daß diese Verletzung notwendig ist, um eine Persönlichkeit, ein Mensch zu werden? Sich berühren lassen, erlauben, daß etwas in uns hereinkommt, sich mit uns verbindet, vielleicht sogar eine Verletzung zu riskieren. Das nennst du in den Erfahrungsprozeß einsteigen.

N. G.: Das ist das Prinzip des Lernens. Zu Wissen gelangen und Mensch werden, sind eng miteinander verbunden.

U.St.: Kein Wunder, daß mein Versuch, Wissen-zu-schaffen und gleichzeitig das Persönliche auszugrenzen, letztlich mißlingen mußte. Was ich da ins Dunkle verdrängt hatte, muß ich jetzt, um überhaupt arbeiten zu können, mühsam wieder ausgraben. Mit Dunkel meine ich alles, was mir fremd erscheint, was mir nicht mehr oder noch nicht vertraut und bekannt ist.

N.G.: Für mich war es wichtig, eine lange Zeit in diesem dunklen Bereich mit Erde zu arbeiten. Ich wollte wissen, was in der Dunkelheit drin ist. Denn sie enthält ein Riesenpotential! Die ganze Lebenskraft steckt dort drin, und man kann das Klare nur finden, wenn man durch diese Kraft hindurchgeht. Für mich ist das Helle viel losgelöster vom Leben als das Dunkle. Das Dunkle hat das Feuer in sich. Goethe sagt, die Erde ist dunkel, weil sie dieses innere, verwandelnde Feuer in sich trägt.[4]

Wir sprechen immer von den Sternen. Aber das Faszinierende ist doch diese unendliche Dunkelheit. Hier spüre ich mich als Mensch viel unendlicher.

---

4 Goethe, 1992

U. St.: Es scheint mir, als träfen wir, von verschiedenen Seiten her kommend, bei diesem Bild vom geöffneten Menschen zusammen. Ich, von der Wissenschaft herkommend, von der Perfektion, von der Welt des Intellekts, der Analyse, also von der Seite, die man gemeinhin als das Reine, das Helle bezeichnen würde. Ich suche den Zugang zu dem, was wir in diesem Gespräch das Dunkle genannt haben.

N.G.: Wahrscheinlich hat jeder Mensch eine gewisse Einseitigkeit. Sie ist wohl der Grund für unser gegenseitiges Interesse.

Ich bin körperlich extrem linkslastig und eine ausgeprägte Linkshänderin. Als Kind habe ich lange Spiegelschrift geschrieben, von rechts nach links. Immer wieder habe ich mir Sätze in Spiegelschrift vorgeschrieben und geübt, es gleichzeitig andersrum zu lesen. Unsere gesamte westliche Welt aber funktioniert von links nach rechts und von oben nach unten, vom Verstand her in den Körper, von der Theorie in die Praxis. Entsprechend ist unser Wissen strukturiert. Aber um die Welt wirklich zu verstehen und um schöpferisch tätig sein zu können, müssen wir auch die Gegenrichtung kennen. Jede bedeutet eine andere Perspektive. Um Musik machen zu können, müssen die Musiker die Flexibilität haben, die Tonleiter hinauf und hinunter zu spielen. Das Wissen ist wie ein Instrument, das wir zur Verfügung haben, um kreativ arbeiten zu können. Der Körper ist das Denken, Handeln, Fühlen. Nachträglich bin ich sehr froh, daß ich zu diesem Umdenken, diesem Hin- und Her- bzw. Nachoben- und Hinunterdenken gezwungen wurde.

Es geschieht immer wieder, daß wir Welten voneinander trennen, in Arbeit und Freizeit zum Beispiel. Aber alles hat mit allem zu tun. So habe ich mir das Leben immer so eingerichtet, daß ich am gleichen Ort lebe und arbeite. Ich mußte meine Arbeitsform dem Leben mit Kindern anpassen. Ich möchte dies nicht missen. Ich würde jede Beschränkung als Einschränkung empfinden.

U. St.: Ich glaube, viele Menschen spüren immer deutlicher die Notwendigkeit, die ergänzende Denkart zu lernen, denn ich glaube, je vertrauter ein Mensch mit allen seinen "dunklen" Seiten ist, desto angstfreier und offener kann er in neuen, ungewohnten Situationen wahrnehmen, was ist, und desto präziser wird er also mit seinen Handlungen auf eine spezifische Situation reagieren können. Erfahrenheit zeichnet sich durch diese Eigenschaft aus.

N. G.: Eine künstlerische Arbeit ist eine sehr einsame Arbeit. Man weiß auch nicht, was davon weitergetragen wird. Wenn sie herausgeht, verselbständigt sie sich. Sie löst bei den Menschen ihre Geschichte aus. Was du vorher zu meinen Bildern gesagt hast, das ist außerhalb von mir.

Diese neuen Zeichnungen sind auch für mich wichtig. Sie sind der Anfang eines neuen Zyklus. Bis jetzt hat mich der Blick von außen nach innen interessiert. Nun, wo ich drin bin, zieht mich die Neugier nach außen. Bei allem ist das, was fehlt, die Motivation um weiterzumachen.

U. St.: Das ist ein Schluß- oder Anfangswort, das auch für unsere Arbeit gelten kann. Der Erfahrungsprozeß ist nicht zu Ende. Er wird nun weitergewoben in den Köpfen, Körpern und im Handeln unserer LeserInnen…

ANSTELLE EINES ENDES

... reichen wir unsere Fäden nun zum Fortspinnen, Weben oder Anknüpfen weiter: Ein Aufhören in der Hoffnung auf keinen Schluß ...

Nesa Gschwend / Tisch und Stuhl 1996
Mischtechnik auf Papier 30 x 40cm

LITERATUR-VERZEICHNIS

ADORNO, Th. (1979): Der Positivismusstreit in der deutschen Soziologie. Luchterhand, Darmstadt.

AGW (AMT FÜR GEWÄSSERSCHUTZ UND WASSERBAU) (1994): Der Pilotlauf zum kantonalen Bodenbeobachtungsnetz (KABO) Zürich. Kurzfassung und Synthese. AGW, Fachstelle Bodenschutz, Stampfenbachstr., 8090 Zürich.

AMMANN, K./AMMANN-PAPAZOV, B. (1992): Vom Wissen zum Handeln. Nachdenken über neue Umsetzungsstrategien: 'Iterativ-vernetzte, argumentative Planung', IVAP, unveröffentlichtes Manuskript.

AMT FÜR RAUMPLANUNG DES KANTONS ZÜRICH, FACHSTELLE FÜR NATURSCHUTZ (1986): Schlüssel zur Festlegung der Breite und Ausdehnung von Pufferzonen bei Naturschutzgebieten. Zürich.

ANDERSON, T.H. (1991): Bedeutung der Mikroorganismen für die Bildung von Aggregaten im Boden. Z. Pflanzenernähr. Bodenk., 1154: 409-416.

ARENDT, H. (1970): Macht und Gewalt. Piper, München.

ARENDT, H. (1981): Vita activa. Piper, München.

ARENDT, H. (1993): Was ist Politik. Piper, München.

ARISTOTELES (1943): Biologische Schriften. Heimeran, München.

ARISTOTELES (1985): Nikomachische Ethik. Meiner, Hamburg.

ARISTOTELES (1987): Physik. (Buch I-IV) Meiner, Hamburg.

ARISTOTELES (1989): Metaphysik. (Buch I-VI) Meiner, Hamburg.

ARISTOTELES (1990): Lehre vom Beweis oder Zweite Analytik. Meiner, Hamburg.

ARISTOTELES (1991): Metaphysik. (Buch VII-XIV) Meiner, Hamburg.

BAUMGARTNER, R. (1994): Rio auf dem Dorfe. In: Bulletin, Magazin der ETH Zürich, Nr. 255, S. 52-55.

BAUR, A. (1993): Agronomen in der Lehre bei bolivischen Bauern. Von Entwicklunghilfe zur Entwicklungszusammenarbeit. In: NZZ vom 21./22.8.1993.

BENJAMIN, W. (1977): Der Erzähler. In: Ges. Schriften, Bd. 2/2, S. 439-465, Suhrkamp, Frankfurt.

BENJAMIN, W. (1978): Ursprung des deutschen Trauerspiels. Suhrkamp, Frankfurt.

BENNETT, R. and CHORLEY, R. (1978): Environmental Systems. Philosophy,. Analysis and Control. Methuen, London.

BERGER, J. (1991): Velazquez und Äsop. Fischer, Frankfurt.

BIBEL (1980): Altes und neues Testament, Einheitsübersetzung, Herder, Basel.

BION, W.R. (1962): Lernen durch Erfahrung. Suhrkamp, Frankfurt.

BORCH-JACOBSEN, M. (1991): Lacan. The absolute Master. Stanford University Press, Stanford.

BRUMLIK, M. (1994): Schrift, Wort und Ikone. Wege aus dem Bilderverbot. Fischer, Frankfurt.

BUBER, M. (1984): Ekstatische Konfessionen. Schneider, Heidelberg.

BUCK, G. (1989): Lernen und Erfahrung – Epagogik. Zum Begriff der didaktischen Induktion. Wissenschaftliche Buchgesellschaft, Darmstadt.

BURKERT, W. (1994): Antike Mysterien. Beck, München.

BUTLER, J. (1991): Das Unbehagen der Geschlechter. Suhrkamp, Frankfurt/Main.

BUWAL (1993): Bodenbeurteilung im Feld. Bundesamt für Umwelt, Wald und Landschaft, Bern.

BUWAL (1994): Pufferzonen-Schlüssel. Leitfaden zur Ermittlung von ökologisch ausreichenden Pufferzonen für Moorbiotope. Bundesamt für Umwelt, Wald und Landschaft, Bern.

CAVALLIUS, G. (1972): Velazquez' Las Hilanderas. Uppsala, 1972.

CAVARERO, A. (1992): Platon zum Trotz. Rotbuch Verlag, Berlin.

CÉSAR, J. (1992): Walter Benjamin on Experience and History. Profane Illumination. Mellen Research University Press, San Francisco.

CHAIKLIN, S. und LAVE, J. (1993): Understanding Practice. Perspectives on Activity and Context. Cambridge University Press, Cambridge.

CHAMBERS, R. (1991): Scientist or Resource-poor Farmer – Whose Knowledge Counts? Proceedings of a Seminar on Crop Protection for Resource-Poor Farmers, East Sussex, 4.-8. Nov. 1991.

CHAMBERS, R. (1994): Challenging the Professions. Frontiers for Rural Development. IT Publications, London.

DAVIS, J.S. (1993): Die Technik: Von Männlichem und Weiblichem geprägt. In: technik didact, Bd. 4, S. 203-213.

DE SANTILLANA, G. (1959): The Role of Art in the Scientific Renaissance. In: Clagett, M. (Ed.): Critical Problems in the History of Science. The Press, Madison, S. 33-66.

DELEUZE, G. (1995): Die Falte. Leibniz und der Barock. Suhrkamp, Frankfurt.

DERRIDA, J. (1995): Marx' Gespenster. Fischer, Frankfurt.

DIE HEILIGE SCHRIFT des alten und des neuen Testaments. Verlag der Zwingli-Bibel Zürich, Ausgabe 1964.

DREYFUS, H. (1979): What Computers can't do: The Limits of Artificial Intelligence. Harper and Row, New York.

DREYFUS, H. (1993): What Computers (still) can't do: The Limits of Artificial Intelligence. MIT-Press, Cambridge, Massachusetts.

DREYFUS, H. and DREYFUS, S. (1986): Mind over Machine: The Power of Human Intuition and Expertise in the Era of the Computer. New York Free Press, New York.

EISEL, U. (1992): Die Räume im Kopf, das Wissen in der Hand. Unveröffentlichtes Manuskript.

EISEL, U. (1994): Die Räume im Kopf, das Wissen in der Hand. Über den Zusammenhang von exakten Phantasien und Identität. Unveröffentlichtes Manuskript.

ESPOSITO, E. (1996): Geheimnis im Raum, Geheimnis in der Zeit. In: D. Reichert (1996) (Hrsg.): Räumliches Denken. Verlag der Fachvereine, Zürich.

ESTES, C.P.(1992): Die Wolfsfrau. Die Kraft der weiblichen Urinstinkte. Heyne-Verlag.

FENT, K. (1995): Wirkungen von Spurenstoffen. EAWAG-News 40D:8-12.

FLECK, L. (1983): Erfahrung und Tatsache. Suhrkamp, Frankfurt.

FLECK, L. (1994): Entstehung und Entwicklung einer wissenschaftlichen Tatsache: Einführung in die Lehre vom Denkstil und Denkkollektiv. 3. Auflage. Suhrkamp, Frankfurt.

FLICK, U. (1995): Qualitative Forschung. Rowohlt. Reinbeck bei Hamburg.

FLORIN, M. (1991): Skill and Technology. Carlsson, Malmö.

FÖRSTER, H. von (1993): Wissen und Gewissen. Suhrkamp, Frankfurt.

FOUCAULT, M. (1978): Dispositive der Macht. Merve, Berlin.

FOUCAULT, M. (1983): Sexualität und Wahrheit. Suhrkamp, Frankfurt.

FRY, P, C. MAURER-TROXLER, A. ENGGIST (1994): Einsatz bodenbiologischer Methoden in der langfristigen Bodenbeobachtung. Eco-Informa 94, Vol. 5, S. 273-280.

FRY, P. (1994a): Stand der Anwendung bodenbiologischer Methoden im Bodenschutz. BGS-Bulletin 18, S. 15-20.

FRY, P. (1994b): Neuere Erkenntnisse über Prozesse und Faktoren der Strukturregeneration von Landwirtschaftsböden. Ausgeführt im Auftrag der Bodenschutzfachstelle des Kantons Bern, Rütti, 3052 Zollikofen.

GADAMER, H. G. (1975): Wahrheit und Methode. 4. Aufl., Mohr, Tübingen.

GARFINKEL, H. (1967): Studies in Ethnomethodology. Polity Press, Cambridge.

GASCHÈ, R. (1986): The Tain of the Mirror. Derrida and the Philosophy of Reflection. Harvard University Press, Cambridge / Massachusetts.

GEERTZ, C. (1983b.): Local Knowledge. Basic, New York.

GEISER, U. (1994): Endogenes und exogenes Fachwissen zur Bewirtschaftung von Land: Zur Problematik der 'interfaces' an Beispielen aus Südasien. Jahrestagung der Deutschen Gesellschaft für Humanökologie: "Mensch und Umwelt: Fragen zu Identität und Wissen". Unveröffentlichtes Manuskript.

GILLIGAN, C. (1988): Die andere Stimme. Piper, München.

GIRARD, R. (1985): Hiob, Ein Weg aus der Gewalt. Benziger Verlag AG, Zürich.

GOERANZON, B. und JOSEFSON, I. (1988): Knowledge, Skill and Artificial Intelligence. Springer, New York.

GOETHE, J.W. (1992): Farbenlehre, Verlag Freies Geistesleben.

GÖRANZON, B. (1991): Skill and Technology. The Research Theme Education-Work-Technology, 1977-1991. Stockholm.

GRAVES, R. (1959): New Larousse Encyclopedia of Mythology. Hamlyn, New York.

GÜNTHER, G. (1976 und 1979): Beiträge zur Grundlegung einer operationsfähigen Dialektik. Bd. 1-3, Meiner, Hamburg.

GÜNTHER, G. (1979): Die Theorie der mehrwertigen Logik. In: ders.: Beiträge zur Grundlegung einer operationsfähigen Dialektik, Meiner, Hamburg.

HÄBERLI, R. (1989): Das nationale Forschungsprogramm "Boden". In: NZZ vom 17.5.1989, Nr.111, S. 65.

HABERMAS, J. (1978): Hannah Arendts Begriff der Macht. In: ders.: Politik, Kunst, Religion. Reclam, Stuttgart.

HABERMAS, J. (1988): Theorie des kommunikativen Handelns. Bd. 1 und 2, Suhrkamp, Frankfurt.

HADAMARD, J. (1945): The Psychology of Invention in the Mathematical Field. Princeton University Press, Princeton.

HAPP, H. (1971): Hyle. De Gruyter, Berlin.

HARAWAY, D. (1991): Simians, Cyborgs, and Women. Routledge, New York.

HARAWAY, D. (1995): Die Neuerfindung der Natur. Primaten, Cyborgs und Frauen. Campus, Frankfurt/Main.

HARAWAY, D. (1995): Monströse Versprechen. Coyote-Geschichten zu Feminismus und Technowissenshaft. Argument Verlag, Hamburg.

HARNACK, A. (1894): Lehrbuch der Dogmengeschichte. 3 Bd., Mohr, Freiburg.

HEEB, J./ROUX, M. (1995): Erkenntnisse aus zusammenfassender Analyse. SAGUF-Forum vom 28./29. September 1995 – Akteurbefragung vom März 1995. Lindau.

HEIDEGGER, M. (1957): Der Satz vom Grund. Neske, Pfullingen.

HEIDEGGER, M. (1976): Sein und Zeit. Meiner, Klostermann, Frankfurt.

HEINTZ, B. (1993): Die Herrschaft der Regel. Campus, Frankfurt.

HILDENBRAND, B. (1992): Bauernfamilien im Modernisierungsprozeß. Campus, Frankfurt.

HIRSCHAUER, S. (1993): Die soziale Konstruktion der Transsexualität. Suhrkamp, Frankfurt.

HÖFFE, O. (1990): Einführung in die Wissenschaftstheorie der zweiten Analytik. Einleitung zu: Aristoteles (1990): Lehre vom Beweis oder Zweite Analytik. Meiner, Hamburg, S. vii-xxxvii.

HÖGGER, R. (1993a): Wasserschlange und Sonnenvogel. Die andere Seite der Entwicklungshilfe. Waldgut Verlag, Frauenfeld.

HÖGGER, R. (1993b): Wasserschlange und Sonnenvogel. Universelle Symbole für das Geheimnis der Entwicklung. In: Helvetas Partnerschaft, 133, S. 12, 13.

HÖGGER, R. (1994): The Family Universe. Towards a Practical Concept of Rural Livelihood Systems. Unveröffentlichtes Manuskript.

HONEGGER, C., B. HEINTZ (1984): Listen der Ohnmacht. Zur Sozialgeschichte weiblicher Widerstandsformen. Europäische Verlagsanstalt, Frankfurt.

HONERLA, S., P. SCHRÖDER (Hrsg.) (1995): Lokales Wissen und Entwicklung. Zur Relevanz kulturspezifischen Wissens für Entwicklungsprozesse. Beiträge der Local-Knowledge-Tagung, Bonn-Bad-Godesberg, 7.-9.10.1994. Verlag für Entwicklungspolitik, Saarbrücken.

IRIGARAY, L. (1980): Speculum. Spiegel des anderen Geschlechts. Suhrkamp, Frankfurt.

JÄGGI, W., P. WEISSKOPF, H.R., OBERHOLZER (1990): Zusammenhang zwischen mikrobiologischen und physikalischen Kennwerten des Bodens. Tagungsunterlagen zum Thema "Die Bodenfruchtbarkeit und deren Beeinflussung durch den Menschen", vom 2. März 1990, Neuchatel. Schweiz. Gesellschaft für Phytomedizin; Bodenkundliche Gesellschaft der Schweiz; Nationales Forschungsprogramm Boden. Schweiz. Landw. Fo 29 (1) 1990.

JANICH, P. (1992): Grenzen der Naturwissenschaft: Erkennen als Handeln. Beck Verlag, München.

JANIK, A. (1990): Tacit Knowledge, Rule-Following and Learning. The Swedish Center for Working Life. Unveröffentlichtes Manuskript.

JANIK, A. (1992): Why is Wittgenstein important? In: Göranzon, B. und Florin, M. (Eds.): Skill and Education, Springer, New York, S. 33-40.

JEFFNER, A. (1994): Reverberations across the Shimmering Cascadas. State University of New York Press, Albany.

JIMENEZ SARDON, G. (1995): Rituales de vida en la cosmovision andina. Convenio Editorial Secetariado Rural Peru - Bolivia/CID, La Paz.

JOHANNESSEN, K.J. (1992): Rule-Following, Intransitive Understanding and Tacit Knowledge. An Investigation of the Wittgensteinian Concept of Practice as Regards Tacit Knowing. In: Göranzon, B. und Florin, M. (Eds.): Skill and Education, Springer, New York, 1992, S. 41-61.

JOSEFSON, I. (1993): On Science and Knowledge. In: Steiner, D. and Nauser, M. (1993): Human Ecology. Fragments of an Anti-fragmentary World View. Routledge, London.

JUNG, C.G. (1952): Antwort auf Hiob. Ex Libris, Zürich.

JUNG, C.G. (1960): Psychologische Typen. Ges. Werke Bd. 6, Rascher, Zürich.

KAEHR, R. (1993): Morphogrammatik. Eine Einführung in die Theorie der Form. Publikation in der Reihe "Technik und Wissenschaftsforschung" des Instituts für interdisziplinäre Forschung und Fortbildung, Klagenfurt.

KAFKA, F. (1935): Der Prozeß. Fischer Taschenbuch Verlag GmbH, Frankfurt am Main.

KLEIST, H. von (1983): Penthesilea. Reclam, Stuttgart.

KNOEPFEL, P. (Hrsg.) (1995): Lösung von Umweltkonflikten durch Verhandlung. Beispiele aus dem In- und Ausland. Helbling und Lichtenhahn, Basel.

KNORR-CETINA, K. (1993): Die Rolle des Körpers im Erkenntnisprozess. In: S. Henke, S. Mohler: Wie es ihr gefällt. Künste, Wissenschaft & alles andere. Heft III. Der Körper zieht das Denken an. Kore.

KNORR-CETINA, K. (1988): Das naturwissenschaftliche Labor als Ort der Verdichtung von Gesellschaft. In: Zeitschrift für Soziologie, Heft 2, 1988, S. 85-101

KNORR-CETINA, K. (1991): Die Fabrikation von Erkenntnis. Zur Anthropologie der Naturwissenschaft. Suhrkamp.

KRISTEVA, J. (1978): Die Revolution der poetischen Sprache. Suhrkamp, Frankfurt.

LAMNEK, S. (1993): Qualitative Sozialforschung. Bd. 2. Methoden und Techniken. 2. Auflage. Psychologie Verlags union, Weinheim.

LATOUR, B. (1987): Science in Action. Harvard University Press, Cambridge, Massachusetts.

LATOUR, B. (1993): Le pédofil de Boa-Vista ou la référence sientifique-montage photo-philosophique. (Unveröffentlichtes Manuskript).

LESKY, E. (1950): Die Zeugungs- und Vererbungslehren in der Antike und ihr Nachwirken. Steiner, Wiesbaden.

LIST, E. (1993): Die Präsenz des Anderen. Theorie und Geschlechterpolitik. Suhrkamp, Frankfurt/Main.

LONG, N., A. LONG (Hrsg.) (1992): The Battlefields of Knowledge: The Interlocking of Theory and Practice in the Social Research and Development. Routledge, London.

LORDE, A. (1991): Der Kampf, mir meine Wahrnehmungen zu erhalten. In: A. Lorde und A. Rich: Macht und Sinnlichkeit. Orlanda, Berlin.

MACINTYRE, A. (1988): Whose Justice? Which Rationality. Duckworth, London.

MÄDER, P., K. NOWACK, T. ALFÖLDI (1993): Literaturstudie zur Wahl der Methode für die Schätzung der mikrobiellen Biomasse im Boden sowie zur zeitlichen und räumlichen Variabilität der mikrobiellen Biomasse, der Bodenatmung und des Zelluloseabbaus. Auftraggeberin und Herausgeberin: Arbeitsgruppe Bodenbiologie der Bodenschutzfachstellen der Kantone Aargau, Bern und Solothurn. Bezug: Abteilung Umseltschutz, 5001 Aarau.

MALLASZ, G. (1989): Die Antwort der Engel. Daimon-Verlag.

MANDL, H. SPADA, H. (Hrsg.) (1988): Wissenspsychologie. Psychologie Verlags Union, München.

MANDLER, J.M. (1983): Representation. In: Mussen, P.H. (Ed.) (1983): Handbook of child psychology. Vol. III: Cognitive Developement. Wiley & Sons, New York.

MC CULLOCH, W.S. (1988): Embodiments of Mind. The MIT Press, Cambridge.

MCKIM-SMITH, G. u.a. (1988): Examining Velazquez. Yale University Press, New Heaven.

MEYER, E. (1993): Trieb und Feder. Stroemfeld/Nexus, Basel.

MEYER, E. (1995): Tischgesellschaft, Stroemfeld/Nexus, Basel.

MOLANDER, B. (1992): Tacit Knowledge and Silenced Knowledge: Fundamental Problems and Controversies. In: Göranzon, B. und Florin, M. (Eds.): Skill and Education, Springer, New York, 1992, S. 9-31.

MONICO, M. (1991): Labyrinth. In : ab 40, 4/91, München, S. 4-9.

NEUSÜSS, CH. (1987): Was ist das eigentlich, Energie? Und: Ist die sterblich oder unsterblich? Vortrag gehalten am 14. 3. 1987 in Freiburg.

NEW LAROUSSE (1959) Encyclopedia of Mythology, Hamlyn, New York.

NIEMEIJER, D. (1995): Indigenous soil Classifications: Complications and Considerations. In: Indigenous Knowledge and Development Monitor. Vol. 1.

NZZ vom 16.3.1995: Eine Langzeittherapie für Mutter Erde. Bodenschutz wird immer dringlichere Umweltaufgabe. S. 13.

NZZ vom 17.5.1989: Bodenfruchtbarkeit ist mehr als Ertrag. S. 65

OLSSON, G. (1994): Heretic Cartography. Unveröffentlichtes Manuskript.

OVID (1990): Metamorphosen. Nachgedichtet von J.H. Voß. Insel, Frankfurt.

OVID (1992): Metamorphosen. Prosaübersetzung von G. Fink. Fischer, Frankfurt.

PERERA, S.B. (1985): Der Weg zur Göttin der Tiefe. Ansata Verlag.

PERINGER, P. (1996): Xenobiotische Stoffe – ein vom Menschen geschaffenes Problem. Panorama 6, Schwerpunktprogramm Umwelt.

PFEIFER, R. (1994): Neuronale autonome Roboter. In: unizürich, Nr. 4, S. 50-52.

PFEIFFER, E. (1969): Die Fruchtbarkeit der Erde. Rudolf-Geering-Verlag, Dornach.

PLATON (1958): Politeia. Sämtl. Werke, Bd. 3, Rowohlt, Hamburg.

PLATON (1959): Politikos. Sämtl. Werke Bd. 5, Rowohlt, Hamburg.

PLATON (1959): Timaios. Sämtl. Werke, Bd. 5, Rowohlt, Hamburg.

POLANYI, M. (1962): Personal knowledge. Routledge, London.

POLANYI, M. (1985): Implizites Wissen. Suhrkamp, Frankfurt.

POLANYI, M. and PROSCH, H. (1975): Meaning. Univ. of Chicago Press, Chicago.

POPPER, K. (1979): Objective Knowledge. Claredon Press, Oxford.

PRANGE, K. (1989): Pädagogische Erfahrung: Vorträge und Aufsätze zur Anthropologie des Lernens. Deutscher Studien Verlag, Weinheim.

PRATEC (1994): Crianza andina de la chacra. PRATEC, Lima.

PRIMAS, H. (1992): Umdenken in der Naturwissenschaft. Gaia Vol. 1(1): 5-15.

PRIMAVESI, A. (1988-1990); Verschiedene Artikel unter der Rubrik Cartas da Fazenda in der brasilianischen landwirtschaftlichen Zeitschrift GUIA RURAL.

PROCONDEMA, M. HESSE-RODRIGUEZ (1994): Sembradores de esperanza. Conservar para cultivar y vivir. Editorial guaymuras, tegucigalpa.

RANKE-GRAVES, R. und PATAI, M. (1986): Hebräische Mythologie. Rowohlt, Hamburg.

REICHERT, D. (1994): Professor und Macht. In: H. Ernste: Pathways to Human Ecology. Lang, Bern, S. 259-266.

REICHERT, D. und ZIERHOFER, W. (1993): Umwelt zur Sprache bringen. Westdeutscher Verlag, Opladen.

REINHARD, J. (1992): Zwischen Gespür und Planung – Zwischen Gefühl und Berechnung. Ein Beitrag zum Umgang mit Unerklärlichem im bäuerlichen Alltag unter besonderer Berücksichtigung einer praxisbezogenen landwirtschaftlichen Ausbildung. Dissertation ETH Zürich.

ROBERT, M. und CHENU, C. (1992): Interactions between Soil Minerals and Microorganisms. Soil Biochemistry 7, S. 307-404.

ROHRHOFER, F. (1983): Der Weg zur Humuswirtschaft. Organische Dünger und Bodenfruchtbarkeit. Oberösterreichischer Landesverlag, Linz.

ROSKOFF, G. (1991): Geschichte des Teufels. (2 Bände). Ullstein, Frankfurt.

ROUX, M. (1994): Zwischenbericht: Pilotprojekt "Naturgemäße Kulturlandschaft Fricktal", Präsentation von Praxisthesen als erste Ergebnisse der Fallstudie. SPP Umwelt, Projekt "Landwirtschaftliche Beratung". Lindau.

ROUX, M. (1995): Umrisse einer praxisbegleitenden Umweltforschung – was kann und soll sie leisten? In: GAIA 4, Nr. 3, S. II-IV.

RUMELHART, D. UND McCLELLAND, J. (1986): Parallel Distributed Processing. MIT-Press, Cambridge, Massachusetts.

RYLE, G. (1969): Der Begriff des Geistes. Reclam, Stuttgart.

RYLE, G. (1993): Aspects of Mind. Blackwell, Oxford.

SACKS, O. (1994): Der Mann, der seine Frau mit einem Hut verwechselte. Rowohlt, Reinbek/Hamburg.

SAGUF (1983): Praxisorientierte ökologische Forschung (POEF). Vorschlag zur Förderung und Neuorientierung der Umweltforschungspolitik in der Schweiz. Schweizer Arbeitsgemeinschaft für angewandte Umweltforschung, Schriftenreihe Nr. 3.

SCHEIBE, E. (Ed.) (1988): The Role of Experience in Science. Proceedings of the 1986 Conference of the Académie Internationale de Philosophie des Sciences (Bruxelles). Held at the University of Heidelberg. Gruyter, Berlin.

SCHELER, M. (1960): Die Wissensformen der Gesellschaft. Francke, München.

SCHMIDT-WALDHERR, H. (1984): Frauen im Nationalsozialismus. In: Konkursbuch 12/1984, S. 235-240.

SCHULLER, M. (1984): Vergabe des Wissens. Notizen zum Verhältnis von "weiblicher Intellektualität" und Macht. In: Konkursbuch Nr. 12/84, S. 13-22.

SCHULLER, M. (1994): Den "Übersichtigkeiten" das Wort geredet. Oder: "Verrückte Rede"? Zu Kleists Penthesilea. In: N. Amstutz und M. Kuoni (Hrsg.): Theorie – Geschlecht – Fiktion. Stroemfeld, Basel, S. 61-74.

SCHULZ, D.J. (1966): Das Problem der Materie in Platons Timaios. De Gruyter, Berlin.

SCHÜTZ, A. (1974): Der sinnhafte Aufbau der sozialen Welt. Eine Einleitung in die verstehende Soziologie. Suhrkamp, Frankfurt.

SCHÜTZ, A. und LUCKMANN, T. (1984): Strukturen der Lebenswelt. Suhrkamp, Frankfurt.

SCHWAB, G. (1975): Sagen des klassischen Altertums. Insel, Leipzig.

SCHWAB, M.E. (1994): Regenationsfähigkeit des Nervensystems. In: unizürich, Nr. 4, S. 11-12.

SCHWARZLOSE, K. (1890): Der Bilderstreit. Perthes, Gotha.

SCHWEIZERISCHE VEREINIGUNG FÜR LANDESPLANUNG (19??): Der Boden – unser Lebenselement. Ein Lehrhilfsmittel: Vortrag, Arbeitsblätter und Prokifolien. Hrsg. Schweizerische Vereinigung für Landesplanung, Schänzlihalde 21, 3013 Bern.

SCOONES, J. und THOMPSON, J. (Hrsg.) (1994): Beyond Farmer First. Rural People´s Knowledge, Agriculture Research and Extension Practice. Intermediate Technology Publications, London.

SCOONES, J., J. THOMPSON (1993): Challenging the Populist Perspective: Rural People's Knowledge, Agricultural Research and Extension Practice. Institut of Development Studies at the University of Sussex, Brighton.

SENNETT, R. (1990): Autorität. Fischer, Frankfurt.

SERRES, M. (1987): Der Parasit. Suhrkamp, Frankfurt.

SERULLAZ, M. (1981): Velazquez. Abrams, New York.

SHAKESPEARE, W. (1969): Hamlet. Reclam, Stuttgart.

SHAPIN, S. (1994): A social History of Truth. Civility and Science in Seventeenth-century England. University of Chicago Press, Chicago.

SIKANA, P. (1993): Mismatched models. How Farmers and Scientists see Soils. In: ILEIA Newsletter, vol. 9. Nr.1, S. 15,16.

SIMAS (1994): Tierra fresca, Editorial Enlace, Managua.

SNELL, B. (1975): Die Entdeckung des Geistes. Studien zur Entstehung des europäischen Denkens bei den Griechen. 4. Auflage. Vandenhoeck und Ruprecht, Göttingen.

SOLVIT, KORNER UND LACZKO (1992): Erhaltung der Bodenfruchtbarkeit – Kanton Appenzell Innerrhoden. Bodenbiologische Untersuchungen. Im Auftrag des Amtes für Umweltschutz. Fachstelle für Gewässer- und Bodenschutz, Gaiserstr. 8, 9050 Appenzell.

SORABJI, R. (1988): Matter, Space and Motion. Cornell University Press, Ithaca.

SPECK, J. (1980): Handbuch wissenschaftstheoretischer Grundbegriffe. 3 Bände, Vandenhoeck und Ruprecht, Göttingen..

SPENCER BROWN, G. (1969): The Laws of Form. Allen and Unwin, London.

STAFFORD, B.M. (1993): Body Criticism. MIT Press, Cambridge/ Massachusetts.

STEGMÜLLER (1979): Rationale Konstruktion von Wisenschaft und ihrem Wandel. Reclam, Stuttgart.

STEIN, G. (1985a): Was ist englische Literatur. Arche, Zürich.

STEIN, G. (1985b): Was sind Meisterwerke? Arche Verlag, Zürich.

STEIN, G. (1992): Kriege, die ich gesehen habe, Suhrkamp, Frankfurt.

STEINER, D. (1991): The Human Ecological Significance of Different Types of Knowledge. In: A. KILCHENMANN, C. SCHWARZ,(Hrsg.) (1991): Perspektiven der Humanökologie. Springer, Berlin.

STEINER, D. (1995): Braucht die Idee der praxisbegleitenden Umweltforschung einen wissenschaftsphilosophischen Hintergrund? In: GAIA 4, Nr. 3, S. I-II.

STEINER, D., F. FURGER und C. JÄGER (1989): Mechanisms, Forms and Systems in Human Ecology. Unveröffentlichtes Manuskript Geographisches Institut der ETH Zürich.

STOPCZYK, A. (1988): Leibphilosophie oder die Kraft der inneren Bilder. In: TAZ vom 10.12.1988.

STOPCZYK, A. (1988): Welche Bewegung macht das Leben? In: TAZ vom 30.7.1988.

TAUSIG, M. (1993): Mimesis and Alterity. Routledge, London.

TISDALL, J.M. und OADES, J.M. (1982): Organic Matter and Water Stable Aggregates in Soils. Soil Science 33(2), S. 141-163.

TREUSCH-DIETER, G. (1984): Ferner als die Antike. Machtform und Mythisierung der Frau im Nationalsozialismus und Faschismus. In: Konkursbuch 12/1984, S. 193-218.

TREUSCH-DIETER, G. (1989a): Göttliche Schnitte ins eigene Fleisch. Die Antike in der modernen Reproduktionstechnologie. In: D. Kamper, und Ch. Wulf (Hrsg.): Transfigurationen des Körpers. Reimer, Berlin, S. 23-43.

TREUSCH-DIETER, G. (1989b): Geschick und Schicksal. Die parthenogene Maschine der Moira. In: Treusch-Dieter, G. u.a. (Hrsg.): Denkzettel Antike. Reimer, Berlin, S. 33-65.

TRINH T. MINH-HA (1989): Woman, Native, Other. Writing Postcoloniality and Feminism. Indiana University Press, Bloomington.

USG (1983): Bundesgesetz über den Umweltschutz vom 7.10.1983. EDMZ Bern.

VARELA, F. (1975): A Calculus for Self-reference. In: International Journal of General Systems, 2/75, S. 2-24.

VEREIN FEMINISTISCHE WISSENSCHAFTEN SCHWEIZ UND FRAUENFORUM NATURWISSENSCHAFTEN (1991): Im Widerstreit mit der Objektivität. Frauen in den Naturwissenschaften. efef-Verlag, Zürich-Dortmund.

VOLKSWIRTSCHAFTSDEPARTEMENT DES KANTONS SOLOTHURN (1992): Bodenschutzkonzept. Amt für Umweltschutz, Baselstr. 77, 4500 Solothurn.

VONTOBEL, W. (1993): Im Zweifelsfall für "hors sol". Gewächshäuser sind Energiefresser. In: Weltwoche vom 23.12.1993, Nr. 51, S. 23.

VOPEL, K. (1994): Handbuch für GruppenleiterInnen. Iskopress, Salzhausen.

VSBO (1986): Verordnung über Schadstoffe im Boden vom 9. 6. 1986. EDMZ Bern

WATERS-BAYER, A., W. BAYER (1994): Planning with Pastoralists: PRA and more. A Review of Methods Focussed on Africa. GTZ, Eschborn.

WEBER, M. (1973): Soziologie, universalgeschichtliche Analysen, Politik. Kröner, Stuttgart.

WEBER, M. (1980): Wirtschaft und Gesellschaft. Mohr, Tübingen.

WEISSKOPF (1993): Bodenbeurteilung im Feld. Herausgeber: BUWAL, Bern.

WEIZSÄCKER, C.F. von (1974): Die Einheit der Natur. DTV, München.

WERTHEIMER, M. (1964): Produktives Denken. 2. Auflage. Kramer, Frankfurt.

WIELAND, W. (1982): Platon und die Formen des Wissens. Vandenhoeck und Ruprecht, Göttingen.

WINDELBAND, W. (1912): Lehrbuch der Geschichte der Philopsophie. Mohr, Tübingen.

WITTGENSTEIN, L. (1952): Philosophische Untersuchungen. Suhrkamp, Frankfurt.

WITTGENSTEIN, L. (1989): Bemerkungen über die Philosophie der Psychologie. Suhrkamp, Frankfurt.

WITTIG, M. (1980): Die Verschwörung der Balkis (Les Guerilleres). Verlag Frauenoffensive, München.

WOOLGAR, S. (1988): Science, the Very Idea. Tavistock, London.

GPSR Compliance

The European Union's (EU) General Product Safety Regulation (GPSR) is a set of rules that requires consumer products to be safe and our obligations to ensure this.

If you have any concerns about our products, you can contact us on ProductSafety@springernature.com

In case Publisher is established outside the EU, the EU authorized representative is:

Springer Nature Customer Service Center GmbH
Europaplatz 3
69115 Heidelberg, Germany

Batch number: 10815964

Printed by Printforce, the Netherlands